Deutsches Theater.

Herausgegeben

von

Ludewig Tieck.

Zweiter Band.

Berlin, 1817.
In der Realschulbuchhandlung.

Englische
Comödien und Tragödien.

Um 1600 in Deutschland gespielt.

Vorrede zum zweiten Bande.

Nicht immer sind Kriege und das sie begleitende Unglück der Literatur oder der Kunst der Völker nachtheilig. Sie wecken oft ein neues Interesse für das Vaterland, sie erheben die Gemüther und befreien sie nicht selten von jenem Druck, der sie in das Kleine und Unbedeutende hinunterzieht. Daher sehn wir nicht selten Kunst und Wissenschaft gestärkt, indem ein Volk seine Unabhängigkeit vertheidigt, das geistige Spiel, welches das Leben erheitern soll, gewinnt einen ernsten Charakter, und mit dem erhöhten Daseyn, mit dem Kampf für das Theuerste wird zugleich Wissenschaft und Kunst errungen.

Erschüttert aber ein langer Krieg das innerste Wesen einer Nation, bedroht er ihr ganzes Daseyn, lösen sich die Kräfte auf und ist das Unglück größer als der Widerstand, so wird der Mensch erniedrigt und geschwächt, er verliert das Zutrauen zu sich und dem Schicksal, die Erhebung über das Irdische wird ihm unmöglich, ja sie erscheint ihm wohl als unerlaubt und sündlich, und er wirft jene Spiele weit von sich, die freilich am wenigsten unmittelbar ihm oder der Gesellschaft in diesen Drangsalen fruchten können. Bürgerkriege, wenn sie lange und mit Erbitterung geführt werden, sind es vorzüglich, die, indem sie Sicherheit und gegenseitiges Vertrauen auflösen, zugleich alle Bildung zerstören, und die Völker auf lange wieder in Barbarei zurück werfen. Eine harte Zeit muste England unter dem sechsten Heinrich, während der Kriege der rothen und weißen Rose überstehn, und ein noch schrecklicheres Elend ergoß sich dreißig Jahre hindurch über Deutschland, welches Wohlstand, Bevölkerung, Ackerbau, Städte und Dörfer, Sitten, und mit ihnen alles zerstörte, woraus sich die Bildung des Geschlechtes entwickeln konnte. Durch Italiäner, Spanier und Franzosen ward die deutsche Sprache das verwirrteste und bunteste Gemisch, und da die deutsche Literatur schon beim Anfang des Krieges nur an so dünnen und beinah unsichtbaren Fäden hing, so ist es für ein großes Glück anzusehn, daß einzelne Männer sich der gemißhandelten deutschen Schrift annahmen, ohne welche, bei der Ausbildung der italiänischen Sprache und bei dem bald darauf folgenden Einfluß der französischen, wir vielleicht nur eine einheimische Literatur wie die Pohlen und Ungarn behalten hätten.

Die Poesie war gewissermaßen untergegangen, selbst in der Erinnerung waren die großen Werke des Mittelalters erloschen, indem sich alle Geister mit einem edlen Eifer oder auf fanatische Weise dem Kampfe für die Religion und den verschiedenen Partheien derselben gewidmet hatten. Deutsche Prosa gab es in frühern Zeiten kaum, da selbst die Chroniken oft in Versen geschrieben waren, außerdem aber, wie das meiste was nicht Poesie war, großentheils in lateinischer Sprache. Die Werke des Tauler (mögen sie, wie wir sie besitzen, übersetzt seyn, oder von ihm selber herrühren), so wie einige andere Mystiker, konnten keinen Einfluß in die Sprache des Volkes gewinnen, und je mehr wir uns nun den neuern Zeiten nähern, je mehr sehn wir, wie gelehrte und gebildete Männer lateinisch schreiben, weil es ihnen bei der ungebildeten Muttersprache allerdings schwer, oft wohl unmöglich scheinen muste, ihre Gedanken auszudrücken. Zwar war einiges geschehn, und die Nachkommen konnten ihre Bemühungen an frühere knüpfen: so wie sich die Poesie ganz in die komische, sprichwörtliche und Volkssprache des H. Sachs verloren hatten, so waren auch Versuche gemacht, die Prose im komischen Ausdruck zu bearbeiten, und in dieser Bestrebung ragen die Bücher F i s c h a r t s durch ihre Genialität, durch die Virtuosität, die Sprache nach allen Seiten zu beugen, und ungeahndete Schätze in ihr zu entdecken, vor allen seinen Zeitgenossen und Nachfolgern hervor. Man muß über den Reichthum der Formen, über die kühnen Zusammensetzungen, über die Gewandtheit und die Unerschöpflichkeit der Wortspiele und des Witzes der Sprache erstaunen, der Ausdruck dieses Autors ist auch nicht ohne Schönheit, seine Energie ist bewundernswürdig und er verdient ohne Zweifel, wenn auch mancher Scherz uns hie und da stört, ein eignes gründliches Studium und eine kritische Ausgabe seiner Schriften, vorzüglich des Gargantua. Spätere Schriftsteller, wie Philander von Sittewalt, sind nicht ohne große Verdienste, obgleich dieser und andre Zeitgenossen nicht jenen Reichthum entfalten, und sich nicht der Sprachverwirrung ihrer Tage durchaus entziehn konnten. Merkwürdiger, auch als genaue Abspiegelung jener Tage, sind die Bücher des sogenannten Simplicissimus, vorzüglich der Roman unter diesem Namen, in welchem uns in einer für jene Zeit vortrefflichen und klaren Sprache jener unglückselige Bürgerkrieg, mit trüben und heitern Bildern abwechselnd, nahe vor das Auge gerückt wird.

So wie die Reformation manches in Kunst und Bildung gestört hatte, so hätte sie aber auch den festesten Grund zur Fortdauer der deutschen Sprache und Literatur durch Luthers Schriften, am meisten aber durch seine Bibelübersetzung gelegt. Durch Luther entstand zuerst eine allgemeine deutsche Sprache, er erhob die sächsische, (die wohl schon in Gesetzen und landesherrlichen Verordnungen in den meisten Gegenden gebraucht war) zur Schriftsprache und brauchte sie mit so großer Gewandtheit Kühnheit und allgemeiner Verständlichkeit, daß seine Stimme, als die eines ächten und dazu berufenen Volksschriftstellers durch alle Theile des Reichs vernommen wurde.

Was aber dauernder wirkte, und für alle Zeiten wirken wird, ist seine Uebersetzung der heiligen Schriften. Hier entfaltet er den Reichthum Wohllaut und die Vielseitigkeit der deutschen Sprache auf bewunderungswürdige Weise; die Kürze in den Büchern der Sentenzen, die Größe und Lieblichkeit in den Psalmen und Evangelien, die schlichte Einfalt, die tiefen Töne der Propheten, das Alterthümliche und Gewaltige: jede Schönheit unseres Idioms entwickelt sich rein und herrlich, und nur einem ahndungsreichen begeisterten Gemüth konnte es gelingen, ein Werk hervorzubringen, welches man in seinem Zusammenhange, ein unnachahmliches Kunstwerk nennen muß, das alle Versuche weit übertrifft, die andre Völker, oder nach Luther andre Gelehrte bei uns gemacht haben. Mag man diesem Werke seines Glanzes wegen, einzelne Fehler und Flecken übersehn und entschuldigen, nur wähne man nicht, es übertreffen zu können. Diese Bücher, indem sie allen Classen des Volkes, dem Hohen wie dem Niedrigen, unentbehrlich wurden, indem man sie auswendig lernte und ihre Sprüche in allen Verhältnissen des Lebens anwandte, indem sie den Gelehrten wie den Unwissenden den reichhaltigen Schatz unserer Sprache mittheilten, sind als die Grundpfeiler aller neuern Bildung, Sprache und Literatur bei den Deutschen anzusehn, als die feste Mauer, welche am meisten der Auflösung, dem Eindringen des Fremdartigen und den undeutschen Formen widerstanden hat, und welche in allen Zeiten das Edlere und Bessere möglich machte.

Die Poesie und die Sprache gewannen auch, freilich in geringerem Maße, durch die große Menge der Kirchenlieder, welche nach Luther und um die Zeit des dreißigjährigen Krieges gedichtet wurden, so, daß obgleich große Vorbilder und ein Zusammenhang der Nation fehlten, doch etwas Edles demjenigen entgegen kam, der die deutsche Poesie und Rede fortsetzen wollte.

Die musikalische Poesie des Mittelalters, nachdem ihr Wohllaut verloren und vergessen worden war, hatte sich in die steifen und willkührlichen Regeln der Meistersänger verwandelt, die nur in der Zunft von den eingeweihten Handwerksgenossen gefaßt und vernommen werden konnten. Was H. Sachs für ein größeres Publikum dichtete, scheint freier, und des Notarius Ayrer, wie mancher andrer Zeitgenossen Verse, sind nur eben noch kümmerlich durch den Reim als solche zusammen gehalten, von den vielfachen Melodien und Strophen des Mittelalters aber sehn wir nur noch wenige und einfache Formen, die meisten Gedichte sind ein Reimgeschwätz in acht und neun, oder sechs und sieben Sylben, in welchem man gewöhnlich nicht mehr Gedanken als Wohllaut findet. Die frühere Schule und ihr Bestreben kann man als völlig aufgelöst und geendigt ansehn, und es war natürlich, daß dasjenige, was wirken und die Zeit ergreifen sollte, etwas Neues und Ungewöhnliches seyn mußte.

Bei den meisten Nationen artete der Gesang und das Dichten für diesen aus, oder auch die Fähigkeit, die Melodie zu vernehmen, ging verloren, indem man sich zu sehr von dem frühern einfachen Bedürfniß entfernt hatte. Noch leichter mußte man sich vom Wohllaut des Verses in Erzählungen der Dramen, welche nicht gesungen wurden, entfernen. Man suchte vielmehr Neuheit und Gedanken in den Gedichten, als Sangbarkeit und jene oft wiederkehrenden Bilder, und so bildete sich schon vor und noch mehr unter Heinrich dem vierten in Frankreich, vorzüglich durch Malesherbes ein Vers, den neuere Franzosen, des Mittelalters und Marot's fließendes Geschwätz, wie Ronsards und andrer Dichter des sogenanten Siebengestirns leichte und oft selbst poetische Weise vergessend, erst als solchen und als Gedicht anerkennen wollen. Für Drama und die höhere Erzählung entstand nehmlich der Alexandriner, und jene Zusammenstellung der Worte (da sie der Längen und Kürzen gänzlich entbehren), die jetzt bei den Franzosen für Wohllaut, Größe und Anmuth gilt. Der frühere sogenannte Alexandriner war in seinen verschiedenen Modifikationen eins der ältesten Versmaße in Europa; unser Lied der Nibelungen, der älteste Cid der Spanier, Alexanders Geschichte, wie die Kinder des Heymon, nebst vielen andern Gedichten der Franzosen waren in diesem Verse geschrieben; die Engländer kannten ihn früh, und den Italienern ist er gewiß in ältern Zeiten nicht unbekannt geblieben, da sie ihn noch vor kurzem im Lustspiel (den Martellianischen Vers) gebraucht haben; auf ähnliche Weise benutzten ihn die Engländer (zu Shakspears Zeit) komisch, aber die Franzosen gaben ihm Würde und Ernst und erhoben ihn zu ihren tragischen und epischen Verse. Je mehr er ausgebildet ward, je inniger verband er sich mit Sentenzen und Antithesen, je mehr ward gefordert, daß die Stärke, oder die Spitzfindigkeit des Gedankens den Vers bilden und die Poesie ersetzen sollten. Einige Zeit nach Malesherbes nahmen deutsche Dichter, welche zugleich Gelehrte waren, diesen Vers an, und brachten durch ihre Gedichte die Schule und Manier der Meistersänger auf immer in Vergessenheit. Etwas später als die Deutschen dies versuchten gab Dryden den Engländern, zwar nicht den Alexandriner, der nie bei ihnen Glück machte, dennoch eine neue Weise Verse zu hören und zu dichten, indem sich bei ihnen auch die leichtere ungezwungenere Art, der spielende weiche Rhythmus und das Gehör dafür verloren hatte, so, daß sie seit Dryden und Pope von Shakspears, Spensers und den früheren Reimgedichten nur den Gedanken, aber nicht den Wohllaut mehr fassen können, und natürlich auch den Gedanken und Bildern Unrecht thun müssen, da beides beim wahren Dichter innigst verbunden ist.

Mit Opitz, Weckherlin und Flemming fängt eine wahre neue Epoche der deutschen Dichtkunst an. Weckherlin, der älteste von diesen, der schon 1618 einige Gedichte herausgab, von dessen Leben man aber wenig weiß, schließt sich in seinen früheren Poesien noch der älteren Zeit an und versucht erst in der späteren, die Manier des Opitz, der 1597 (zehn Jahr später als der Schwabe Weckherlin) in Schlesien geboren war. Opitz starb 1639 zu Danzig, nachdem er Deutschland öfter durchreist, und Holland und Frankreich und viele ihrer vorzüglichsten Männer kennen gelernt hatte. Er erlebte nicht das Ende des trübseligen Krieges und der Noth seines Vaterlandes, die ihn zu seinem vortrefflichen Trostgedicht in Widerwärtigkeit des Krieges begeisterten. Die Sprache dieses Dichters ist groß, ernst männlich, sein Vers kräftig und wohllautend, er vermeidet noch oft mit dem Verse den Gedanken zu endigen, er nimmt sich manche Freiheit, die den spätern Dichtern unerlaubt schien. Er übersetzte die Trojanerinnen des Seneca, so wie die Antigone des Sophokles, auch ahmte er zwei italiänische Singespiele nach, von denen der Leser die Daphne (in Dresden, beim Beilager der Schwester des Churfürsten mit dem Landgrafen von Hessen aufgeführt) in gegenwärtiger Sammlung findet, nicht sowohl, weil sie an sich merkwürdig ist, sondern damit er sehe, wie der Vater unserer neuern deutschen Poesie diesen leichten, allegorischen Gegenstand, ein Gelegenheitsgedicht, nicht ohne Geschicklichkeit und Anmuth behandelt.

Flemming war 1606 geboren, und starb schon 1640, nachdem er von seiner Reise nach Persien, die er mit der Holsteinschen Gesandtschaft gemacht hatte, zurück gekommen war. Sein freier Sinn, sein ächt dichterisches Gemüth fand auf dieser Reise Nahrung und Begeisterung, er ist in seinen Gedichten weniger weich und üppig, als Weckherlin, und nicht so männlich stark als Opitz, aber seine Lieder (meist Gelegenheitsgedichte) athmen fast alle eine jugendliche Frische, einen lebhaft erregten Sinn für Natur, auch sind seine Verse heiterer, da er von seinem Vaterlande auf mehrere Jahre entfernt, nicht von jenen traurigen Bildern bedrängt wurde.

Diese drei Dichter nebst vielen andern, die ihnen folgten, suchten zugleich, indem sie den Alexandriner den Deutschen gaben, die italiänischen Formen, namentlich das Sonett, nachzuahmen. Dieses Bestreben widersprach jener Absicht, nach welcher sie den frühern deutschen Vers fallen ließen, ihre Sonnette in Alexandrinern können ohngeachtet der schönen Gedanken, nur für eine Annäherung zu dieser Dichtungsart gelten.

Betrat die Poesie eine neue Bahn, so war dies mit dem Theater der Fall um so mehr, welches gleichsam von vorn wieder begann, als wenn die dramatische Kunst noch nicht wäre erfunden worden. Denn wir können hier nur von denen Schauspielen sprechen, die von solchen Männern herrühren, welche gelesen und berühmt waren, jene wandernden Truppen, die englische Stücke herübergebracht hatten, waren gewiß während des Krieges zerstreut und vergessen worden (ihre Stücke wurden erst 1670 zum Theil wieder aufgelegt, 1680 kam auch eine neue Bearbeitung der Bellimperia, wahrscheinlich nach dem Ayrer, heraus; 1650 verspricht ein Bearbeiter des Corneilleschen Cid in der Vorrede den Titus Andronicus und den beklâglichen Zwang *), diese Sachen waren schon damals nur noch schwache Erinnerungen an die verflossene Zeit, und hatten gar keinen Einfluß auf die Literatur), zuweilen führte wohl noch die Bürgerschaft, häufiger aber die Schulen, geistliche oder weltliche Schauspiele auf, deren Personal gewöhnlich sehr groß ist, um nur jeden Mitspielenden beschäftigen zu können, die aber übrigens von keiner Bedeutung sind.

Der erste bedeutende Schriftsteller, und welcher als der Stifter des neuen deutschen Theaters anzusehn, ist Andreas Gryphius. Er war in demselben Jahre geboren, in welchem Shakspear starb, 1616, er lebte bis 1664, und hatte Italien, die Niederlande und Holland gesehen; dann bekleidete er Aemter und starb als Syndicus des Fürstenthums Glogau. Seine Trauerspiele und Comedien sind, wie es scheint, alle aufgeführt worden **), er kannte als Gelehrter die Griechen und Römer, wenn er sich gleich, so wenig wie seine Zeitgenos-

---

*) Nach des Lope de Vega fuerza lastimosa (die Geschichte des Alarcos) welches in Spanien und in den Niederlanden eins der beliebtesten Volksstücke geworden war.

**) Dies sagt auch Lohenstein in seiner Vorrede zum Ibrahim Bassa.

sen die Schönheiten der griechischen Bühne aneignen konnte.

Die Werke dieses Theaters standen ihm in ihrer Vollendung wie in einer räthselhaften Ferne; der übertriebene manierirte Seneka war ihm, wie den meisten Neuern näher und verständlicher, am deutlichsten aber waren ihm wohl einige Versuche der Niederländer in der Tragödie, so wie jene französischen Darstellungen, die dem Corneille vorangingen, und so ausgerüstet versuchte er ohne Publikum, dem er sich dadurch nähern konnte, und wahrscheilich auch ohne bedeutende Schauspieler, er selbst nicht vorzugsweise zum dramatischen Dichter bestimmt, eine Bahn, die er sich nach den Regeln des Aristoteles, wie seine Zeit sie sich verständlich machen konnte, absteckte; er suchte also nach Gegenständen, die fremd, groß und tragisch seyn sollten, da er alle jene früheren Volksgedichte und Sagen entweder nicht kannte, oder vorsätzlich verwarf. Wie er in Ansehung jener populären Gegenstände von der Vorzeit abgeschnitten war, und nichts benutzte, was ihm Ayrer vorgearbeitet hatte, so war auch wohl zu jener Zeit die Einrichtung der Ayrerschen Schaubühne vergessen, wodurch er ebenfalls beschränkt wurde, indem er jene unbestimmte Scene, wie die Franzosen nahm, die nun auch dazu beitrug, die wahre Nahahmung oder Einführung der englischen Schauspiele so gut wie unmöglich zu machen. Im Wesentlichen kam die Bühne Shakspears mit der griechischen überein, indem sie sich erst für die alten religiösen Mysterien gebildet hatte; diese machten verschiedene gleichzeitige Scenen nothwendig, und die weltlichen Schauspieler, die nur die Form dieses Theaters kannten, sahen bald seine Vortheile ein und benutzten sie zu ihren Compositionen, keiner vielleicht so geschickt, als Shakspear *). Ayrer

*) Daher der Leser auch bei den meisten seiner Stücke, um sie ganz zu verstehen, die Einrichtung seiner Bühne im Sinne haben muß. Da ich im zweiten Bande des Werkes über Shakespear einen eigenen Abschnitt der Beschreibung dieser Bühne und des Beweises ihrer Vorzüglichkeit vor der unsrigen, gewidmet habe, so kann ich hier um so kürzer seyn, indem ich den Leser, der sich dafür interessirt, auf jenes Kapitel verweise. Mancher hat schon die Unbequemlichkeit des neuen Theaters gefühlt, z. B. der Spanier Luzan, der in seinem Buche La Poetica (Lib III Cap. 5.) sonderbare Vorschläge thut. Calderon und Lope hatten gewiß eine andere Bühne, als die neuere, die man auch in Spanien den Franzosen nachgeahmt hat.

kennt verschiedene Abtheilungen des Theaters, die eigentliche Bühne, oder das Proscenium, die hintere, etwas erhöhte Bühne, die er die Brücke nennt (in den englischen Comödien oft, z. B. Ein Jemand und Niemand, der Pallast genannt, wahrscheinlich eine Uebersetzung des state, des Throns unter dem Baldachin), und das obere Theater, bei Ayrer die Zinne.

Viele Trauerspiele vor Corneille, selbst die des von seinen Zeitgenossen gerühmten Garnier, sind nichts als Unglücksfälle, abwechselnd in Dialog und Erzählung, die sich oft zum Pathetischen erheben, vorgetragen: die meisten fangen, der Einheit der Zeit wegen, willkührlich an, und schließen erst, nachdem ihr Inhalt schon längst erzählt und vorüber ist; und auf ähnliche Art, ohne eine richtige Einsicht von der Natur des Drama, ohne Handlung und steigendes Interesse, sind die meisten Stücke des Gryphius gedichtet. Cardenio und Celinde (zu welchem ich einen Theil seiner Vorrede habe abdrukken lassen) soll sein erstes Trauerspiel seyn, wenigstens war es schon mit dem Leo Armenius vor 1650 geschrieben. Wenn es wirklich sein erstes ist, so ist es auch in einem gewissen Sinn sein bestes, mindestens zeigt er in den spätern Dichtungen keine Fortschritte der dramatischen Kunst, so ungeschickt auch Cardenio eingeleitet und durchgeführt ist. Diese Gespenstergeschichte, die dem Dichter als eine wirkliche Begebenheit vorgetragen wurde, übt in der Erzählung eine gewisse Gewalt auf die Phantasie aus, obgleich die Allegorie, oder die unmittelbare Einwirkung des Himmels, die Olympie, die sich in den Tod selbst verwandelt, das Schauerliche zerstört und eben so ohne poetischen Reiz ist, als die Leiche des Ritters, die gleichfalls nur eine plötzliche Bekehrung und Reue hervorbringt. Als Novelle könnte diese Begebenheit mit einigen Veränderungen und gut vorgetragen, von Wirkung seyn, der dramatische Dichter, wird aber diesen Gegenstand, wenn er ihn nicht völlig verwandelt, nicht brauchen können. Wie behandelt nun aber Gr. diesen Gegenstand? Seine Hauptsorge ist die verwickelte Begebenheit mit ihren mannigfaltigen, sich durchkreuzenden Bedingungen nach seiner gelernten Regel in den Raum von wenigen Stunden zu beschränken, die Allegorie oder die Moral recht hervor zu heben, und die Situationen seiner Personen als moralische und psychologische Prozesse zu benutzen, indem jede in gewählter und oft schöner, meistentheils energischer Sprache ihren Zustand weitläuftig mahlt, seine Empfindung rechtfertigt und gründlich den Mitredner widerlegt und bekämpft. Es war eine schwierige Aufgabe, die der Dichter gewiß nur mit Quaal gelößt hat, die Vorfälle der Vergangenheit in eine einzige Scene zu bringen, die aber freilich auch den ganzen Akt füllt (den längsten von allen, indem die Hauptperson einem Freunde (der im Stück nicht weiter gebraucht wird) alles umständlich erzählt. Viele der auseinandergesetzten Bedingungen wirken auf das Stück nicht ein, und der Dichter konnte sie verschweigen; eben in dieser gesuchten Deutlichkeit sieht man den ängstlichen Anfänger. Der zweite Akt, der nur kurz ist, schildert die Leiden der Celinde; Tyche, die in der Zauberei sehr bewandert ist, will ihr durch diese Hülfe schaffen. Im dritten Akt sehen wir Olympiens Verhältniß zu ihrem Gatten, und den Cardenio wieder. Alle diese Scenen sind nicht verbunden, weder Angst noch Schauer wird durch sie erregt, wir werden selbst nicht auf das Gespenstische vorbereitet und nun wird in den vierten Akt die eigentliche Handlung zusammengedrängt, die sonderbaren Erscheinungen, die aber so behandelt keine Wirkung thun können. Der fünfte Akt schildert endlich die Reue und Bekehrung der Sünder, in welchen der Gedanke des Todes und die Nichtigkeit alles Irdischen vorherrscht, nicht poetisch erhaben, sondern recht materiell aufgefaßt, wie in den meisten Tragödien dieses Dichters und Lohensteins, so daß in diesen Vorstellungen mit der Nichtigkeit des Lebens, das Leben zugleich selbst verschwindet. Nach den vier ersten Akten erscheinen Reyhen, eine mißverstandene Nachahmung des alten Chors, welche auch Lohenstein angenommen hat, fast immer allegorische Wesen, welche moralisiren. Der Reyhen am Schluß des dritten Aktes in gegenwärtigem Stück, ist nicht ohne poetische Schönheit *) In demselben Aufzug bricht Olympie im Monolog in eine Art von Canzone aus, und auch Lohenstein erlaubt sich in seinen Stücken dergleichen Freiheiten; aber der Alexandriner trug doch den Sieg davon und ward das herrschende Silbenmaaß der Tragödie, so, daß das Beispiel der Italiäner

---

*) H. v. Arnim hat diesen Gegenstand neu bearbeitet und erweitert; in wiefern sein Halle und Jerusalem den Gr. ergänzt und den Forderungen des Drama Genüge leistet, mögen Kenner entscheiden.

und Spanier keinen Einfluß hatte, mit verschiedenen Silbenmaaßen zu wechseln. Ein altes deutsches Schauspiel von 1536 von der keuschen Susanne, welches in mannigfaltigen Versen vorgetragen ist, hat auch damals auf die Zeitgenossen nicht gewirkt, die den acht und neunsilbigen jambischen Reim fast unausgesetzt beibehielten.

Leo Armenius enthält den Tod dieses Kaisers durch die Verschwörung des Michael Balbus. Schon früh hielt man Verschwörungen für schickliche Gegenstände der Tragödie, indem das Complott, der Plan und das Schreckliche, welches gewöhnlich diese Begebenheiten begleitet, das Tragische ersetzen muß. Die Einleitung ist weniger als im Cardenio gedehnt, auch kömmt es schon im ersten Akt zum Handeln, indem der Kaiser den Michael gefangen nehmen läßt, das Verhör und die Verurtheilung, die Vorbitte der Kaiserinn beschäftigen den zweiten Aufzug, im dritten wird Leo von Geistern beunruhigt, wie denn fast keine Tragödie jener Zeit ist, in welcher nicht wenigstens ein Geist als Traumgesicht eine lange Rede halten sollte; der Monolog des Leo ist wieder eine Art Canzone, er geht nach dem Kerker seines Feindes, erzählt dann, daß er ihn im Purpur hat schlafend gefunden, und Michael der vom Besuch des Kaisers hört, schickt an die Verschwornen, mit dem drohenden Geheiß, ihn noch diese Nacht zu befreien, im Fall er nicht alle verrathen soll. Im vierten Akt besuchen die Verschwornen einen Zauberer, der durch eine sehr gelehrte Beschwörung einen wahrsagenden Geist hervor ruft. Bei jeder Gelegenheit erschöpfen diese gelehrten Dichter den Schatz ihrer Lectüre, und Ceremonien, Sitten der Völker, Trachten u. dergl. werden auf das weitläuftigste geschildert. Die Verschwörer beschließen, den Kaiser in der Weihnacht zu ermorden. Im fünften Akt sagt der schlafenden Kaiserin der Geist ihrer Mutter ihr Unglück vorher, sie erhält die Nachricht des Mordes und die Verschworenen brechen mit Michael herein, den sie zum Kaiser ausrufen. Auch dieses Gedicht ist ohne Kunst, hat wenig Handlung, und hängt nicht in sich selbst durch poetische Nothwendigkeit zusammen, sondern die Reden, Gespräche und Streitigkeiten geben ihm nur einen äußerlichen Zusammenhang.

Das nächste Trauerspiel schildert den Tod der Catharina von Georgien, welche der berühmte Schach Abas gefangen hatte, und die er, als sie seine Liebe nicht erwiedern wollte, unter Martern grausam hinrichten ließ. Diesem Gegenstand würde ein spanischer Dichter dadurch Interesse gegeben haben, daß er die Heldin als Märtyrin geschildert und verklärt hätte: Gryphius hat dies in den Hintergrund gestellt, aber er sorgt, daß wir genau die vorhergehenden Begebenheiten und alle Familienverhältnisse erfahren, er achtet nicht allein darauf, keinen Umstand der Geschichte zu verletzen, sondern er ängstigt sich noch mehr, keinen zu verschweigen, mag er auch auf die dargestellte Begebenheit nur geringen oder gar keinen Einfluß haben. Im fünften Akt erzählt er umständlich die Marter, er läßt sogar die halbgestorbene und zerrissene Catharina noch einmal auftreten. In diesem Gedichte ist noch weniger Einheit, als in den beiden vorigen, die Verhandlungen mit dem russischen Gesandten und die des Schach mit seinen Räthen sind noch ermüdender, aber die Einheit der Zeit ist hier, wie immer, genau beobachtet, nur erlaubt sich der Dichter, so wie sein Nachfolger Lohenstein, die Zimmer mit Gärten oder Kerkern wechseln zu lassen.

Der sterbende Papinian ist 1659, oder kurz zuvor geschrieben, und diese Tragödie, auf welche G. besondern Fleiß gewendet, hat noch weniger Handlung und Interesse; der Hauptcharakter, der den Tod wählt, um nicht öffentlich den Brudermord zu rechtfertigen, ist kein Gegenstand für die Tragödie.

Die meisten dieser Gegenstände sind aus ferner Zeit, oder fremdem Lande, und der Dichter, der diesen Standpunkt gefaßt hatte, in welchem alles Leben sich in Deklamation und Betrachtung verwandelt, mußte es so, wie die Franzosen und Italiäner fühlen, daß das Naheliegende oder Einheimische, Vaterland und Wahrheit oder Religion keine Gegenstände für seine Dichtkunst waren, die uns jene fernen uninteressanten Gegenstände nicht durch erhobene und veredelte Menschheit näher bringen will, sondern die sich bestrebt durch Schilderung des Todes und der Verwesung, durch beständiges Hinweisen auf die Noth und Nichtigkeit des Lebens und der Erde das Gleichgültige wichtig zu machen, und dies für die Aufgabe der Kunst hält, und die sich zugleich nicht entblödet, alles Zufällige der Umgebung so deutlich zu entwickeln, als wenn der Leser aus der Tragödie die Geschichte studiren wollte. Kurz vor seinem Tode aber, 1663, fiel der Dichter auf einen Gegenstand, den er selbst erlebt, und der ihn und seine Mitwelt tief erschüttert hatte, nehmlich auf die Hinrichtung Carls des Ersten von England. Auch für einen größeren Dichter als S. wäre die Aufgabe schwierig gewesen, einen so nahen Gegenstand richtig und würdig aufzufassen, aber hier zeigt sich vornehmlich des Autors Schwäche und Mangel aller Kunst, und wie wenig er durch seine Uebungen vorgeschritten war, denn dieses Schauspiel, welches des Gegenstandes wegen, zu seiner Zeit vieles Rühmens genoß, ist das schwächste und ungeschickteste von allen, entbehrt aller Handlung, und verwandelt am meisten Geister und Erscheinungen in leere Phrasen, so wie es überdies auch für denjenigen, der die Geschichte nicht schon genau kennt, an Dunkelheit leidet, obgleich der Dichter seine historischen Details nicht gespart hat. Die Tragödie eröffnet Fairfax und seine Gemahlin, die den General dringend um das Leben des Königs bittet, er verspricht zu thun, was er irgend kann, und wir hören in einer kurzen Scene H. Peter, W. Hewlet und D. Arteler Carls Tod beschließen. Im zweiten Akt tritt der Geist Strafford's auf, zu welchem der Geist Laud's kommt, die in 160 Versen von ihren und des Königs Unglück sprechen; unmittelbar darauf erscheint der Geist der Maria Stuart dem schlafenden König, und erzählt ihm ihre und andrer englischer Herrscher Hinrichtung in 90 Zeilen; Carl erwacht, spricht mit dem Bischof von London und nimmt von seinen Kindern Abschied. Im dritten Akt verspricht Fairfax seiner Frau, den königlichen Gefangenen zu retten, Peter, Hacker und Hewlet kommen, welcher letztere sich erbietet, selbst Carl hinzurichten, da der gewöhnliche Henker seine Dienste verweigert hat; nach diesen treten zwei Obristen ein, durch welche wir erfahren, daß die Armee schwierig ist, man erwartet nur Fairfax Befehl, um gegen Cromwell und den Blutrath loszubrechen. Der General kömmt, er spricht einige dunkle Worte über des Königs Unglück, sie verstehn ihn nicht, wagen nicht näher zu fragen, er ist nicht kühn genug, ihnen Befehl zu ertheilen, sie gehn, und so ist der Anschlag, des Generals Versprechen, die gute Stimmung der Soldaten umsonst und vergeblich. Hier ist der Verfasser bloß einer Sage damaliger Geschichtschreiber gefolgt, ohne sich weiter um eine innere Nothwendigkeit seines Gedichtes, um Auswahl unter den Gegenständen, ja nur um einen Standpunkt, außer jenem eines Mannes, den der König bauert, zu kümmern. Fairfax läßt sich hierauf auch in einen unnützen Streit mit Cromwell ein, so wie nachher mit H. Peter, dann erschienen der Hofmeister des Pfalzgraf-Churfürsten und ein Gesandter von Holland, diese sprechen wieder über den Zustand der Dinge, eben so zwei englische Grafen, die jene beiden vom Sprechen ablösen, darauf unterhält sich Cromwell mit den schottischen Gesandten, der umsonst vorbittet, und der Akt der die meisten Reden, das häufigste Hin- und Hergehn, aber durchaus keine Handlung enthält, ist beschlossen. Im vierten Akt nimmt Carl von seinen Freunden und der Welt Abschied; Peter freut sich der nahen Hinrichtung, die Gemahlin des Fairfax vernimmt mit Entsetzen von dem Obersten, daß ihr Mann keinen Befehl zur Rettung des Königs gegeben hat. Im fünften Akt erzählt der erste Graf (siehe Akt IV.) dem Hofmeister des Churfürsten vom Leiden des Königes, von seiner Fassung und überirdischen Geduld. Nach ihnen tritt ein Unbekannter, ein Paleh, der im ganzen Stück nicht erschienen ist, dessen Niemand gedacht hat, in Raserei auf *, er sieht in Vision die Strafe der Königsmörder und die Krönung Carls des Zweiten. Nun erscheinen Jungfrauen als Zuschauerinnen an den Fenstern, Carl tritt auf, entkleidet sich, legt sein Haupt auf den niedern Block, alles genau der Geschichte gemäß, und wird hingerichtet, indem die Jungfrauen ihr Leid bei jeder Handlung des Königes ausdrücken. Den Beschluß machen Geister der ermordeten Könige und die Rache. Wenn diese Tragödie vorgestellt ist, wie ich nicht zweifle, so ist mir die mögliche Anordnung der Bühne in der letzten Scene nichts weniger als deutlich.

Die Sprache in diesen Schauspielen ist fast immer männlich und stark, man erkennt des Dichters Studium des Opitz, dessen Ton er oft in seinen allgemeinen Betrachtungen nahe kommt, selten nur schweift er in das Schwülstige und leeren Wörterschwall hinüber, häufiger fällt er in das Platte und Gemeine, was kaum bei dem Bestreben zu vermeiden war, gleichgültige und zu-

*) „Wer dieser ist," sagt G. in der Anmerkung, „ist vielen unverborgen. Ich schone noch des eigenen Namens. Er hat bereits sich selbst abgestraft und seinen Richter erlitten." — Eine sonderbare Art, ein poetisches Räthsel einzuflechten, denn ich gestehe, diesen Paleh nicht zu erkennen.

fällige Gegenstände, die nur von fern das Gedicht berühren, zu erörtern. Aus dem Lateinischen hat Gryphius noch die beständige Mutter, und aus dem Holländischen die Gibeoniter übersetzt.

Wenn die Trauerspiele des A. G. alle einen Charakter haben, so sind seine Versuche im Lustspiel dagegen einander sehr ungleich, denn er hatte hier weniger ein bestimmtes Vorbild, welches er nachahmte. Er kannte zwar die ältere italiänische Comödie, und hat selbst ein wenig bedeutendes Stück des Razzi übersetzt, es scheint auch, daß in seinem größeren Lustspiel vieles aus Italiänern genommen ist, dennoch aber haben alle seine Comödien einen verschiedenen Charakter. Die längste und bei unsern Voraltern so berühmte, daß sie zum Sprichwort geworden war, ist der hier abgedruckte Horribilicribilifax, welchem eine ernsthafte novellenartige Geschichte zum Grunde liegt, die der Dichter zu einer moralischen Absicht braucht, aufgeputzt mit zwei großsprechenden Soldaten, einer alten Kupplerin und einem gelehrten Pedanten. Dieser letztere spricht Latein und Griechisch, welches die Alte natürlich mißversteht, und so ergötzt sich der Dichter an seiner gelehrten Scherzhaftigkeit, über die wohl keiner aus dem Volke lachen konnte. Die Soldaten vermischen ihre Sprache nach der damaligen Weise mit spanischen, französischen und italiänischen Redensarten. Es ist nicht zu leugnen, daß diese Comödie viele launige und vortreflich geschriebene Stellen hat, daß viel vorfällt, daß sie viele Charaktere aufstellt, die der Autor zu sondern und scharf zu zeichnen sucht, aber demohngeachtet kann das Stück nur wenig Interesse erregen, trotz aller Bewegung der Figuren rückt die Handlung nur langsam von der Stelle, die immer wiederkehrenden Gruppen, die wiederholten Späße ermüden, und so erregt dieser Versuch, den der Dichter sehr ausgedehnt hat, Ueberdruß und Widerwillen. Alles, was zusammengehalten werden soll, fällt noch mehr als in seiner Tragödie aus einander, so daß man nur einzelne Einfälle belachen kann, und die Zusammensetzung beständig aus den Augen verliert. Er hat diesem Stück eine witzig seyn sollende Vorrede hinzugefügt; den Heirathscontract des Sempronius, der dem Original als Epilog beigefügt ist, habe ich nicht wieder abdrucken lassen.

Während der Puritanischen Revolution, als alle

Theater in London geschlossen und die Schauspieler zerstreut waren, fiel es diesen, die in großer Dürftigkeit lebten, zuweilen ein, heimlich in der Stadt, oder auf den Gütern des Adels Schauspiele, so gut sie konnten, aufzuführen. Oft fehlte es an Personal, und so lag die Erfindung nahe, Episoden aus alten Stücken, die ehemals gefallen hatten, vom Schauspiel zu trennen, und diese ihren Gönnern vorzustellen. Man ließ auch einige dieser Schwänke, denn das waren sie in ihrer Einzelnheit wieder geworden, unter dem Titel Drolls drucken, wie z. B. Acteon and Dian, 1656, by R. Cox. Dieser Cox war ein vortreflicher komischer Schauspieler, der die Hauptrollen dieser kleinen Lustspiele darstellte und selbst der Umarbeiter der Stücke war. Ein solches Droll hatte man aus der lustigen Episode von Shakspears Sommernacht, unter dem Titel Bottom the Weaver gemacht. Cox hat noch die Feenköniginn und ihre Liebe zu Zettel beibehalten. Dieser Scherz kam nach Deutschland, und ein Gelehrter, Daniel Schwenter, arbeitete ihn für ein deutsches Theater in Altdorf um; diese Arbeit sah Gryphius, verbesserte sie und vermehrte sie mit neuen Personen, wie er in seinem Vorberichte sagt. Der Deutsche hat die Titania wieder unterdrückt, einen Pickelhering aus dem Zettel gemacht, vieles hinzugefügt, um den Spaß zu erweitern, und manches nach Shakspear, den er nicht kannte, wörtlich beibehalten. Man begreift nicht recht, wie ein so einzelner Scherz, aus seinem Zusammenhang gerissen, der ihn erklärt und poetisch adelt, in einem fremden Lande, welches dieses Theater nicht hatte, die Anspielungen und Parodieen also nicht verstand, nur irgend wirken konnte. Man sieht daher auch, wie der Deutsche den Engländer in allem überbietet, den Scherz dehnt und einen Meistersänger hinzugefügt hat, um nur einen wirklichen Gegenstand für seine Satire zu haben. Im Comödienzettul des zweiten Aktes, wo einige alte Stücke genannt werden, soll der Julius unus wohl Frischlins Julius redivivus seyn.

Es ist immer merkwürdig zu sehn, wie derselbe Gedanke von einem Shakspear, oder A. Gryphius behandelt wird; durch die Nachahmung des Engländers erhält dieses Lustspiel einen ganz verschiedenen Charakter vom vorigen, in welchem dem Dichter die italiänischen

Carikaturen vorschwebten. Diese beiden Arbeiten gehören wahrscheinlich zu den letzten des Dichters.

Außer der Uebersetzung nach dem Italiänischen hat G. auch eine in Versen nach dem Berger extravagant des de la Lande versucht. Piastus, ein Lust- und Gesangspiel, und Majuma, ein Freudenspiel, welches 1653 vorgestellt ist, sind unbedeutend. Merkwürdig ist sein verliebtes Gespenst, welches 1660 zu Glogau ist aufgeführt worden. Das Stück selbst, welches vier Akte hat und in Versen geschrieben, ist ziemlich albern, vorzüglich durch den französisch redenden Bedienten. Nach jedem Akt führt er prosaische Scenen ein, die mit dem versificirten Stücke nicht zusammen hangen, und die er die geliebte Dornrose, ein Scherzspiel, nennt. Hier ist also ohngefähr wie im ältern englischen Theater Ernst und Scherz, die Hauptbegebenheit und die Episode vermischt, nur noch willkührlicher und einzelner. Dieses Nebenlustspiel ist eine kleine Begebenheit unter Bauern, die im schlesischen Bauerdialekt sprechen, und als vier Idyllen anzusehn sind, die mehr Leben und Wahrheit haben, als die übrigen komischen Scenen des Dichters, weil er hier nach der Natur kopirte, und diese Copie nicht für den gelehrten Leser berechnet seyn konnte.

Schon früher hatte man das Plattdeutsche und andre Dialekte für Theaterstücke versucht. Alle Nationen haben diese Art des Scherzes, doch kann sich erst durch vielfältige Bearbeitung ergeben, in welchem Charakter der Provinzdialekt am passendsten und unterhaltendsten auftritt, er muß zur Maske werden, wie bei den Italiänern, Engländern und Franzosen, er muß in ein bestimmtes Verhältniß zum Theater und dem Zuschauer treten, so wie es bei jenen Völkern und im Deutschen nur in Wien, mit dem Oesterreichischen Dialekt geschehen ist, alle andere Versuche, besonders mit dem Plattdeutschen, und neuerdings hie und da mit der Märkischen Aussprache haben immer verunglücken müssen, weil der Scherz willkührlich erscheint, und ohne Zusammenhang, ohne Motiv, eigentlich unverständlich bleibt.

Caspar von Lohenstein empfieng die Tragödie aus der Hand des A. Gryphius. Er war 1635 (nicht 1638, wie Koch in seinem Compendium sagt), geboren zu Nimptsch, besuchte zu Breslau die Schule, ging 1652 zur Universität nach Leipzig und dann nach Tübingen.

Im Jahr 1654 reisete er durch Deutschland, die Niederlande, Holland und Ungarn, verheirathete sich 1657 und starb 1683 zu Breslau als Syndicus.

Die Italiäner waren den deutschen Dichtern bekannt und vertraut geworden, und Marino, der schon Italien durch seine Manier gewonnen hatte, bemeisterte sich der deutschen Schule, so daß ihn viele, vorzüglich Lohenstein, so gut sie es vermochten, nachahmten, und seine Uebertreibung, Süßlichkeit, Ueppigkeit und Schwulst noch mehr übertrieben und noch widerwärtiger machten. Gryphius hatte seine tragischen Gegenstände schon gewählt, um Reden drüber hin und her halten zu lassen, Streit zu führen, Sentenzen zu sprechen und Schilderungen zu mahlen, so daß die Handlung gleichsam nur ein nothwendiges Uebel und der Träger dieser Reden war. Alles dieses ist bei Lohenstein in noch stärkerm Maaße, nur genügt ihm nicht die natürlichere Sprache seines Vorgängers, gezwungene Metaphern und sonderbarer Bombast, der ihm für Kühnheit gilt, kontrastiren um so frappanter mit der Gemeinheit, in die er sich stürzt; seine Gelehrsamkeit ist noch umständlicher und ermüdender, als die des Gryphius, so wie auch seine Noten mehr Raum einnehmen. Am widerwärtigsten aber ist sein Hang zur Grausamkeit, denn er scheut sich nicht, alle Arten von Tortur und Hinrichtungen auf die Bühne zu bringen, so wie die anstößigen Situationen, die er oft als wahrer Cyniker schildert, alles in ziemlich wohllautenden Versen, aufgeschmückt mit einer gewissen Anzahl von Bildern und Gleichnissen, die immer wiederkehren, nur interessant durch manchen schönen, wahrhaft poetischen Ausdruck, durch kühne Wendungen und eben so gewagte wie trefliche Wortfügungen.

Er hat keine wahre Tragödie geschrieben, aber er hatte Talent und Phantasie; er gehört zu jenen Talenten, über die man streiten kann, ob sie in besserer Zeit und Umgebung Größeres würden geleistet haben, oder ob nicht gerade die Manier, der sie sich bemeisterten und ihren Zeitgenossen annehmlich machten, ihr ganzes Talent trug und ihren Ruhm möglich machte.

Sein politischer Roman, Arminius, ist es eigentlich, der ihn zu seiner Zeit berühmt machte, und in dem man manche treffliche Rede und Schilderung findet, wenn man nicht in dem endlosen Buche zu früh ermüdet.

Die Tragödie, die wir in diese Sammlung aufgenommen haben, Ibrahim Bassa, soll, wie der Verleger der sie 1709 wieder druckte) in dem Vorberichte sagt, dem Verfasser in seinem funfzehnten Jahre aus der Feder gewachsen seyn (also um 1650, als er noch auf der Schule war), weshalb man auch hie und da des Verfassers Ausdruck seiner andern Trauergedichte vermissen möchte (d. h. daß die Sprache natürlicher, weniger gesucht und schwülstig ist, als in seinen spätern Werken).

Lohenstein sagt in der Zueignung selbst, daß dieses Schauspiel sein erster unreifer Versuch sey, er gesteht, daß er seinem Vorgänger Andr. Gryphius nachstrebe. War der Dichter damals so jung, so gehört er zu jenen seltnen frühreifen Talenten, denen wir unsere Bewunderung nicht versagen können. Soll man mehr darüber erstaunen, daß ein Knabe dies Schauspiel in dieser zum Theil schönen Sprache, in diesen kühnen Bildern und zierlichen Versen schreiben konnte, oder darüber, daß dieses so viel versprechende Genie als Mann nicht nur nicht fortschritt, sondern sogar in seiner Kunst hinter diesem seinen ersten Versuche zurück blieb?

Diese Tragödie ist aus einem damals beliebten französischen Roman des Scudery genommen, der Dichter verläßt noch hie und da den Alexandriner, man sieht, daß ein großes dramatisches Talent damals die Fesseln noch brechen konnte, und entweder, wozu die Neigung vorwaltete, die wechselnde Versmasse der Spanier annehmen, oder den englischen Jambus brauchen. Chöre, Gespenster, Hinrichtungen sind hier wie in den früheren und späteren Stücken Manier und Mode der Zeit. Dieser Ibrahim ist übrigens das kürzeste der Lohensteinischen Stücke, was auch bei seiner Aufnahme in diese Sammlung in Betrachtung kam.

Im Jahr 1661 (mehr als zehn Jahr nach dem Ibrahim, als der Dichter sechs und zwanzig Jahr alt war) erschien seine Cleopatra. So wenig dies Stück Handlung hat, so unendlich lang ist es durch die kleinen Intriguen, die alle Hauptpersonen gegen einander spielen. Im Jahre 1665 erschienen Agrippina und Epicharis. Ob es gleich nicht gewiß ist, so scheint es doch wohl, daß die erstere früher geschrieben ist, und in diesem Stücke hat der Autor (der gewiß im Leben ein rechtlicher und weicher Mann war) seinem poetischen Hange zur Grausamkeit und Unzüchtigkeit den Zügel gelassen. Ihm selber muß bei diesem ausschweifenden Werke ängstlich zu Sinne gewesen seyn, denn in den Noten sagt er: Es wird in gegenwärtigem Trauerspiele vorgestellet ein Schauplatz grausamster Laster, und ein Gemälde schrecklicher Strafen. Unkeuschheit und Ehrsucht kämpfen mit einander um den Siegeskranz. — Ihre boshaften Gemüthsregungen habe ich mit schönen Farben nicht abmahlen dürfen. Denn ich aus der Poppäa keine Penelope, aus dem Nero keinen Ninus machen, weniger einer Lais Reden eines Sokrates zueignen können." Gegen einen allzuscharfen Cato will er sich endlich noch mit des Marino Vertheidigung seines Adonis rechtfertigen.

Hier sieht man den Mißverstand des Dichters, den Niemand hinderte, einen Gegenstand zu wählen, der weniger anstößig war, oder ihn zu behandeln, daß er edel und schicklich wurde. Es ist naiv, daß L. gerade dieses Stück einer Herzogin in Schlesien widmete, weil, wie er sagt, die Laster der Agrippina nirgend bessern Schutz, als bei den Tugenden der durchlauchtigen Frau finden könnten. So sehr er die Moral hervorheben will, werden doch Poppäa und Seneca, ja Nero selber nicht, gestraft, und das Werk steht in der That mit manchen unzüchtigen Gemälden in einem Range, und beleidigt das Auge um so mehr, weil das Ueppige mit der Grausamkeit (wie öfter beim Lohenstein) vereinigt ist.

Im ersten Akt bietet Otho dem Nero die Poppäa an, Paris stürzt herein und meldet eine vermuthliche Verschwörung der Agrippina; Burrhus und Seneca werden zu ihr gesandt; diese gehn zur Mutter des Kaisers, und stellen sie zur Rede, Agrippina aber rechtfertigt sich so, daß sie von ihrer Unschuld überzeugt werden; Nero kommt selbst und versöhnt sich mit ihr. Im zweiten Akt lesen wir eine widerwärtige Scene zwischen Nero und Poppäa, die nicht alle Wünsche des Kaisers erfüllt, weil sie verlangt, daß er vorher die Gemahlin Octavia verstoßen soll; sie schärft zugleich seinen Haß gegen die Mutter, Paris steht ihr darin bei, nachdem sie sich entfernt hat. Agrippina und Octavia rathschlagen mit Burrhus und Seneca, welche die Poppäa nicht gefährlich finden wollen; sie gehn und Otho wird von den Frauen auf seine Ehre aufmerksam gemacht, der aber dergleichen Vorurtheile nur verachtet. Nero schickt diesen darauf, um ihn von sich zu entfernen, nach Portugall. — Der dritte Akt ist der widerwärtigste; die Sklavin Acte klagt gegen Burrhus und Seneca, Poppäa, noch mehr Agrippina an, die aus Herrschsucht den Sohn nun selbst zur Blutschande zu verführen suche, keiner will in des Kaisers Gemach gehn, Acte entschließt sich endlich. Hierauf sehn wir Nero und Agrippina, er ist spröde, sie dringend, im abscheulichsten Augenblick kömmt Acte und verkündigt den Aufruhr der Soldaten, die den Kaiser mit der Mutter im Verdacht haben. Nero, der der Agrippina Arglist nun durchschaut, entschließt sich, sie ermorden zu lassen, er nimmt noch zärtlich Abschied von der Mutter. — Den vierten Akt eröffnet der Geist des Britannicus, der dem schlafenden Nero erscheint; beim Erwachen erfährt dieser, daß die Mutter noch lebt, indem die Erfindung mit dem zerbrechenden Schiffe mißlungen ist; ein Sklave, der von Agrippina kömmt wird gefangen und hingerichtet, unter dem Vorwande, daß er den Kaiser habe ermorden wollen. — Im letzten Aufzuge klagt sich Agrippina selbst aller Verbrechen an, ihrer Mordthaten, ihres unerlaubten Umganges mit Seneca, so wie anderer Ausschweifungen; sie wird ermordet. Nero kömmt mit Burrhus und Seneca und betrachtet die Leiche mit Wohlgefallen, Poppäa triumphirt. Sobald Nero allein ist, erscheint ihm der Geist der Mutter. Das Leichenbegängniß Agrippinas wird vorgestellt, ein Freigelaßner preist sie und ersticht sich auf ihrem Scheiterhaufen, ein Beschwörer kömmt mit Nero, der die Zukunft erfahren will, aber Rachegeister erscheinen, statt der heraufgerufenen und so endigt dies Stück, von dem man nicht begreift, wie es der Dichter schreiben, wie er glauben durfte, daß seine eingestreute Moral den abscheulichen Gegenstand und die ekelhafte Darstellung mildern odern bessern könne oder wie Leser, oder gar Zuschauer (denn es ist wahrscheinlich gespielt) solchen empörenden Anblick ertragen mochten.

Epicharis ist durch die Grausamkeit, durch die vielen Foltern und Hinrichtungen widrig genug, doch wird hier keine Zügellosigkeit mit Vorliebe geschildert. Es stört übrigens den Dichter nicht, daß Seneca hier als tugendhafter Weiser erscheint, der im vorigen Stücke ein zweideutiger und gleißender Hofmann ist.

Sophonisbe, 1666 zur Vermählung Leopolds des Ersten mit der Infantin von Spanien geschrieben, ist besser, hat auch mehr Handlung und Zusammenhang. Im fünften Akt erscheint Dido und verkündigt den Untergang Carthagos, die Blüthe der Oesterreichischen Monarchie und die Vermählung des Kaisers mit der Infantin.

Sein letztes Stück Ibrahim Sultan ist 1673 bei Gelegenheit der Vermählung Leopolds mit der Erzherzoginn Claudia Felicitas geschrieben, denen er es auch, als Musterbildern der Tugend und Keuschheit widmet, obgleich es wieder ein Gemählde von Wollust, Nothzwang und allen Verbrechen ist.

Gryphius und Lohenstein werden selbst von Literatoren nur selten gelesen, darum war der Herausgeber bei der Anzeige ihrer Werke etwas weitläuftiger. Durch Lohenstein war die Manier, die Gryphius nur versuchte, bestimmt worden, man hatte nun ganz die ehemalige Entstehung und das schon vaterländisch gewordene Theater vergessen, ein ungeschickter ermüdender Vers, der vom alten Trimeter sich eben so weit als vom neuern dialogischen Jambus der Engländer entfernt, war angenommen, man war gewöhnt Sentenzen und Reflexionen zu hören, statt Handlung und Charaktere zu sehn, man nahm auf das Volk keine Rücksicht, sondern nur auf die gelehrtern Stände, und als man so durch Studium in Barbarei versunken war, als England unter Carl II. schon einen Nachherbst manierirter, aber geistreicher Dichter, ein zweites ausgebildetes Theater besaß, als die Franzosen das ihrige vollendet hatten, war in Deutschland durch jene Barbarei alles in der Stimmung und so vorbereitet, daß man von diesem letztern Volke ihre Cultur und Poesie freiwillig annahm, die uns auf lange von aller Originalität entfernten und die bessern Kräfte hemmten, indem sie ein leichteres Talent des Scharfsinns und einer einseitigen Critik entwickelten.

Zweiter Band.

Von 1600 bis 1680.

COMOEDIA.

Von Fortunato und seinem Seckel und Wünschhütlein,

darinnen erstlich drey verstorbenen Seelen als Geister, darnach die Tugendt vnd Schande eingeführet werden.

Personae.

Fortunatus.
Echo.
Fortuna.
Drey Geister.
Soldan.
Ampedo.
Andolosia.
König.
Agrippina
Jung.
Tugendt.
Schande.
Zwey Graffen.

ACTUS PRIMUS.

Fortunatus.

Kömpt herauß in zerrissenen Kleidern und spricht:

Ach ich armer, Elender Mensch, bin so voller Trübsal, daß ich nicht weiß wo ich mich lassen soll, denn zwei Tage bin ich schon in diesem Walde jrre gangen, vnd kan keinen Weg für mir finden, bin also verschmachtet, daß ich kein Tritt mehr kan fort gehen, von meinen Eltern bin ich gezogen, weil sie gar verarmet, auff daß ich mein Glück vnter Frembdden möge suchen. Ach, ach, Hungers werde ich sterben müssen, so ich nicht auß diesen verjrreten vngehewren Walde komme. Ist hie denn kein Mensch, der mich dadurch helffen könne, Hollah.

Echo.

Lah.

Fortunatus.

Wer bistu?

Echo.

Stu!

Fortunatus.

Komm zu mir.

Echo.

Mir.

Fortunatus.

O es ist nur ein Widerschall, neben diesem grünen Zweige wil ich mich schlaffen legen, und der Allmächtige Gott thu mich bewahren für Schädligkeit der wilden Thieren.

Er leget sich nieder, entschläfft, nicht lang darnach kömpt die Göttin Fortuna mit verbunden Augen, vnd spricht:

Fortuna.

Viel mächtigen Königen, viel armen Menschen hab ich meine Gaben mitgetheilet, vnd jnen das Glück gegeben, aber kein eini ger hat sie recht angewand, sondern mißbrauchet, daß mir schier verdreust mehr zu geben, aber mit diesem armen Menschen, der da lieget, hab ich ein erbarmen, vnd wil jhm das Glück mittheilen.

Fortunatus.

Fähret mit seinem Häupte auff, und spricht:

Welch ein schön Geruch mir ankömpt, kann ich nicht sagen; was mir dieses bedeuten wird, ist Gott bewust; aber was sehe ich, eine schöne Jungfraw?

Fortuna.

Fortunate, Fortunate, stehe auff vnd kom zu mir, denn die Stunde deines Glücks ist vorhanden.

Fortunatus.

Ja das thue ich gerne, denn in zwei Tagen hab ich keinen Menschen gesehen, aber ich verwundere mich zum höhesten, daß du meinen Namen also zu reden weist, derhalben sag mir doch wer bistu?

Fortuna.

Verschrick nicht, Fortunate, ich bin die Göttin Fortuna.

Fortunatus.

Fellet auff die Knie nieder und spricht.

O Göttin Fortuna, so bitte ich vmb verzeihung.

Fortuna.

Stehe auff, Fortunate, aber sag mir was hat dich gezwungen in diesem Wald zu kommen.

Fortunatus.

O Göttin Fortuna, die Armuth zwinget mich vnd bin von meinen Eltern gezogen, vnd suche ob mir Gott in frembder Gegend so viel Glück verleihen wolle, daß ich meine zeitliche Nahrung haben möchte.

Fortuna.

Nun bekümmere dich nicht, denn die Stund deines Glücks ist nahe verhanden, vnd solt wissen, daß durch die einfliessung des himlischen Gestirns, vnd der Planeten, mir seynd sechs Tugendt verliehen, als nemblich:

Weißheit.	Reichthumb.
Stärcke.	Gesundheit.
Schönheit.	Langes Leben.

Unter diesen sechsen erwehle dir eins vnd bedencke dich nicht lange.

Fortunatus.

O wenn ich nur ein Jahr möchte zu bedencken haben, erstlich Weißheit; ja Weißheit, du bist die edleste Tugendt, aber wie wird jetziger Zeit Weisheit geachtet, nemblich für Narrheit.

Zum andern Reichthumb, du wirst in der gantzen Welt zum höchsten geachtet, denn jetziger Zeit gehet es also zu, das wenn ein Mensche mit allen Tugenden gezieret were vnd kein Geld hat, so ist doch alles vergebens.

Zum dritten Stärke: Man höret zu jetzigen Zeiten von den allerstärckesten, wie sie zum jämmerlichsten, vmbs Leben kommen, weil sie sich gar auff jhre Stärke verlassen.

Zum vierdten Gesundheit, ja dieses ist nebest Gott auff Erden zu wünschen, aber dennoch, wenn man kein Geld dabey hat, muß man seinen gesunden Leib mit Hunger und Durst plagen.

Zum fünfften Schönheit: Ja in den meisten Tragödiis findet man, wie erbärmlich und kläglich die schönsten Menschen jhr Leben haben enden müssen.

Zum sechsten langes Leben: Ja es were auch wol gut, aber wenn ich darbey solte Armuth leiden, so wolt ich nur wünschen, daß mir das Leben verkürtzet würde. Aber was seyn das für welche, die so betrübt herein treten?

Drei Geister.

Kommen jetzt in Ketten gebunden, vnd spricht.

Der erste Geist.

Ach, wir armen verdampten Seelen, die wir nunmehr keine Ruhe haben können, wir müssen herumbschweben biß an der Welt Ende, O Fortunate wir mercken daß dir Fortuna jhre Gaben mittheilen werde, aber sehe dich für, vnd nimb sie nicht an, denn damit wirstu in die Verderbniß gerathen, Sie hatte mir auch jhre Gaben mitgetheilet, vnd zum Könige in Hispania gemachet, aber verfluchet sey die Stunde, in der ich sie theilhafftig worden, vnd du Fortuna ich thue dich gäntzlich verfluchen.

Der andere Geist

Ich rathe dir armen Menschen, nimb jhre Gaben nicht an sie ist mir auch günstig gewesen, vnd machte mich zu einen Großmächtigsten Keyser, ja dadurch kam ich vmb Leib vnd Leben, ja auch umb meine arme Seele, vnd thue dich O Fortuna derhalben gäntzlich verfluchen.

Der dritte Geist.

O Fortuna, wie jämmerlich hastu mich betrogen, hettestu mich bleiben lassen, vnd nicht zu solchen Ehren erhoben, so were ich in die ewige Ruhe, nun aber muß ich hin vnd her schweben vnd kan keine bleibende statt finden. O Fortunate, nimb nichts von jhr, sonst wird sie dich eben wie mich betriegen. Nun müssen wir von hinnen. O sey gäntzlich verfluchet du Stiffterin des Vnglücks.

Fortuna.

Fluchet immerhin, fluchet immerhin ihr tollen Narren, es wird euch nunmehr nichts nutzen, vnd daß jhr ewer Leben vnd Seel verlohren ist nicht mein, sondern ewer eigen schuldt, denn ich euch wol die Gaben gegeben, aber jhr habt sie freventlich mißbrauchet. Aber du Fortunate sag eilends her, welches hastu erwehlet auß meinen sechs Gaben, denn vmb ein gar wenig ist die Stunde deines Glücks verlauffen.

Fortunatus.

Reichmilde Göttin so begehre ich Reichthumb, also daß ich allwege Goldt und Geldt die fülle habe.

Fortuna.

Es ist mir gleich, aber du alber Narr, kuntestu nicht Weißheit für Reichthumb erwehlen, sieh hie hastu einen Seckel, so offt du darein greiffest wirstu zehen Stück Goldes herauß holen, vnd in welch Land du immer seyn mügest, soltu darin finden, was allda läuffig seyn wird. Vnd dieser Seckel sol die Tugendt haben, dein vnd deiner Kinder lebetag, und wenn ihn ein Frembder erbt, der nicht in dein Geschlecht gehöret, vnd von dir geboren, sol alßbald der Seckel seine Tugendt verlieren, darumb hab sorg, vnd laß den dir lieb seyn.

Fortunatus.

O mildereiche Fortuna, wormit sol ich dich im geringesten wieder dienen vnd zu Willen seyn, das sag mir an.

Fortuna.

Weil du denn so willig bist, mir wiederumb zu dienen, so observire jetzo meine Wörter wol, was ich dir sag vnd du thun solt, ich wil dir drey Dinge aufferlegen, die du dein Lebetag allewege auff den heutigen Tag meinetwegen thun solst.

Zum ersten soltu auff denselbigen Tag feyren, auch auff denselben Tag kein Ehlich Werk vollnbringen, auff den Tag alle Jahr, in welch Land du auch seyest, eines armen Mannes Tochter, die Mannbar ist, berathen, vnd jhr einen Mann geben, sie ehrlich sampt Vater und Mutter bekleiden, darzu 400 Stücke Goldes geben, zum Gedechtniß als du heute von mir bist erfrewet worden, so erfrewe du auch alle Jahr eine Jungfrawe.

Fortunatus.

O tugendtreiche Göttin, diese drey Dinge wil ich allezeit verrichten, vnd sie ehrlich halten. Aber reichmilde Göttin Fortuna helffet vnd rathet, daß ich auß diesem grossen Walde komme, denn heute ist der dritte Tag, daß ich darinnen jrre gangen, vnd schier Hunger sterben muß.

Fortuna.

Daß du also in diesem Walde jrre gegangen bist, und Trübniß gehabt, ist dir zu einem grossen Glück gerathen. So wil ich dir jetzt gar auß dem Walde helffen, vnd folge mir hie nach.

Gehen hinein, vnd kommen wieder herauß.

Sieh hie diesen Weg gehe eilends für dir hin, aber kehre dich nicht umb, sehe auch nicht wo ich hinkomme, vnd so du dieses thust, kömstu leichtlich vnd bald auß dem Walde, so gehe hin in Frewden, vnd gebrauch deine Gabe mit Nutzen.

Fortunatus.

Nun bin ich eins auß dem Walde gekommen, mein erhungert Magen erfrewert sich, weil ich für mir ein Wirthshauß sehe, aber keinen Heller oder Pfennig hab ich mehr zuverzehren, verlasse mich jetzt auff meinen Seckel, hette er aber die Tugendt nicht, O Fortuna, wie du mir gesagt, so were ich schrecklich vexiret, der Seckel ist gar schlecht vnd nichts darinnen.

Sticht die Hand darin.

Hollah, hollah Fortunate, sey nun lustig, hie finde ich in der Warheit Goldt, vnd sind jhr zehen Stück, ach was sol ich bald anfahen für frewden, ich will noch einen Griff thun. Ey lustig eitel Goldt, nun wil ich auch hingehen, frisch einkauffen, und mich gleich einem Fürsten halten, denn weil mir kein Geldt oder Goldt mangelt habe ich auch keine Noth.

Allhier agiret Pickelhering.

ACTUS SECUNDUS.

Jetzt kömpt **Fortunatus** heraus vnd hat schöne Kleider an, zu ihm spricht der

Soldan.

Mein lieber Fortunate, mit wunder kan ich nicht genugsam zuhören, wenn du mir deine Reisen erzehlest wie du durch so manches Land, ja den helfften Theil der Welt schon durchwandelt, vnd wundert mich, daß du nicht wollest auffhören, sondern auch gantz Turciam, Persiam, Egypten vnd Indiam noch in willens bist durchzuziehen. Dieses aber wundert mich am allermeisten, woher dir solch groß Gut komme, denn meine Mameluckẽ können dir nicht genugsam Ruhm nachsprechen, wie groß Geschenk du jhnen reichlichen gethan, daß sie auch niemalen kein König reichlicher begabet habe, derowegen weil du mir vnd den meinen Ehre erzeigest, wil es mir wiederumb gebühren, so folge mir, ich wil dir jetzt sehen lassen.

Gehn ein wenig hinein, nicht lange darnach kommen sie wieder herauß vnd spricht

Fortunatus.

Fürwar großmächtig Soldan, solche Kleinödter seyn nimmer für meine Augen gewesen, wiewol ich vber die tausend Schatzkammern gesehen, die beyden Carfunckel, so auff den gülden Leuchtern stunden, leuchteten, die doch wie der Blitz vom Himmel.

Soldan.

O mein lieber Fortunate, das ist mir das geringste vnter allen meinen Kleinodien, darnach wil ich dich in einen andern Eisern Thurm führen, da soltu viel andere bessere finden, aber hie hab ich ein Kleinodt, das ist mir lieber denn die andern alle.

Zeiget jhm einen kleinen Filtzhut.

Fortunatus.

Großmächtig Soldan, solt das besser seyn, denn die andern alle, so were es ja ein Königreich werth, vnd ich wolt nicht mehr wünschen, sondern daß ichs nur sehen möchte.

Soldan.

Kom ich wil dir sehen lassen, hie diesen vnansehnlichen Filtzhut achte ich höher denn zwei Königreich, vnd mit diesem Filtzhut kan ich solche Kleinodien erobern.

Fortunatus.

O großmächtig Soldan, wenns nicht wieder ewer May: were, möchte ich von Hertzen gerne wissen, was dieser Filtzhut für Tugendt an sich hette.

Soldan.

Das wil ich dir sagen, wann ich oder ein ander jn auffm Häupte habe, wo ich mich alßdann hinwünsche, so bin ich alßbald da, daran hab ich meinen einigen Trost, denn wenn ich zum meisten betrübet, so wünsche ich mich vnter die Pigmeer vnd sehe allda meine Kurtzweile, wie dieselbigen mit den Kranichen streiten, ja wo ich in erfahrung komme, daß einer eine schöne Tochter hat, wünsche ich mich bey ihr, neme sie vnter meine Arme, vnd fahre mit jhr in einen schönen Wald, brauche allda mit jhr meinen Willen, bringe sie darnach wider in jhr Vaterland, sie aber weiß alsdann nicht ob sie im Himmel oder auff Erden gewesen, ja kein Thurm ist von Eisen so starck, ich kan mich darin vnd auß wünschen, was mir gelüstet zu essen oder zu trinken, in frembden Landen, wünsche ich mich alsbald hin vnd settige mich dran, auch wenn ich mein Diener in die Jagt sende, so ziehe ich nicht mit, sondern wenns mir gelüstet, wünsche ich mich bey jhnen, vnd heisse jhnen das Wildt in die Netze jagen. Wenn auch ein schöner Vogel in der Lufft schwebet, und es mir gefelt, kann ich ihn alsbald mit meinen Händen auß der Lufft hernieder holen. In Summa daß ich alle meine Frewde vnd Kurtzweil damit habe. Wenn ich Feindschaft mit einem habe, vnd einen öffentlichen Krieg führe, wünsche ich mich zum Feinde, sehe alsdann alles was sie machen, daß mir also dieser geringer Filtzhut zehenmal lieber ist, denn alle meine Kleinodien.

Fortunatus.

Großmächtig Soldan, ich kan mich nicht genugsam verwundern, vnd muß bekennen, daß es das beste Kleinodt in der gantzen Welt ist, aber lebet der Meister noch der jhn gemachet?

Soldan.

Das weiß ich warlich selber nicht, ob er noch lebet, oder ob er schon todt ist.

Fortunatus.

Weil er solch vberauß edle Tugenden an sich hat, so gläub ich, daß er auch muß schwer seyn, vnd demselbigen den Kopff hefftig drücken, der jhn auff hat.

Soldan.

Nein mein lieber Fortunate, er ist nicht schwerer denn ein ander Hut, nimb nur deinen abe.

Fortunatus nimbt seinen Hut abe, der **Soldan** setzet jhm den Wünschhut auff vnd spricht:

Sieh da hastu jhn auff, sage nun ist er schwerer denn ein ander Hut?

Fortunatus.

Fürwar ich hette nicht gemeynet, daß er so leicht, noch daß du so ein Narr werest; Ade Soldan, ich wünsche mich jetzt in meine Galeen.

Fehret hiemit hinweg

Soldan.

O zetter, O mordio, verfluchet seystu betrieglicher Fortunatus, O nimmer muß dir wol werden, O weh, O weh, ist denn dort kein Eisen Thor so starck, daß sie dich auffhalten könne? Holla, holla, laß zur Stunden in eile hundert Galeen dem verfluchten Fortunato nachfahren, vnd der jhn mir lebendig oder todt, mit sampt meinem Wünschhütlein bringen wird, wil ich 20000 Kronen geben, eilet geschwinde, denn seine Galeen sehe ich schon von hinnen ziehen.

Gehet hinein, reisset für Angst seine Kleider auff.

Fortunatus.

Kömpt herauß vnd spricht:

Nun mag ich mich billich rühmen, daß ich die beyden edelsten Kleinodien habe in der gantzen Welt, denn in diesem Seckel hab ich Reichthumb, vnd an diesem vnansehnlichen geringen Filtzhut habe ich die allerbeste Frewde, vnd kan mich damit durch die Lufft wünschen, wohin ich nur begehre, der Soldan will mir eine Galleen mit köstlichen Specereyen geben, so ich jhme nur diesen Filtzhut wiederumb zustelle, aber wenn er mir ein Königreich geben wollte, soll er jhn doch nicht wieder bekommen. Jetzo habe ich mir fürgenommen, in West Indien mich zu wünschen, vnd zu sehen wie es allda zugehet.

Wil den Wünschhut auffsetzen, vnd davon fahren, mittlerweil kömpt zu jhm, vnd spricht

Fortuna.

Halt halt Fortunate, dein wünschen vnd zeitliche Frewde ist nunmehr gar auß, denn du mich sehr hart erzürnet, darumb daß du meiner Gaben zu sehr mißbrauchet, derhalben thue ich dir jetzo kund, daß du von dieser Welt scheiden müssest.

Fortunatus.

Fellet für jhr auff die Knie vnd spricht:

O reich milde Göttin, verzeihe mir meine Missethat, vnd laß mich nur noch ein wenig auff dieser Welt wandelen.

Fortuna.

Nein solches wirstu nicht erlangen, denn dein Seiger ist bereits mehrentheils außgelauffen.

Gehet weg, bald kömpt sie wieder mit einem weissen Hembde, hat ein Stöcklein in der Hand, damit stösset sie jhn auff die Brust, gehet darnach wieder davon.

Fortunatus.

O weh meinem armen Hertzen, O wie bald ist es vmb ein Menschen gethan, jetzt war ich frölich, frey, frisch und gesund, nun bin ich schwach vnd kranck, daß ich auch bald meinen Geist muß auffgeben. Gehet sitzen.

Wo seyd jhr meine lieben Söhne Ampedo vnd Andolosia, kompt zu mir.

Jetzt kömpt **Ampedo** vnd **Andolosia** gar eilends hinein gelauffen.

Ampedo.

Hertzlieber Herr Vater, hier seyn wir, was ist die Vrsache ewres betrübten Hertzens?

Fortunatus.

Ampedo kom her an diese Seite stehen, vnd du Andolosia stehe hie an meine ander Seiten, habet wol in acht vnd behaltet wol in ewren Hertzen, was ich euch sagen werde. Ihr habt gesehen lieben Söhne, wie für kurtzen Tagen ewere hertzliebe Mutter, meine Gemahlin, von dieser Welt hinweg genommen, die euch dann mit so grosser Müh vnd Fleiß in allen guten aufferzogen, ja in jhrer letzten Todes Stunde euch vnd mich hertzlich beseufftzet, darumb daß sie von vns scheiden muste. Nun aber ist die Zeit auch kommen, daß ich euch vnd die gantze Welt verlassen, daß jhr alßdann klagen werdet, wie kurtz nach einander jhr Vater vnd Mutter loß worden seyd, so wil ich euch nun in meiner letzten Stunde Väterlich vermahnen, wie jhr euch nach meinem Tode halten sollet damit jhr bey Ehr vnd Gut bleibet,

Ampedo weinet bitterlich.

wie ich an mein Ende geblieben bin. Observiret jetzo meine Wörter wol, lieben Söhne, eine Sache wil ich euch offenbaren, welche ich 60 Jahr alleine bey mir behalten, wie ich in meinen jungen Jahren Ebenthewren nachzoge, vnd mit meiner Ritterlichen Hand etwas verdienen möchte, davon ich mich ehrlich erhalten könte, habe ich die halbe Welt durchzogen, viel Vnglück erlitten, aber vnter andern allen kam ich einsmals in einen grossen weidligen vngehewren Wald, darinnen ich drey Tage verirret gieng, vnd an keinen lebendigen Menschen kommen kundte, meynte auch nicht anders, sondern daß ich Hungers darinnen sterben müste, oder aber den wilden Thieren zu einer Speise werden, mit welchen ich denn offtmalß einen schweren Kampff ausstehen müssen, in dieser meiner grossen Angst vnd Trübsal kömpt die Göttin Fortuna zu mir, leget mir für 6 Gaben, als Weißheit, Reichthumb, Starcke, Gesundheit, Schöne vnd langes Leben, vnter welchen ich eines erwehlen solte, da ich denn Reichthumb erwehlete, aber ich wolte daß ich möchte Weißheit erwehlet haben, also gab mir diese Göttin den Seckel, denn so offt ich darein greiffe, habe ich 10 Stück Goldes.

Gibt einem jeglichen 10 Stück Goldes darauß, Andolosia stellet sich mit Geberden derhalben gantz frölich.

Daß ich also mein groß Reichthumb auß diesem Seckel aber groß Gefahr vnd Vnglück dabey außgestanden, bin gefangen, ja wie ein Dieb gepeiniget worden, daß ich bekennen solte, woher mir solch groß Reichthumb keme, aber Gott hat mich allewege, ja auch offtmal von dem Tode errettet, daß ich nun diesen Seckel bey 60 Jahren bey mir gehabt, daß er nicht von mir kommen, denn kein Mensch in der Welt auch noch seine Tugendt weiß, denn jetzt jhr. Derhalben liebe Söhne vermahne ich euch, last ihn euch auch befohlen seyn, vnd verwahret jhn besser denn ewre Augen, denn so jhr seine Tugendt einigem Menschen offenbaren werdet, so verhoffet nichts anders, denn daß jhr gewisse von Ehr vnd Gut, Leib vnd Blut, dadurch kommen werdet, denn sie euch heimlich vnd verrätherlich vmbs Leben bringen werden, damit sie nur den Seckel bekommen, aber es wird jhnen wenig nutzen, denn wenn jhr gestorben, so hat der Seckel nicht mehr seine Tugendt, so jhn aber einer bekömmt, weil jhr noch lebet, so kan derselbe gleich auch jhn nutzen, dieses aber nehmet darbey in acht, daß jhr alle Jahr den ersten Tag des Brachmonaten, einer armen Tochter eines frommen Mannes, einen Mann gebet, vnd darzu 400 Nobel, auch daß jhr alßdann jhren Vater vnd Mutter auch wol kleiden, denn solches hab ich zur Danckbarkeit der Göttin Fortuna, wie sie mich begabet, jährlich zu halten zugesaget, habe es auch allwege gethan, in welch Land ich auch gewesen. Zum andern daß jhr auff denselben Tag kein Ehlich Werck vollnbringet, weder in noch ausser der Ehe, hierneben sollet jhr auch wissen, daß dieser vnansehnlicher geringer Filtzhut thewrer ist denn ein Königreich, der Soldan, von deme ich jhn mit liste bekommen, hat mir ein groß Gut darfür geboten, aber er hat jhn nicht wieder bekommen mögen, er hat aber diese Tugendt an sich, wer ihn nur auff sein Häupt setzet, vnd wünschet sich wohin er wolle, so ist er alßbald da, damit habe ich in diesem Leben meine meiste Frewde gehabt. So befehle vnd vermahne ich euch nun letzlich auß Väterlichem getrewen Hertzen, last diese beyde Kleinodien nicht von einander kommen, sondern last sie beysammen, vnd habt sie ein halb Jahr vmbs ander, sonsten werdet jhr Vnglück damit außstehen, ich zweiffele wol gar an dir nicht, Ampedo, daß du solt vnachtsam damit vmbgehen, aber Andolosia für dir trag ich Sorg, daß du gar zu wildt, werestu aber so fromb vnd eingezogen, wie Ampedo, so wolt ich frölich sterben, vnd für ewer Vnheil nicht trawren.

Andolosia.

O Hertzlieber Herr Vater, ich wil ewer Lehre eben so wol, alß mein Bruder, in acht nehmen, vnd bitte, bekümmert euch nicht meinethalben, denn, daß ich sonst wildt gewesen, ist der Jugend schuldt, aber hertzlieber Vater, ist mir denn auch vergönnet in frembde Lande zu ziehen, denn all mein begehren stehet nur darnach, daß ich mich wol versuchen möge.

Fortunatus.

So ist dir solches lieber Sohn von mir angeerbet, denn ich mir selber were feind gewesen wenn ich die gantze Welt nicht were durch vnd durch gezogen, wie ich gethan, vnd manchen Preiß bei großmächtigen Königen daben erlanget. Solches ist auch dir wol vergönnet, aber nimb deine Sache in acht, Ampedo weiß ich, wird es sich mit ziehen und reisen nicht sawer werden lassen, sondern lieber allhie stille sitzen, vnd zufrieden seyn; O wehe wie kan ich kein Wort mehr, denn der Todt ist mir gar nahe, gen Himmel, gen Himmel fahr ich mit frieden.

Stirbet, Ampedo weinet bitterlich Andolosia lest sich nichts anfechten. nimbt alßbald den Seckel vom Vater, greifft daran, vnd langet etliche mal Goldt herauß, da spricht zu jhm

Ampedo.

O wehe du vnbarmhertzig Mensche, darffstu noch stehen vnd zehlen Goldt auß dem Seckel, lest dich nichtes anfechten, daß dein lieber Vater hie todt lieget, scheme dich.

Andolosia.

Wie nu, wie nu mein lieber Bruder, du must dich so nicht anstellen, kom nur vnd sey nicht vngedüldig auff mich, wir wollen vnsern lieben Herrn Vatern S. ehrlich begraben lassen.

Ampedo weinet, nemen beyde den Vater vnd tragen jhn hinein

Allhier agiret Pickelhering.

ACTUS TERTIUS.

Andolosia.

Kömpt herauß, ist sehr lustig, vnd spricht:

Juch hollai, wie ists müglich das ich kan trawrig seyn wie mein Bruder. *Tantzet vnd springet.*

Holla, korasisch, Allegrament lustig, nun soll meine Frewde erstlich angehen, ja in Pracht vnd Herrligkeit, in Ritterlichen kempffen, spielen vnd turnieren wil ich mich gebrauchen, damit ich

der

der schönen Jungfrawen Gunst vnd gratiam bekomme, denn kein besser Ding auff Erden ist, als von schönen Matronen gelobet vnd gepreiset werden. Aber da kömbt mein Bruder.

Ampedo.

Hertzlieber Bruder, ich bitte dich vmb der Ehre Gottes willen, sey doch nicht so frech, sondern bedenck doch ein wenig vnsers S. Vatern vnd Muttern Todt, die vns so kürtzlich nach einander abgestorben.

Andolosia.

Mein lieber Bruder ich bitt, sag mir doch nit mehr davon, weistu nicht das vnser Trawr-Jahr nun ein ende hat, darzu wil ich dir sagen, wenn Kön. May. dieses erführe, daß wir länger Trawrzeit hielten denn ein Jahr, würden wir gewißlich in grosse Vngnade kommen, denn wenn der König stirbet, so helt der junge Printz fünff viertel Jahr seine Trawrzeit, alß daß wir jhn nicht gleich seyn müssen, dafern wir bey J. Kön. May. in Gnaden bleiben wollen.

Ampedo.

Ich weiß zwar nichts darvon, denn ich mein Lebtag nicht im Kön. Hofe wie du gewesen, so wollen wir derhalben vielliebar das Trawr-Jahr enden, denn in Kön. May. Vngnade fallen.

Andolosia.

Ja mein lieber Bruder, das stehet vns auch zu rathen, aber ich kan dir gleich nicht fürhalten, daß mir dieses Trawr-Jahr so hefftig lang geworden, gleich weren es zwei gewesen, darumb denn ich mich so still vnd eingezogen gehalten, nicht gekempffet oder turnieret, vnter dessen habe ich vnsern S. Vatern Bibliothec gar durchgesuchet, vnd ein Buch gefunden, worin er alle seine Reisen die Zeit seines Lebens eingeschrieben, vnd finde wie er in seiner Jugendt die halbe Welt, alle Christliche Königreiche durchzogen, vnd da er vnser S. Fraw Mutter schon gehabt, ist er noch in die Heidenschafft gezogen, derhalben lieber, was wollen wir anfahen, laß vns vnsers S. Vatern Fußstapffen auch nachtreten, laß uns ziehen und nach Ehren streben, wie vnser S. Vater gethan, hastu es nicht gelesen, so liß es noch. ich weiß du wirst in eine Anmuth dadurch kommen.

Ampedo.

Nun mein lieber Bruder, wer wandern wil, der wandere, ich habe gar keine lust dazu, es könte leicht, daß es mir in der Frembde also nit gehe wie allhie, ich wil jmmer allhie zu Famagusta — bleiben, vnd mein Leben in diesem schönen Pallast, den vnser Herr Vater bawen lassen, enden.

Andolosia.

So mag ich wol sagen, daß ich mein Tag keinen Menschen gesehen, der grössere lust zu Hause vnd hinter dem Ofen zu sitzen hat, als du, aber ich muß von hinnen, darumb wo du des sinnes bist laß vns die beyden Kleinodt theilen.

Ampedo.

Was sagstu von theilen, wiltu jetzt das Gebott deines Vaters vbertreten, da sein letzter ernstlicher Will war, daß wir die beyden Kleinodien nicht solten von einander theilen, sondern beydes bey einander bleiben lassen.

Andolosia.

Ich kehre mich nichts an die Rede, er ist todt vnd ich lebe, es wird nichts anders darauß ich muß sie theilen.

Ampedo.

Kan es denn nicht anders seyn, vnd du deinen wilden Kopff nicht im Zaum halten kanst, so nimb das Wünschhütlein vnd ziehe dich damit müde genug.

Andolosia.

Nein mein lieber Bruder du bleibest hie, so behalte du den Wünschhut, vnd laß mir den Seckel.

Ampedo.

Das kan auch nicht geschehen, denn ich bin der Elteste, und mag wol das angenembste behalten.

Andolosia.

Lieber Bruder, wir werden vns dieser Sachen halben vbel vertragen, denn der Seckel muß mir werden, aber ich hab mich bedacht, wie wir es machen wollen, damit wir einig bleiben, ich wil dir erstlich 2 grosse Pfannen mit Golde füllen, die du hie behalten sollest vnd wie ich hoffe, du dein Tage nicht verzehren wirst, vnd darzu solstu auch das Hütlein behalten, damit du Kurtzweil und Frewde magst haben. So lasse mir den Seckel, daß ich damit wandere, vnd nach Ehren strebe, wil 6 Jahr auß seyn, und wenn ich denn wieder komme, so wil ich dir den Seckel auch 6 Jahr lassen, vnd also wollen wir jhn in gemein haben, vnd also beyde nutzen.

Ampedo.

Ja mein lieber Bruder, was sol ich mir noch viel vmb den Seckel zu thundt machen, wiltu mir hier Goldt lassen, bin ich solches wol zufrieden, vnd magst mit dem Seckel ziehen, wohin dir geliebet vnd gelustet.

Andolosia.

Gar wol mein lieber Bruder, alß bald wil ich dir auß dem Seckel zwey Pfannen voll Goldes zehlen, gehe du nur hinein, vnd laß die Pfannen verfertigen.

Ampedo.

Das thue ich gerne. Gehet hinein.

Andolosia.

Nun mag ich fröhlich seyn, denn meinen frommen vnd einfältigen Brudern hab ich schon dahin bewogen, daß er mir den Seckel des Reichthumbs lassen wil, ein jederman weiß zu sagen von der vberrauß Schöne, der Prinzessin Agrippina auß Engelland, also das keine in der gantzen Welt sie in Schönheit vbertreffen soll, nun ist mein ernstlicher Wille, schöne Jungfrawen zu sehen, vnd jhnen zu dienen, derhalben wil ich mich alßbald nach Lunden verfügen, O möchte ich von Königlichem Stammen gebohren seyn, so wolte ich dem Könige so getrewlich dienen, er müste sie mir geben, aber ich bin gar zu gering, demnach will ich jhrenthalben alle Tage ein Turnier halten, wenn mir also das Glücke favorabel seyn wolte, daß ich dadurch in jhre Gunst keme.

Allhier agiret Pickelhering.

Andolosia.

Nun bin ich zu Lunden, da ich denn nichts zur Liebe meiner Princessin vnterlasse, mit Geschenck, Gaben vnd turnieren, da ich mich dann bißhero also gehalten, daß mich noch zur Zeit keiner vberwunden, aber groß Schmertz vnd Pein ist in mein Hertz, denn gestriges Abends hatte mich der König zu gaste geladen, an sein Tisch, dabey denn auch sasse seine vberschwenglich schöne Tochter Agrippina, gegen welcher ich denn zur Stunden noch hefftiger wie vor, vnd also hefftig verliebet, daß ich fast weder essen noch trincken mehr kunte, O wehe mir daß ich alhie kommen bin, denn allhie hab ich ein Fewr in mein Hertz bekommen, daß da nicht kan gedempffet werden, denn Agrippina du wirst mich zu gering achten, weil ich von schlechtem vnd nit Königlichen Stammen geboren; O kein schwerer ding ist auff Erden, denn lieben vnd nit geniessen, ich kan nun auch klagen, daß ich nur ein geringer Sklave der Liebe bin, dennoch was thut Liebe nicht, ich wil mich gleich halten einem grossen Hertzogen oder Graffen, weil ichs thun kann, vnd den König, Königin, Agrippinam wiederumb zum Pancket laden, welches denn Königlich sol gehalten werden.

Gehet hinein.

König.

Spricht zu seiner Tochter Agrippina.

Hertzliebe Tochter, ich kan mich nicht gnugsam verwundern, wovon doch dem Ritter Andolosia solch groß Gut herkomme, noch demmal ja sein Vater nur ein armer vom Adel, vnd dennoch er jetzo sich prechtig gleich einem Fürsten helt, mich gegen Morgen, zusampt meiner Gemählin vnd dich auch vielen Graffen vnd Herren zum Pancket geladen.

Agrippina.

Gnädiger Herr König vnd hertzlieber Vater, keinmalen hat einiger König, Fürst oder Herr mich sampt meinem gantzen Frawenzimmer so herrlich begabet, als gestern Andolosia. Jetzo hat er mich wiederumb bitten lassen auff sein Pancket, so er Königlich zurichten lassen, zu erscheinen, verwunder mich derhalben auch selber, daß er ein solch herrlich vnd prechtig Leben führen könne.

König.

Nun, nun es ist gut Andolosia, ich muß dir deine Pracht legen, weil du dich nicht schemest alle Tage herrliche Pancket zu zu halten. Ich muß dich lehren mit Königen Kirschen essen, vnd deinen grossen Hochmuth zu schanden machen; wie gefelt dir das liebe Tochter?

Agrippina.

Es gefelt mir gar wol gnädiger Herr Vater, denn solchen Gesellen welche so gar reich seyn mit panckettiren, gehört nicht anders.

Gehen hinein.

Andolosia.

Kömpt heraus und spricht:

Nun habe ich auff mein Pancket, worauff der König, die Königin, junger Printz vnd Princeßin, Summa alle Principals Herren erscheinen werden, auffs allerherrligste zurichten lassen, vnd sol diesen Abend mit grosser Pracht und Frewden gehalten werden. Aber da kömpt mein Jung eilends, was mag der wollen.

Jung.

Gnädiger Herr ein gar wunderbarlich Sache kann ich E. G. nicht vnangezeiget lassen.

Andolosia.

Wie wunderbar ist sie dann, sage her.

Jung.

G. H. ich bin jetzo auff dem Holtzmarckte gewesen, vnd kan kein einig Stock zu kauffe kriegen, weiß derhalben nicht woher man das Essen kochen wird.

Andolosia.

Bistu nicht ein Narr, meinestu das nicht mehr Holtz in dieser Stadt ist, denn allein auff dem Holtzmarckte, gehe eilends hin zu den andern Holtzkäuffern, vnd bezahle es jhnen doppelt.

Jung.

Dasselbige hab ich schon gethan, G. H. bin wol bey 1000 Holtzkeuffern gewesen, vnd mich erbotten, ich wolte es jhnen sechs doppelt bezahlen, aber kein einigen Fingerlang habe ich bekommen können.

Andolosia.

Dieses muß der Teuffel wollen, daß kein Holtz solte zu bekommen seyn, vnd kömpt mir solches zum allerseltzamsten vnd unerhöret für, aber ich mercke wol, daß mir dieses also zum schimpff ist bestellet worden, vnd meine gute Gönner vielleicht zu Hofe beym Könige erhalten, daß man mir kein Holtz verkauffen soll, vnd gedencken mir also ein Schandfleck anzuhengen, aber mit schanden sollen sich bestehen, sieh da diener hastu den Schlüssel, geh hin zum Kasten, vnd nimb den förbersten Seckel mit dem Golde darauß, gehe hin damit zu den Venebiger Krämern, kauff jhnen abe alle Negelein Mußcaten Imber Zimtrind, nimb den Speisemeister zu dir, daß er so viele nehme, dabey er gedencket die Speise alle gar zu kochen. Gehet weg.

Diener.

G. H. es soll von mir eilich vnd getrewlich außgerichtet werden. Gehet weg.

Allhier agiret Pickelhering.

König.

Nun sehe ich das Andolosia einen heimlichen Schatz haben muß, denn kein Fürst würd es also außhalten können, ich meynte wolte jhn haben zu schanden gemacht, also wenn ich zu jhm keme, nichts bereiteter Speise seyn solte, wie ich aber noch weit von seiner Herberge bin, siehe da empfinde ich ein so gar lieblichen Geruch, vnd wird mir Zeitung gebracht, wie das alles auffs allerherrlichst zugerichtet sey, vnd die Speise bey eitel köstlicher Speiscereyen gekocht, tractirte mich daneben so prechtig, wie er zuvor noch nicht gethan, zuletzt begabte er alle meine Diener mit 10 Kronen, das also kein sparen bey jhm ist, denn je länger je köstlicher er lebet.

Agrippina.

Vnd solches beucht mir auch hertzlieber Herr Vater, daß er ein heimlichen Schatz muß haben, wovon er so prechtig stoltzieret, denn solches grosmächtigen Fürsten zu viel also zu leben, denn in solch vberauß grossen Pancket bin ich mein Tag noch nicht gewesen, wie dißmal bey Andolosia.

König.

Höre mein hertzallerliebste Tochter, ich weiß daß dir Andolosia hold ist, vnd von Hertzen sehr lieb hat, nun wüste ich keinen bessern Rath, damit mans jhm abfragen könte, woher jhm solch groß Reichthumb keme, denn daß du jhme solches mit süssen lieblichen Worten abfragst, wenn er nun zu dir kommen wird, so sol verschaffet werden, das keiner zu euch komme, auff daß jhr gar alleine bleibet.

Agrippina.

Solches daucht mir auch rathsam zu seyn, vnd verhoffte jhn durch Veneris List wol zubethören, wil meine beste Liste hierinnen gebrauchen, eilich Vater von hinnen, er kömpt schon.

Der König gehet weg, da kömpt vnd spricht:

Andolosia.

Schöne Agrippina, ich bitte wollet mir nicht für vbel halten, daß ich also vngebeten zu E. G. herein komme.

Agrippina.

O nein gar nicht, mein lieber Andolosia, gleubet mir in der Warheit, daß ich keinen Menschen lieber sehe zu mir kommen, denn euch.

Andolosia.

Schöne Princessin, solche ewer Wörter bringen mir grosse Frewde, habe doch solches nicht verdienet.

Agrippina.

Mein lieber Andolosia, man sagt allhie zu Hofe viel vnd grosse Ehre von euch, wie jhr dem Könige so ein groß Mahl, welches mit Zimmetrinden vnd Mußcaten gekochet, gegeben, darzu alle seine Diener so gar köstlich begabt habet, vnd euch zwar viel prechtiger denn ein Fürst haltet, nun sagt mir habt jhr keine Sorg, daß euch Geldes gebrechen werde.

Andolosia.

Schönest Princessin, dieweil ich lebe, kan mir kein Geldt oder Goldt gebrechen.

Agrippina.

So müget jhr fürwar eweren Vater wol dancken, der euch so groß Reichthumb hinterlassen.

Andolosia.

Ich bin so reich als mein Vater, vnd er war nie reicher denn ich jetzt bin, doch so war er einer andern complexion, jhme wars nur eine frewde frembde Land zu besuchen, daß er auch die Welt durch vnd durch gezogen. Mich aber erfrewet nicht anders, denn schönen Frawen vnd Jungfrawen zu gefallen, vnd jhnen zu dienen.

Agrippina.

So hör ich wol daß jhr derhalben ans Königs Hof gekommen, damit jhr nur schöne Jungfrawen sehet, ich bitte euch, sagt mir doch habt jhr denn nirgend etwann eine gesehen, die euch vnd ewrem Hertzen gefellet.

Andolosia.

Ich habe an 6 Königlichen Höfen gedienet, manche schöne Jungfraw gesehen, aber G. F. jhr thut sie alle vbertreffen, kan euch derhalben nimmer verhalten, daß jhr mein Hertz so hart eingenommen, vnd ich mit solch groß inbrünstig Liebe gegen euch vmbfangen, also daß mir auch vnmüglich euch zuverlassen, ob ich schon so hoch nicht gebohren, als jhr, zwinget mich doch ewere Schöne, euch vmb die Liebe zu bitten, die wollet jhr mir, schöne Princessin nicht versagen, vnd was vnd warumb jhr mich alßdenn bitter, sol euch von mir nicht versaget, sondern jhr dessen also fort gewehret werden.

Agrippina.

Andolosia, sagt mir erst die rechte Warheit, woher euch solch groß Gut komme, vnd daß ich auch solches mit Warheit erkennen möge, alßdenn wil ich euch lieben vnd alßbald auch jederzeit nach ewren Willen leben.

Andolosia.

O allerliebste schönste Princessin, wie frewdig macht jhr mein Hertz, gelobet mir erstlich bey allen trewen mir allein gönstig zu seyn, so will ich euch, woher mir mein groß Reichthumb kömpt, in geheim offenbaren.

Agrippina.

O mein allerliebster Andolosia, zweiffelt gar nicht an meiner Verheissung, vnd an meiner Liebe so ich zu euch trage, vnd was ich euch mit dem Munde verheissen, sol euch auch im Werke gehalten werden.

Andolosia.

Ziehet den Seckel herauß vnd spricht:

Sehet hie meine allerliebste Agrippina, so lang ich diesen Seckel habe, kan ich ein Königlich Leben führen, denn so offt ich hinein greiffe, hab ich 10 Ducaten, welches jhr jetzt selbst in Warheit vnd in der That erfahren sollet.

Ziehet Geldt herauß gibt jhr solches in den Schoß.

Agrippina.

O jhr seyd warlich das gluckseligste Mensch auff Erden, denn solch tugendreich Kleinodt, wie in dem Seckel verborgen, ist in der gantzen Welt nit vorhanden, hab auch solchs mein Tag nicht gesehen, aber dennoch ewer schön Gestalt vnd Geberden gefället mir noch zehenmal mehr, auch also, daß ich keine Ruhe kan haben, wir müssen noch heute vnser beyde Liebe theilhafftig werden, die Königin meine Fraw Mutter wird heut zu Nacht beym König schlaffen, so wil ichs mit meiner Kämmerin machen, daß jhr zu Nacht könnet zu mir herein kommen, vnd bey mir schlaffet.

Andolosia.

O mein allerliebst Agrippina, wie hoch erfrewet jhr mich, zu Nacht vmb 12 Vhr werd ich gewißlich kommen, so bitt ich wollet mit ewr Kämmerin verschaffen, daß sie mich heimlich einlasse, auch das keiner davon etwas erfahre.

Agrippina.

Mein Allerliebster, solches sol ohn alle fehl wol verschaffet werden, seumbt jhr euch nur alßdann nicht lang.

Gehen hinein, bald kömpt Agrippina wieder, vnd kömpt zu jhr, vnd spricht der

König.

Hertzliebe Tochter, hastu deine Sachen wol außgerichtet, sag mir wie ist es abgangen?

Agrippina.

Gnädiger Herr König vnd hertzlieber Vater in einer glückseligen Stunden bin ich mit Andolosia zu reden kommen, da ich jhme abgefraget alles was ich begehret, als zeigete er mir einen geringen Seckel, der da gar ledig vnd leer war, darauß er denn so offt er darin griff, 10 Kronen holete, welches ich selbst angesehen, hette es aber schwerlich auch wohl gar nicht erfahren, wo ich ihn nicht mit Veneris Listen betrogen, denn ich ihm gesagt, daß er zu Nacht bey mir schlaffen solte.

König.

Meine liebe Tochter du bist gar weißlich mit jhm vmbgangen, kan mich aber vber den Seckel nicht gnug verwundern, weistu aber liebe Tochter, wie der Seckel gestalt ist?

Agrippina.

Ja hertzlieber Vater, ich habs jhm wol abgemercket, wie er gestalt ist.

König.

So gehet uns dieser Poß recht nach unsern Wunsch, höre wie wir dieses wollen anfahen, damit wir den Seckel bekommen, ich wil alßbald einen Seckler zu dir holen lassen, der dir eben auff dieselbe Form einen nachmachen sol, als were er der rechte, darzu sol unser Doctor dir alßbald einen Schlafftrunck zurichten, wenn dann nun Andolosia kommen wird, bey dir zu schlaffen vermeynt, so bring jhm vorerst ein Gläßlein mit Wein zu, und schüttet jhm gemelten Schlafftrunck darin, so bald er den genossen, wird er herrlich einschlaffen, unter dessen kanstu jhm seinen Glückseckel außziehen, und diesen andern an dieselb stelle thun.

Agrippina.

Solches gefelt mir gar wol, hertzlieber Herr Vater, denn durch diesen eweren Anschlag werden wir den glückseligen Seckel uberkommen, wollen nur eilends hingehen, und solches verfertigen lassen, denn ich weiß er wird jetzt nicht lang mehr außbleiben.

Gehen abe.

Hier agiret Pickelhering.

Jetzt kömpt **Andolosia** zu jhr spricht:

Mein Hertzallerliebste, diese Nacht wollen wir in frewden leben. Bitte wollet verschaffen, daß alle Thüren wol vermachet werden, damit wir sicher seyn können.

Agrippina.

Hertzallerliebster, jhr könnet nicht gläuben, welch groß verlangen ich nach euch gehabt, aber habt dessen keine sorge, wir seyn jetzt sicher genug, bring euch einen hertzfreundlichen Trunck, hier, wollet meinethalben außtrincken.

Andolosia.

O mein Allerliebste, das sol mir ein lieber Trunck seyn, ja wanns auch zehenmal mehr were, daß ich euch nur zu willen würde.

Jetzt fangen sie an zu geigen, Andolosia nimbt den Tranck zu sich, setzet darnach das Gläßlein bey seit, hat die Agrippin bey den Armen, und küsset sie, nicht lange darnach fallen jhm die Augen zu, wird entschlaffen, da holet Agrippina den Glückseckel auß den Hosen, stecket jhm den andern an dessen statt wieder ein, gehet damit in frewden davon, unter dessen wird subinisse musiciret, harret ein wenig, darnach erwachet er, siehet umb sich und spricht:

Wie kömpt dieses daß ich so gar allein bin?

Rufft

Agrippina, Agrippina, mein Allerliebste, wo seyd ihr hinkommen? O gehet das auch recht zu! bin ich doch mein Tage so eilends in keinen solchen harten Schlaff gerathen vnd gefallen, pfuy dich an, selber mag ich mich verfluchen, daß ich die Liebe so schändlichen verschlaffen habe.

Der **Diener** kömpt hinein.

Was wiltu Diener?

Diener.

Gnädiger Herr ich spür an euch ein Mangel, daß ihr jetzo gar trawrig sehet, hat ewer Gn. jemand beleidiget, so wollen wirs rechen. Ich komme aber jetzo zu E. Gn. Goldt zufordern, wofür man gegen den morgenden Pancketen einkäuffet.

Andolosia.

Getrewer Diener mir ist nichts böses widerfahren, kom her, halt deinen Hut her, ich wil dir Goldt geben.

Nimpt den Seckel, greifft darein, bekömmet nichts, verschricket sich gar hefftig vnd siehet erbärmlich gegen dem Himmel.

O wie, O wie, verfluchet sey die Stunde, in welcher ich hieher kommen bin. O ich armer elendester Mensche, wo ist nun mein Pracht, mein Hoffart? O weh, hette ich der Lehre meines seligen Herrn Vaters in acht genommen, die er mir in seinem letzten ende gab, nemblich daß ich keinen Menschen die Tugendt des Seckels offenbaren solte, so were ich in diese Armuth nicht gekommen. O jhr lieblichen Musicanten höret auff mit musiciren vnd spielen, denn meine Seele ist betrübet biß in den Todt.

Hören auff zu geigen.

Siehe da Diener hastu das halbe Goldt, ich theile es mit dir.

Diener.

Gnädiger Herr, was sol ich mit diesen machen?

Andolosia.

O machen? Kauff mir vnd dir einen Strick, damit wollen wir vns beyde erhencken.

Diener.

Behüte Gott, gnädiger Herr.

Andolosia.

Diener lauffe eilends hin und sage deinen andern Mit-Companen, daß ein jeglicher sein Pferdt vnd Harnisch nehme, und sich nach einen andern Herren vmbsehe, vnd thue du auch dergleichen, denn ich kan hinführo doch nicht mehr Hof halten, sintemal mich das Vnglück vber die massen getroffen hat.

Diener.

Gnädiger Herr, ewer Vnglück ist mir hertzlich leid, wil ewer Befehl nach den andern ansagen, daß sie sich sollen von hinnen machen, mir aber ist vnmüglich, daß ich E. Gn. also verlassen kan, mein Pferdt vnd Harnisch wil ich verkauffen, vnd euch das Geldt geben, vnd zu Fuß nachlauffen, wohin jhr kommet.

Andolosia.

Nun so spüre vnd erfahre ich in der That deine Trewe, ich hoffe das Glück wird sich dermahleins wieder zu mir wenden, so sol dir solche dein Trewe reichlich belohnet werden, gehe nun eilends hin, vnd bring mir vnd dir ein Pferdt, damit wir von hinnen kommen, wir wollen den nechsten Weg nach Famagusta zu zu meinem Bruder reiten.

Jetzt kömpt der König vnd Agrippina.

König.

Sag mir doch hertzliebe Tochter, wie ist es dir gangen mit Andolosia.

Agrippina.

Hertzlieber Vater besser denn ich es mir hette wünschen können, habe es nach ewren Rath gemacht, vnd ist mir glücklich abgangen, also daß ich nun den Seckel, vnd schon etliche tausend Kronen darauß gezehlet habe.

König.

Hertzliebe Tochter, nun ist keine reichere Jungfraw auff der gantzen Welt denn du. Aber hertzliebe Tochter gib mir den Seckel, du solt jhn gleich mir gebrauchen, darmit du nicht darvon kommest.

Agrippina.

O nein hertzlieber Vater, solches werdet jhr mich nicht anmuthen.

König.

So gib den Seckel der Königinnen, daß sie jhn in verwahrung habe.

Agrippina.

Ach nicht hertzlieber Vater, ich habe mein Leib vnd Leben daran gewagt, wenn er erwachet were, in deme ich jhme den Seckel außzoge, so hette er mich erschlagen, vnd nicht unbillich. So viel Goldes jhr aber von mir haben wollet, wil ich euch darauß geben.

König.

Gar wol liebe Tochter, kom mit mir in die Schatzkammer, vnd hilff mir dieselbe vermehren.

Jetzt kömpt Ampedo und Andolosia heraus.

Ampedo.

Hertzlieber Bruder in zehen Jahren hab ich dich nicht gesehen, vnd jetzo deine Gegenwart erfrewet mich von Hertzen. Bitte aber du wollest mir doch, weil die Mahlzeit gehalten, erzehlen, in welch Länder du gezogen, vnd wie es dir darin ergangen.

Andolosia.

O hertzallerliebster Bruder, wie sol es mir ergangen seyn, Glück habe ich erfahren, aber Vnglück zehenmal mehr.

Ampedo.

Wie so mein liebster Bruder, ich bitte sage mir nun, warumb du von Hertzen so betrübet bist?

Andolosia.

O der betrübste Mensch auff Erden bin ich, vnd muß dir jetzt, leider, viel böse Mähr verkündigen, daß mir groß Vbel widerfahren vnd kommen bin vmb den Seckel. Ach Gott ich kan gleich nichts darwider, vnd ist mir Betrübnüß genug, also, daß ich auch nichts mehr begehre, denn den Todt.

Ampedo erschricket hefftig, wircket die Hände, reisset das Wambs auff.

Ampedo.

O wie hastu so vbel zugesehen. Ist er dir mit gewalt genommen worden, oder hastu jhn verlohren?

Andolosia.

Ich habe das Gebot, das vns vnser seliger getrewer Vater im Testament gab, vbertreten, vnd eines Königes Tochter, welche mich mit beweglichen Worten zu lieben verhieß, offenbaret, die hat mir jhn gestolen.

Ampedo.

Hetten wir das Gebot vnsers S. Vaters gehalten, so weren die Kleinodien nicht von einander gekommen, aber du woltest dich in frembden Landen versuchen vnd etwas erfahren, siehe wiewol du es nun außgerichtet hast.

Andolosia.

O ja ich habe vbel gehandelt, derhalben begehre ich nicht mehr, denn daß ich nur von dieser Welt komme.

Ampedo.

Nun gehabe dich nicht so vbel, lieber Bruder, es ist geschehen, wir haben noch zwo Truhen voller Ducaten, vnd darzu das Hütlein, so wollen wir dem König Soldan schreiben, daß er dafür schicke was er geboten, so haben wir vnser Lebetag genug, vnd können noch einen ehrlichen Standt führen. Laß nur den Seckel vor all S. Velten fahren.

Andolosia.

Gewonnen Gut ist schwerlich zu verlassen, vnd mein begehren were, du gebest mir das Hütlein, denn ich lebe der Hoffnung, ich wolte vns den Seckel damit wieder vberkommen.

Ampedo.

Man sagt im Sprichworte: Wer sein Gut verleurt, der verleurt auch den Sinn, das spüre ich jetzt an dir wol, so du vns vmb das Gut gebracht hast, so wollestu vns auch vmb den Hut bringen, zwar mit meinem Willen, so laß ich dich nicht mitfahren, sonsten wil ich dir jhn wol thun, vnd vergönnen damit Kurtzweil zu haben.

Andolosia.

Weil ich lieber Bruder so vbel gethan habe, wil ich hinführo in deinen Willen leben. So laß mich doch jetzo mein betrübtes Gemüth ein wenig laben, schicke deine Diener hin in der Forst, daß sie jagen, vnd leihe mir das Hütlein damit ich jhnen nachkomme.

Ampedo.

Ja Bruder was dir geliebet, ich wil alsobald eine Jagd anstellen, vnd kom du denn mit dem Wünschhut.

Gehet hinein, kömpt wieder vnd bringt den Wünschhut.

Sieh da lieber Bruder, hastu den Wünschhut vnd kom vns alsobald auff der Jagt nach.

Andolosia.

Ich wil euch bald nachkommen.

Gehet hinein.

Nun mag ich sagen, daß ich einen gar frommen Bruder habe. Aber meine Zusage werde ich nicht halten können, vnd jhn auff die Jagt nit hindern, ich wil mich alßbald in Venetiam wünschen, allda wil ich die schonesten vnd thewresten Kleinodien entführen, vnd darnach damit fahren in Engelland, vnd sie der Princessin zu kauffen darbiethen, wer weiß das Glück hilfft mir vielleicht wieder zu meinem Seckel. Nun ich begehre vnd wünsche mir zu seyn in Venetien.

Fähret weg.

ACTUS QUARTUS.

Jetzt kömpt die Göttin der **Laster** vnd die Göttin der **Tugendt**, hat ein Narrenhütlein auff.

Tugendt.

Allhier pflantze ich diesen Bawm der Tugendt.

Schande.

Was wilt du doch viel pflantzen, sich zu, diesen Bawm pflantze ich dir dagegen, die Früchte darauff sollen von mächtigen Königen vnd Potentaten geliebet werden, Derhalben rathe ich dir, hawe deinen Bawm zu grunde, denn keiner deine Früchte lieben wird.

Tugendt.

Nein mein Bawm sol auffrichtig bestehen bleiben, ob du schon zehnmal mehr hast, die dich vnd deine Früchte lieben.

Schande.

Wer welt dich vnd deine Früchte lieben, sieh welch ein gering Kleidt du anträgest, vnd darzu hastu einen Narrenhut, muß derhalben etwas vber dich lachen.

Tugendt.

Ja lache nur immerhin Schande vnd Laster, ich habe gleich vnter tausendten noch einen so meine Früchte liebet, vnd achte nicht, ob dir schon die Pracht und Hoffart der Welt anhanget, vnd mir nur die Geringsten vnd Demütigsten. Werde nunmehro geschätzt die Göttin mit der Narrenkap, denn Tugendt von den deinen vor Narrenwerck gehalten wird.

Schande.

Ich werde doch nimmer mit dir einig, denn du mir nicht wilt nachgeben, ich auch viel weniger dir. Aber ich thue dir schweren mit Haß vnd Neidt auffs eusserste dich zu verfolgen.

Tugendt.

Du magst immerhin hassen, aber siehe zu wer victoriam darvon tragen wird.

Gehen hinein.

Jetzt kömpt **Andolosia** heraus.

Nun bin ich kommen in die Häuptstadt Lunden, vnd komme gefahren von Venetia, da ich denn den vornehmesten Jubilirer drey edele Kleinodien entführet, dieselben wil ich der Princessin zu verkauffen geben. Wer weiß das Glück möcht sich dadurch wieder zu mir fügen, daß ich den Seckel bey jhr sehe, vnd also mit jhr daven fahre. Diese vngestalte Kleidung wil ich anthun, damit man mich nicht kennt.

Bindet eine Larven vor, vnd thut sich einen Rock vber.

Allhier ist der Orth, da die Princessin muß vorbey gahn, wann sie nach der Kirchen wil. O Gott hilff nun zu Glück, denn ich sehe sie schon daher kommen.

Agrippina.

Sag mir Signor was ist dein Begehren, daß du allhie stehest?

Verstellet seine Rede.

Andolosia.

Schöneste Princessin ich bin ein Jubilirer, vnd bin gekommen auß fernen Landen, vnd nach dem ich in erfahrung kommen, das ewer May. die allerreicheste Königin auff der Welt seyn, vnd darneben die edelsten Kleinodien gerne kauffen soll, bin ich Ihr Majestät etliche hundert Meylen nachgezogen, jhr dieselben schawen zu lassen.

Agrippina.

Folge mir nach Jubilirer, vnd daferne sie mir gefallen werden wil ich sie behalten.

Gehen hinein, vmb ein wenig kommen sie wieder.

Sie thun mir zwar wol gefallen, aber Jubilirer du wilst gar zu thewer damit hinauß, laß was abe, vnd sag auffs geringste.

Andolosia.

Gnädige Königin, jhr als die Reichste, sollet billich auch die reichsten Kleinodien haben. Aber hiervor bietet jhr mir nur die helffte, was ich fordere, sie kosten mich schier mehr, ich bitt begehret meine vbele Zeit nicht, denn ich also ferne durch frembde Landen mit grossen Sorgen vnd Gefahr gereiset, daß ich meines Lebens darbey nicht sicher gewesen. Ich wil Ewr Majestät jetzt den genawesten Kauff sagen. Vier tausend Kronen vnd kein heller ringer, denn ich weiß gewiß ich muß ein tausend Kronen schaden daran leiden.

Agrippina.

O ihr Betrieger oder Jubilirer, was ihr sagt 1000 Kronen must ihr Schaden leiden, so gewinnet ihr sie, das also ewren Worten nicht zu gläuben stehet. Nun die vier tausend Kronen wil ich euch geben, aber ein tausend weiß ich gewiß habt ihr Gewinn darauff.

Andolosia.

Ja schöne Princessin, denselben Gewinn verschaden werde ich leider erfahren müssen.

Sie holet den Glückseckel auß dem Sack, Andolosia machet sich alsobald zu ihr, fasset sie vmb die Armen gar feste.

Nun wünsche ich mich in einen wilden Wald da keine Leute innen sind.

Fahren alßbald fort, vnd kommen wieder herauß, setzet sie vnter den Bawm.

Agrippina.

Ach Gott sage mir lieber Jubilirer, wie seyn wir durch die Lufft kommen, seyn wir noch in der Welt oben oder darunten, gieb mir doch einen Apffel, daß ich mich ein wenig erlaben mag.

Andolosia.

Ja Princessin ihr seyd an einem guten Orthe, vnd must jetzo nicht wissen wo ihr herkommen, da habet die Kleinodien, vnd den Hut, ich wil auff den Bawm steigen, vnd euch vnd mir Epffel holen.

Sie sehet betrübt.

Andolosia setzt auß vnbedacht ihr den Wünschhut auff, vnd gehet nach den Bawm.

Agrippina.

O Gott wo bin ich, were nur ein lebendiger Mensch, den ich kennete bey mir. Ach wolte Gott daß ich wieder in meine Schlaffkammer were.

Alßbald fähret sie weg.

Andolosia.

Sehet hier Agrippina, wie gefallen — —

Verschrickt gar hefftig, schreyet.

Agrippina, O Agrippina wo seyd ihr? O Agrippina hastu dich vnwissend mit meinem Wünschhut auch weg gewünschet? O weh! O mordio! verfluchet sey dieser Bawm, verfluchet sey auch die Frucht darauff, vnd der welcher jhn gepflantzet, verfluchet sey die Stunde darin ich gebohren ward, der Tag vnd die Stunde die ich je erlebet, O du bleicher Todt, warumb erwürgtestu mich nicht, ehe ich in diese Hellen-Angst vnd Noth gekommen bin? Verfluchet sey der Tag vnd die Stunde, worin ich Agrippinam

zum

zum erstenmal ansahe, verfluchet sey auch meine Hand, womit ich jhr den Wünschhut auffsetzte. Nun wolt ich nichts mehr wünschen, als daß mein Bruder in diesen Waldt bey mir were, so wolt ich jhn erwürgen, vnd mich darnach an diesem Bawm hencken. So wir denn todt vnd gestorben weren, hette der Seckel keine Krafft noch Macht mehr, so möchte dann die verfluchte vntrewe Agrippina keine Frewde mehr mit dem edelen Seckel haben. O weh alle meine Frewde hat nun ein ende, in diesem Walde muß ich jetzt doch sterben, derhalben wil ich nur den wilden Thieren entgegen gehen, damit sie mich nur zerreissen, vnd jhre Speise werde. Aber was sehe ich hier vor edle Epffel, warlich so schön hab ich sie noch niemalen gesehen, ich wil vmb versuchen halben einen probieren, wie die Saffte ist.

Isset von einem ein wenig.

Warlich schöne anmutige Epffel habe ich mein Tage nicht gessen. Aber was erhebet sich auff meinem Häupt?

Nimpt den andern Hut, den er wieder auffgesetzet abe vnd fühlet.

O weh! was Vnglück ist mir auff meinem Kopff gewachsen, zwey lange Hörner. O ich ärmster, elendester vnd aller vnglückseligster Mensche muß mich quelen, vnd kan den Todt nicht finden?

O wie viel Menschen seyn in der Welt, vnd niemand ist hier der mir helffe, daß ich zu Leuten wiederkommen möchte. O weh! O elendiglich Wesen, meinen Geist muß ich hie hungershalben auffgeben, oder die wilden Thiere werden mich zerreissen.

Lieget an der Erden vnd seufftzet, nicht lang darnach kömpt die Göttin

Fortuna.

Du armer betrübter Mensche, verzage nicht in diesen deinen grossen Vnglück, steh auff vnd sey getrost.

Andolosia.

O schöne Jungfraw, was ist ewer begehren, daß jhr in diesem meinem Betrübniß zu mir kommet. Ich bitte saget mir von wannen jhr kommet, und was vor Geschlecht jhr seyd.

Fortuna.

Andolosia du solt wissen, daß ich Fortuna sey so deinen Vater vnd dich mit Reichthumb gesegnet, aber du hast, leider, meine Gaben zum schändlichsten mißgebraucht, deines Vatern Lehre in den Wind geschlagen, vnd es einen betrieglichen Menschen offenbaret, die dann dich vmb all Heil vnd Wolfahrt gebracht, vnd ist mir leid, daß ich dich damit begabet habe.

Andolosia felt für jhr nieder.

Andolosia.

O reichmilde Göttin, ich bitt vmb verzeihung, O ich muß bekennen, wie schändlich ich deine Gaben zur Vppigkeit vnd weltlichen Wollust mißgebrauchet habe, vnd darumb daß ich meines Vatern letzte Lehre nicht in acht genommen, bin ich vmb all mein Heil vnd Wolfahrt gekommen. Aber dieses hat eine schöne vnd verfluchte Jungfraw mit jhrer verrätherey zu wege gebracht. Es ist mir hertzlich leid, vnd bin betrübt biß in den Todt, derhalben reichmilde Göttin, erbarme dich vber mich, vnd schicke den grimmigen Todt, daß er vber mein Hertz triumphir, damit ich von dieser betrieglichen verrätherischen Welt, vnd von der Angst vnd qual meines Hertzens entledigt werde.

Fortuna.

Nein den Todt den du begehrest, kanstu noch nicht bekommen. Ich bin aber jetzo kommen, dich wieder bey die Leute zu bringen.

Andolosia.

O reichmilde Göttin was dein Will ist, daß muß auch mein Will seyn, ich bitt aber hilff vnd rathe mir, wie ich diese vngestalte Geisses Hörner von meinem Häupt bekomme, denn mich sonsten die Leute vor ein Meerwunder ansehen werden.

Fortuna.

Ich wil dir jetzt auß allen deinen Nöthen helffen, folge mir, alßbald sollen sie dir abfallen.

Gehen zum Bawm, den die Tugendt gepflantzet.

Sieh da iß von diesen Epffeln, so wirstu genesen.

Er isset jn auff, alsobald zeucht er die Hörner abe.

Andolosia.

O reichmilde Göttin, welche grosse Gnade thue ich von dir empfangen, aber wie gehet das zu, da sehe ich noch den Bawm, von dem ich zuvor aß, worvon mir Horner wuchsen, nun esse ich von diesem, so fallen sie mir abe. Ist mir auch vergönnet, daß ich von beyderley Früchten etliche darff zu mir nehmen?

Fortuna.

Wie das komme, muß dir vnbewust seyn, es ist dir vergönnet von beyderley Früchten zu essen.

Er holet Epffel von beyden Bäwmen.

Andolosia.

Reichmilde Göttin, ich bitte bring mich nur durch den Waldt, vnd zeige mir an einen Ort, da ich essen bekommen kan.

Fortuna.

Ich führe dich herauß, folge mir nach.

Gehen 2 mal herumb, darnach gehet die Göttin zurücke.

Andolosia.

Nun bin ich ja meiner Trübsal vnd Hertzenleid ein wenig entlediget, weil ich auß dem grossen vnbekandten Walde, vnd wieder zu Leuten kommen bin. Ich wil mich aber alsobald auff machen, nach Lunden, vnd verhoffe mit diesen Epffeln meine beyde Kleinödier widerumb zu oberkommen, aber gar einen weiten Weg habe ich noch zu reisen, denn jetzt bin ich noch in Hibernia, derhalben wil ich mich an den See machen, vnd auff ein Schiff begeben. Gehet hinein.

ACTUS QUINTUS.

Andolosia kömpt beneben seinem Diener in verwandelten Kleidern herauß.

Liber getrewer Diener, ich bin sehr frölich, daß ich dich allhie zu Lunden funden vnd angetroffen. Nun mustu dich im geringsten nichts merken lassen wer ich bin oder du seyst, vnd diese Epffel soltu mir außruffen helffen, vnd sagen es seyn Epffel von Damasco, vnd machen den Menschen eine schöne Gestalt, wann dann nun die Princessin vnd die zweene Graffen gekaufft haben, müssen wir vns alsobald von hinnen machen, vnd andere Kleider anthun. So folge mir nun vnd ruffe also wie ich.

Diener.

Gnädiger Herr es sol von mir trewlich außgerichtet werden.

Jetzt legt er die Epffel in einen Korb.

Andolosia.

Kinderschön, Kinderschön, kauffet Epffelchen, Epffelchen von Damasco, gar schöne Epffelchen.

Diener.

Da kömpt schon ein Herr, Epffelschön von Damasco.

Graffe.

Wie ruffestu allhie mit deinen Epffeln wie meynestu daß man allhier keine Epffel bekommen kan?

Andolosia.

O mein Herr dieses seynd viel andere Epffel, sie seynd von Damasco.

Graffe.

Von Damasco? was haben sie dann mehr für Tugendt denn dieses Landes Epffel?

Andolosia.

O mein Herr, es ist so groß vnterschied zwischen diesen Epffeln, gleich als zwischen Kupffer vnd Goldt. Denn die Epffel von Damasco machen den Menschen eine gar liebliche schöne Gestalt, das thun die andern nicht.

Graffe.

Wie giebstu denn einen?

Andolosia.

Drey Kronen gilt einer.

Graffe.

Das ist sehr thewer, aber wenn ich wüste, daß es also seine Wirckung hette, vnd einem Menschen Schönheit gebe, fürwahr ich wolte mich nit weigern 6 Kronen davor zu geben.

Andolosia.

Mein Herr, zweiffelt dar nicht an. Damit jhr aber sehen sollet, daß ich euch nicht betriegen wil, so sollet jhr diesen einen mitnehmen, vnd ihr nicht davon schön werdet, sollet jhr mir kein Pfennig geben.

Graffe.

Du sagest recht, aber hör wenn sol ichs gebrauchen?

Andolosia.

Auff den Abend wenn jhr wollet schlaffen gehen, so esset jhn auff, vnd alsofort darauff geruhet.

Graffe.

So gebet mir den her, vnd so ich Schönheit darvon bekommen werde wil ich zehen von euch kauffen, vnd vor ein jeglichen 6 Kronen geben.

Andolosia.

Allda habt jhr mein Herr.

Gehet hinein.

Jetzt ruffen sie wieder:

Epffel schön von Damasco, 2c. Kinderschön kauffet Epffelchen von Damasco, die euch schöne Angesichter machen. Epffelchen von Damasco, 2c.

Diener.

Jetzt kömpt noch einer.

Ander.

Bistu der Mann der dieselben Epffel hat worvon der Mensch schön wird?

Andolosia.

Ja Herr derselb bin ich.

Ander.

Wollestu mir denn auch einen mitgeben, vnd dafern es mich schön machen wird wil ich dir 6 Kronen geben.

Andolosia.

Ja ich bin solches wol zufrieden, vnd weiß es gewiß, es wird seiner Wirckung genug thun, allhie habt jhr.

Ander.

Ich bin ein grewlicher Kerl, vnd fürwar, wenn ich schön würde, wolt ich dich rühmen, du werest vom Himmel meinetwegen gesand, ich werde sehen. Gehet hinein.

Andolosia.

Epffelchen Kinderschön Epffelchen von Damasco, die schöne Gestalt machen, kauffet Kinderschön, jhr werdet schön werden, Epffelchen von Damasco.

Diener.

Da kömpt die Princessin.

Princessin.

Mir ist zu Ohren kommen daß du wunder seltzame Epffel haben sollest, aber sage mir die Warheit was haben die Epffel von Damasco vor Tugent.

Andolosia.

Schöne Princessinne, diese Epffel seynd ein sonderlich Geschöpff Gottes, also daß sie einen Menschen gar schön machen, darzu scharffe Vernunfft, vnd solches ist in der That manch 100 mal probiret worden, es haben auch schon ihrer zween Herren vom Hoffe von mir genommen, die mir kein Geldt geben, sondern wenn sie sie gebrauchet, vnd schöne dardurch vberkommen haben, wie ich denn gewiß weiß daß es geschehen wird, sie mir alßdenn noch so viel als ich erstlich gefordert, darvor geben wollen.

Agrippina.

Hab ich doch all mein Tage nicht wunderlichere Sachen gehöret. Wie thewr giebstu einen?

Andolosia.

Schöne Princessin vmb 3 Kronen.

Agrippina.

Allda hastu, gib her einen vnd sage mir dabey wie ich ihn gebrauchen soll.

Andolosia.

Allhier haben jhr Gn. den Apffel wenn jhr Gn. wil zu Bette gehen, so esse sie vnd werde darauff entschlaffen, ich weiß gar gewiß, daß jhr Gn. so wol andere Herren mir mehr abkauffen werden.

Agrippina.

Dieses thue ich dir befehlen, da die andern kommen vnd die Epffel abkauffen wollen, so laß jhn keine, denn ich wil sie alle behalten, vnd thewr gnug bezahlen.

Andolosia.

Ja schöne Princessin wer mir das meiste Geld giebet der bekömpt sie.

Agrippina gehet hinein :c.

Nun ists zeit mein lieber Diener daß wir vns von hinnen machen, denn die Hörner möchten vns sonst stossen, nim du den Korb vnd folge mir, wir wollen ander Kleider anthun.

Gehen hinein.

Jetzt kömpt der **erste** mit Hörnern auff dem Häupt :c.

Erst.

Das dich nimmer muß gutes bestahn, du Betrieger, der du mich jetzt gemacht hast einen Abschew für einem jeglichen Menschen, mit diesen grewlichen Hörnern. Pfuy wie schandloß bin ich betrogen, ich meynte eine schöne Gestalt zu vberkommen, nun hab ich mich gar verderbet, aber hette ich dich, es solte dir sawer werden Epffel zu verkauffen.

Kömpt der **ander** auch mit Hörnern.

Ander.

Wor zum Teuffel kömpt dieses, daß wir so schändlichen betrogen seyn, siehestu doch eben auß wie ich, vnd hast auch Gemsen Hörner bekommen. Fürwar diese Schande wollen wir nicht ungerochen lassen, wir wollen nachfragen wo er geblieben, vnd so wirs erfahren, muß er von vnsern Händen sterben. Pfuy mich an, daß ich mich so schändlichen habe betriegen lassen, ich war zuvor ein grewlicher Kerls, vnd vermeynte schön zu werden, damit ich gratiam bey schönen Jungfrawen haben möchte, aber jetzt bin ich noch zehenmal grewlicher worden, denn ein jeglich Mensche siehet mich an, gleich ein Meerwunder vnd Teuffel. Sage doch mein getrewer Bruder, wie wir dieses wollen anfangen damit wir von diesen grewlichen Hörnern entledigèt werden.

Erste.

Solches weiß ich fürwar nicht lieber Bruder, wie wir es machen, daß man sie loßwerde. Ich bin schon bey zwenen Doctorn gewesen, der mir vbeln Trost gegeben, vnd sagen ich müsse sie mein Lebetag behalten, vnd könten mir durch keine Mittel vertrieben werden, denn sie solch Gewächs jhr Tag nicht gesehen noch davon gehöret hetten.

Ander.

So schlage der Teuffel darzu, sol ich denn nun jmmer mit den Hörnern gehen, gleich wie ein ander Narr, fürwar ich darff keinen Menschen ins Gesichte kommen, da kömpt die Princessin, fürwar sie hat auch Hörner.

Jetzt kömpt der **König** und die **Princessin.**

König.

O hertzliebe Tochter, woher kömpt dir dieses Vnglück? Also, daß dir solche vngestalte Hörner auß den Kopff gewachsen.

Agrippina.

O ich verachtester Mensch weist nicht worvon sie mir gekommen, ich halte aber es muß ein Straffe Gottes seyn oder aber ist mir von dem Epffeln von Damasco gekommen.

König.

Sieh habt jhr beyde doch auch Hörner gleich meiner Tochter, wannen her vnd worvon habt jhr sie bekommen?

Erst.

Groß und mächtigster König es war allhier ein Kramer der verkauffte Epffel von Damasco von denselben haben wir gessen, vnd gleuben sie seyn darvon gewachsen.

König.

O verfluchet sey der Kramer mit seinen Epffeln, wann ich jhn nur möchte in meiner Gewalt haben, ich wolte jhn fürwar mit wilden Pferden zerreissen lassen. Solche Schande mag doch niemaln wo erhöret seyn, daß es einen Menschen gethan solte seyn worden.

Meine Tochter ward außgeruffen für die schöneste Jungfraw auff dieser Welt, nun ist sie die allergrewlichste vnd abschewlichste. Ja kein Mensch ist in der Welt vorhanden, der jhr darvon helffen kan, vnd kömpt jederman dieses Gewechs vnerhoret vor. Zweymaln habe ich jhr die vngestalten, Hörner mit grossen Schmertzen abschneiden lassen, aber sie wachsen also balde wieder.

Jhr beiden lasset mit Fleiß forschen durch die gantze Welt ob jrgends wo ein Doctor vorhanden, der diese vngestalten Hörner vertreiben könte so soll jhme solches reichlich belohnet vnd vergolten werden.

Erst.

Groß mächtigster König wir wollen nicht auffhören mit forschen ob wir einen solchen Doctorem bekommen könten, damit wir auch vnserer Hörner mögen abkommen.

Gehet hinein.

Jetzt kömpt Andolosia vnd hat sich gleich einen Medico angezogen.

Andolosia.

Also muß man gleich mit gleichen bezahlen, hette ich aber nur meine beyden Kleinodien wiederumb so wolte ich von Hertzen frölich seyn.

Der König vnd alles Hoffgesind betrüben sich sehr, also daß jhnen auch bald möchten Hörner auß dem Kopffe wachsen, darumb daß die Tochter so vngestalt worden ist.

Jetzt hab ich mich angethan gleich wie ein Doctor der Medicin, vnd wil mich angeben daß ich die Hörner vertreiben, vnd also mein Seckel vnd Wünschhut dadurch wieder bekommen kan.

Jetzt kömpt der Erste.

Erst.

Mein guter Freund, halt es mir nicht vor vbel, daß ich euch anrede. Seyd jhr nicht ein Doctor Medicinae?

Andolosia.

Hertzlich gerne mein guter Freund, jhr solt wissen daß ich ein Doctor der Medicin bin, komme jetzt auß Barbarien, habe den König in Spanien 6 Jahr mit meiner Kunst gedienet, wie ich denn auch biß dato noch von jhm Bestallung hab.

Erst.

Hochgelahrter Herr Doctor, ich kan euch nicht für enthalten, wie das allhier zu Hof der vornembsten Person zwey Hörner auß dem Kopff geschossen, worvon sie denn kein Mensch noch Doctor entledigen kan, haben sie jhr auch schon zweymal mit grossen Schmertzen abschneiden lassen, aber sie wachsen alsobald wieder, wüstet jhr aber rath, sie darvon zu entledigen, ich weiß fürwar es würde euch doppelt bezahlet werden.

Andolosia.

Ja vmb diese Sachen weiß ich bescheid, vnd es ist kein Mensch in der gantzen weiten Welt, der sie vertreiben kan als ich.

Erst.

O mein hertzlieber Doctor, könnet jhr sie vertreiben, so mag ich sagen jhr seyd mir ein Engel vom Himmel gesand, denn sehet hier solche Hörner habe ich auch bekommen.

Zeigt sie jhm, nimpt den Hut abe.

Andolosia.

Ja es ist warlich dasselbe Gewächs, welches ich gar wol kenne, vnd dessen Vrsach weiß, worvon sie wachsen.

Erster.

Mein Hochgelahrter Herr Doctor, ich bitte saget mir vnbeschweret worvon sie wachsen?

Andolosia.

Es kömpt von dem, so ein Mensch den andern grosse Vntrew thut, vnd sich gröblich der Boßheit erfrewet, dieselbe Frewde vnd Vntrew aber nicht offenbarlich darff vollbringen, so muß es durch etliche Wege außbrechen, vnd offt einen darvon ein Gewächse auß dem Kopff gehn, wo es aber nicht außbrechen kan, ist es viel schlimmer, vnd stösset den Menschen das Hertz abe. Bedencket euch nun, ich weiß gewiß, daß es euch auch darvon kommen ist.

Erst.

Fürwar jhr judiciret hiervon recht, ich muß bekennen, daß ich einen Menschen offt beym Könige fälschlich angeben, der mir alles gutes thäte. Ich bitte nun mein hochgelahrter Herr Doctor kompt jetzt mit mir zum Könige vnd Princessin, die denn vber ewer Ankunfft höchlich erfrewet seyn sollen, denn die Princessin selber ists, die auch Hörner vber jhrem Häupte hat.

Andolosia.

Ja ich wil mitgehen, aber jhr must verschaffung thun, daß es mir wol bezahlet werde.

Erster.

O ho mein lieber Herr Doctor, traget da keine sorge für, zehen duppelt wird sie euch bezahlen, denn die Princessin die aller Reicheste in der gantzen Welt ist.

Gehen hinein.

Jetzt kömpt Agrippina vnd der König herauß.

König.

Hertzliebe Tochter stell dich zufrieden, denn mit grämen vnd Trübsal wirstu die Hörner nicht loß werden, sondern werden dir jmmer fester darnach, was kan man thun, vnd wer kan darwieder.

Tochter.

O hertzlieber Vater habe ich nicht gnugsam Vrsach mich zu grämen vnd zu bekümmern? O hertzlieber Vater, laß mich doch kein Tag mehr leben, so mir diese Schande nicht von meinem Häupt kömpt, O weh! was hilfft michs nun, daß ich die Schöneste gerühmet ward auff Erden? Was hilfft michs daß ich eines Königes Tochter bin? Was hilfft michs, daß ich die Reichest bin? Ich muß gehen gleich wie ein vnvernünfftiges Thier mit Hörnern. Aber da kömpt einer, mich düncket es sol ein Medicus seyn.

Erst.

Großmächtiger König vnd Hochgeborne Princessinne, thut euch mit mir frewen, denn hier habe ich einen gelehrten Doctorem angetroffen, der vns von den Hörnern entledigen will.

König.

Ja wenn ers thun könte, so könte er wol sagen, daß er seines Glückes halben hieher kommen wer. Lieber Herr Doctor, seyd jhr ewer Kunst gewiß, also daß jhr meine Tochter von den Hörnern entledigen könnet.

Andolosia.

Ja großmächtigster König, dasselbe kann ich, vnd sonst kein Mensch in der gantzen Welt, habe auch vor kurtzen Zeiten eines mächtigen Graffens Tochter auß Spanien von solchen Hörnern, wie diese, entlediget. Denn ich diese Kunst auß frembden Landen mitgebracht, vnd auch die Vrsache weiß worvon sie entstehen.

König.

Warlich jhr seyd mir vnd meiner Tochter zum Glück vom Himmel gesand, so jhr die Hörner vertreiben werdet, denn ich fast durch alle Länder Bothen außgesand, aber keiner hat mir solch einen Doctorem antreffen können. Es war allhie ein betrieglicher Krämer, der da Epffel von Damasco außruffete, daß sie den Menschen schöne Gestalt geben solten. Da aber meine Tochter nur von den Epffeln aß, alßbald wuchsen jhr diese zwey Hörner auß dem Häupt, weil jhr aber sagt, daß euch die Vrsach bewust, worvon die Hörner wachsen, so möchte ich so wol meine Tochter solches gerne wissen.

Andolosia.

Großmächtigster König, Ihr May. so wol die Princessin seyn in der Meynung, alß daß jhr die Hörner von den Epffeln gewachsen. Nein warlich solches ist weit gefehlet. Gleich wie ein Mensch sich offt einbildet, hette er den Trunck oder die Artzney den Menschen nicht geben lassen, so würde er noch leben, vnd wird offt dem Artzt die schuld seines Todes zugerechnet, wiewol der Artzt keine schuld hat. Also halte ich den Artzt vnd den Krancken gleich. Nun so jhr May. wissen was die Vrsache ist, vnd wil E. May. warlich die Warheit sagen. Es kömpt daher, wenn ein Mensche dem andern grosse vntrew beweiset, vnd betrieglich mit den andern vmbgehet, der jhn alles liebes vnd gutes thut vnd erzeiget. Darzu auch wenn sich ein Mensch gröblich der Boßheit erfrewet, vnd ist dieses also ein zulaß Gottes, daß die verborgene Betrieglichkeit auß dem Häupte schosset, wo aber nicht eusserlich, so wachsen sie einem Menschen zum

Hertzen, vnd muß sterben. Also bitte ich nun, Ew. Majestät wolle nicht zürnen denn ich jhme die rechte Warheit nicht habe verhalten wollen.

König.

Nein gar nicht, warumb solte ich vber euch zürnen, weil jhr mir die Warheit gesagt habt.

Gehet zu der Tochter.

Hörestu Agrippina, wie dieser Mann die Warheit saget ich muß bekennen daß dieses nur eine Plage ist Andolosiae wegen. Aber lieber Herr Doctor bringet meine Tochter von den Hörnern, es sol euch alßdann 6 duppelt belohnet werden.

Andolosia.

Ich sehe nur an, Großmächtigster König, wie elende vnd betrübet die Princessin stehet vnd meynet ich werde jhr nicht davon helffen können. Vnd daß es nur die Wort mit mir weren als mit den Quacksalbern. Damit jhr aber gewiß sehen sollet, wil ich vorerst diesen Menschen, so auch mit der Schande beladen, darvon helffen. Kom hieher mein guter Freund.

Er gehet vor jhn stehen. Nun hat er kleine Scheibelein von Epffeln geschnitten, die giebt er jhn nach einander zu essen.

Dieses seynd keine harte wie Ochsenhörner. Nun das war eins, wie schmeckt es mein guter Freund?

Erst.

Es schmeckt gar bitter, vnd fühle ein wenig Linderung in meinem Häupte.

Andolosia.

Das hore ich gerne, Nun da noch eins, nun weiß ich daß sie schon ein wenig lose seyn sollen.

Fühlet daran, seynd gar lose.

Erst.

O mein lieber Herr Doctor, ich fühle auch wie gar lose sie mir auff dem Häupte seyn.

Andolosia.

Nimpt sie jhm von dem Häupte.

Nun seyn sie gar herunter, danket jhr Gott vnd meiner Kunst.

Jetzt kompt Agrippina gelauffen, felt dem Doctori vmb den Halß.

Agrippina.

O mein Hertzlieber Herr Doctor, machet mir doch nun meine Hörner auch hinweg.

Andolosia.

Ja Princessin, thut jhr doch meiner Kunst nicht glauben, so wird es euch auch nichts helffen.

Agrippina.

O ja warlich ich thue daran glauben, weil ich nun selber gesehen, daß ewer Kunst probirt ist.

Andolosia.

Nun so kommet her vor mich, ich muß zusehen ob die Hörner auch harte seyn. O schemet euch nicht, schöne Princessin, es seynd feine Gembsen Hörner, vnd glaub ihr soltet wol mit mir streiten.

Er siehet das Wünschhütlein von ferne liegen.

Ja schöne Princessin, wann jhr die Hörner nit hettet abschneiden lassen, were es viel besser gewesen, denn je mehr vnd öffter jhr sie habt abschneiden lassen, je härter seynd sie euch eingewachsen, derhalben werde ich vielmehr Mühe mit euch haben müssen. Gnädigster König vnd Herr, ich muß jetzo mit der Princessin gar alleine seyn, denn sie jhr viel härter eingewachsen, weil sie dieselben hat abschneiden lassen, vnd derwegen viel mehr Mittel allein mit jhr brauchen muß.

König.

Wo ichs nicht sehen sol, wil ich wol meine Augen davon kehren.

König geht vmbstehen.

Andolosia.

Nun Princessin jhr must die Augen zuthun, vnd nichts sehen, so sollen die Hörner alsobald hinweg kommen.

Agrippina.

Das thue ich gerne, dann mir ist nichts liebers, denn daß ich nur von den heßlichen Hörnern komme.

Sie thut die Augen zu Andolosia läufft vnterdessen eilends hin, holet das Wünschhütlein, setzet es auff, kömpt fasset sie in die Armen.

Andolosia.

Nun wünsch ich mich in einen wilden Wald da keine Leute seyn.

Fahren davon, der König stehet noch still vnd weiß nichts davon.

König.

Herr Doctor vnd Agrippina warumb redet jhr nicht?

Schweigt ein wenig still.

Ist es bald gut Herr Doctor?

Steht ein wenig, nun sieht er sich vmb vnd vmb :c.

Agrippina liebe Tochter wo bistu? Nirgends. Awe der verrähterische Doctor hat dich wiederumb weg geführet, vnd warlich er kann mehr denn andere Doctores, mich düncket er ist kein anderer gewesen, als Andolosia den meine Tochter Agrippina betrogen vnd vmb den Seckel gebracht, ich kan wol erachten, daß der solches Glück verliehen hat, verleihe jhme auch Weißheit, auff daß wenn er vmb den Seckel, keme, er jhn wieder bekommen könte. In Summa das kein ander den Seckel haben soll denn er, dann sonst hatte ein ander auch solch einen Glückseckel. Viel Menschen sein in Engellandt, darunter muß nur ein König seyn welcher ich bin, vnd mir nur allein von dem Glück verliehen! Also ist es auch mit Andolosia, das keiner dann er den Seckel haben muß. O Agrippina dir wird vbel gelohnet werden deiner Vntrew, hette ich dich nur wieder so were ich froh ohne den Seckel ꝛc.

Gehet hinein.

Jetzt kömpt **Andolosia** setzet **Agrippinam** gar zorniglich zur Erden, gehet gleich wie ein Beere herumb, wirffet den Rock abe, verkehret die Augen im Kopffe, sie zittert vnd bebet ꝛc.

Andolosia.

Du verfluchtes vntrewes Weibesbildt auff Erden, thustu mich kennen?

Stehet still sie kan vor schrecken nicht reden ꝛc.

Dv Ertzdiebin wer hat dich stelen lernen?

Schneidet jhr den Seckel abe ꝛc.

Sieh, nun siehestu, daß der Seckel an seine alte Stelle wieder kömpt, wohin er gehöret, gedenke aber nun nicht anders, denn die letzte Stunde deines Todes sei jetzt vorhanden, aber erstlich wil ich meinen Willen mit dir genugsam pflegen. Alle Trewe die du mir von Anbeginn bewiesen wil ich mit dir theilen. Du Diebin warumb trentestu meinen glückhafften Seckel, vnd nehetest mir einen falschen an dessen Stadt, jetzund helff dir dein Vater auch, wie er dir befahl Schlafftrunck zu geben vnd mich berauben, vnd zwar schüttelte dein Vater all sein Kunst in eines, so were jhm doch vnmüglich diesen Seckel wieder zu vberkommen.

O du betrieglich Agrippina, wie möchtestu so ein steinern Hertze haben, mir solch groß vntrew zu beweisen, so ich dir doch so getrew war, ich hett mein Hertz, Seel Leib Blut mit dir getheilet? Ist dieses nicht ein vnbarmhertziges Ding einen so männlichen Rittern der da alle Tage durch deinet Willen stach türnierte vnd männliche Ritterspiel gehalten hat, in solch Armuth vnd Elende zu bringen, ja jhme auch daß seine mit Betrug vnd List abstehlen, vnd keynerley die geringste Erbarmung mit mir gehabt, sondern der König, du, vnd alle deine falsche vnd diebische Rathgeber, haben nur mit mir

Schimpff Spott vnd ein Fastnachtspiel getrieben, also daß mir all mein Gutthat Geschenck vnd getrewes Hertz mit eitel Falschheit belohnet. Derhalben ich auch durch die falsche Vntrew so du mir bewiesen schier in Verzweiffelung gerahten, da du alßdann ein Vrsach gewesen das ich vmb Leib vnd Seel Ehr vnd Gut kommen were, zu dem da du meinen tugentreichen Seckel in deiner Gewalt hettest gar wol wüstest in welch Armuth ich gedeyen, also das all meine Diener von mir ziehen vnd ich allein elendiglich davon reiten muste, da du mir den Vngern ein Zehrgeldt gesendet, das ich ein wenig ehrlicher zu meinen Freunden hette kommen können. In Summa du hettest mich zu dem aller betrübsten Menschen auff Erden gemacht vnd wil diese Vntrew jetzt an dir rechnen, derohalben sprich dir selbsten ein Vrtheil.

Agrippina.

O Gestrenger Ritter Andolosia, ich thue von grund meines Hertzen bekennen wie vntrewlich vnd fälschlich ich mit euch vmbgangen, ja ewer trewes Hertz sehr vbel belohnet, mir aber ist kein Friede gelassen worden, ehe ich dieses ins Werck gesetzt vnd vollbracht habe, wie hertzlich leidt mir solches gewesen ist kan ich auff dißmal mit Warheit nicht gnugsam sagen. Ich bitte aber Gestrenger Ritter Andolosia jhr wollet doch ansehen die Vnwissenheit Blödigkeit vnd Wanckelmuth der Weiber, vnd mir nicht nach meinen Verbrechen vergelten vnd straffen, sondern ewren Zorn lindern gutes vor böses vnd was sonsten ein ehrsamen vnd manhafften Ritter geziemet, vnd weiter Lob, vnd Ruhm bringet, an mir auch thuen.

Andolosia.

Ja kanstu nun bitten. Nein den Schaden vnd Schande so ich von dir gehabt ist noch so groß in meinen Hertzen daß ich dich vnverletzet nicht kan lassen. Ich were scheltens werth wenn ich es nicht thete, eine so schöne Jungfraw mit Hörnern bey sich zu haben in einen so wilden vnd grassen Walde, da kein Mensch ist.

Agrippina.

O mein gestrenger Ritter ich bitte bedencket was Vnehre würde man euch sagen, daß jhr ein arm Weibesbilde vnd ewr Gefangne in einen so wilden Walde jhr Ehr mit Gewalt berauben woltet, vnd wo man daß von euch sagen würde, were es ewr strengen Ritterschaft ein groß Vnehr vnd Schande.

Andolosie.

Wolan ich wil mich jetzt mit Gewalt zwingen vnd meinen Zorn dahin legen, vnd verheiß dir bey meiner ritterlichen Trew, das ich dich nicht letzen wil an deiner Ehr, noch schädigen an deinem Leibe, dieses aber soltu nimmermehr mir abbitten, sondern das Zeichen so du noch von mir am Häupte hast, das mustu biß in deine Grube meinetwegen behalten, damit du allezeit meinem gedenk seyst, vnd was du mir vor vntrew bewiesen.

Agrippina.

O wolte Gott daß ich in meines Vaters Pallast vnd von diesen Hörnern entledigt were.

Andolosia.

Greifft mit beiden Handen nach seinen Hut den er auffn Häupt hat.

O nein der Wunsch kan dir jetzt nicht helffen, wie zuvor, denn ich hab dir solches entzogen.

Agrippina.

Mein lieber Andolosia, erbarmet euch meiner, das ich der Hörner mag ledig werden, vnd führet mich wieder in meines Vatern Pallast.

Andolosia.

Kurtzumb nicht Agrippina, denn wie ich zuvor gesagt, daß du die Hörner tragen müssest meinethalben biß in die Gruben, vnd darbey der vngetrew eingedenck, so viel aber wil ich thun vnd dich wiedervmb zu deines Vatern Pallast führen, so nahe daß du jhn sehen kanst, aber darinnen kam ich nimmermehr.

Agrippina.

O weh habe doch erbarmen mit mir armen Weibesbilde, vnd machet mir die Hörner loß.

Andolosia.

Agrippina dein bitten ist vergebens vnd wann du mir eine Million Goldes geben wollest wolt ich dir nicht von den Hörnern helffen. Danke Gott daß du dein Leben behalten hast, denn ich war also in dich verhast, daß ich dich bald erwürget hett, drumb bitte nicht mehr, denn du hast vielmehr Gnade schon erlanget, alß dir gebühret vnd gehöret.

Agrippina.

Awe mir elendesten Menschen, muß ich dann nun ein Meerwunder vnd Vngehewr der gantzen Welt seyn, vnd kan nicht entledigt werden, so begehre ich nimmer wieder zu kommen in Engellandt, auch daß mich kein Mensch allda nimmermehr sehe derohalben führe mich an einem frembd Ort da mich niemand erkennt.

Andolosia.

Nein Agrippina beym Vater ists am besten, vnd kanst mit deinen Hörnern nicht bekannter werden in der Welt denn in Engellandt, darumb kan dieses nicht seyn vnd muß dich wieder in Engellandt führen.

Agrippina.

O weh Andolosia, ist noch ein wenig erbarmen in euch so thut mich dieser Bitte gewehren, führet mich in ein Kloster, das ich allda mein Leben Ende vnd die Welt verlasse.

Andolosia.

O Agrippina, ich weiß daß dir des Nunnen Fleisch, nicht gewachsen sey, derhalben so sage mir jetzt erst recht auß Grund deines Hertzens begehrestu in ein Kloster.

Agrippina.

Ja weil ich diese Hörner behalten muß begehre ich nichts liebers.

Andolosia.

Nun ich wil dich hinführen aber zu guter letzt gib mir drey Küßgen, denn du mir ehe mehr gegeben hast vnd verlaß damit die Welt.

Sie stehen ein wenig still.

Nun Agrippina mache fort wo du ins Kloster wilst.

Sie gehet zu ihm vnd wil ihm ein Kuß geben vnd wider zurück.

O Agrippina wollestu mich mit deinen Hörnern stossen, es ist nichts dran gelegen ob ich schon von dir gestossen werde.

Jetzt gehet sie wieder zu ihm küsset jhm dreymal, fasset sie in den Arm *c.

Andolosia.

Nun wünsche ich mich in Hyberniam ins Kloster.

Fahren davon, nun kommen sie wieder herauß.

Allhier ist das Kloster, bleib hier bestehen, so wil ich hinein, vnd mit der Eptissin reden.

Gehet hinein.

Agrippina.

O ich elendester Mensch muß ich nun meine Zeit im Elende vertreiben, solches wolle sich Gott erbarmen, O möchte ich nun bey meinen Herrn Vater seyn, so begehrete ich nicht mehr. Pfuy mir selber, die ich die Kleinoder beyde gehabt, vnd nicht gewust daß der geringe Filtz, den ich so lang vnter dem Bett liegend gehabt, solche edele Tugendt an sich habe, Gott erbarme dich meiner vnd kehre mein Trübsal.

Nicht lang darnach kömpt Andolosia wieder.

Andolosia.

Nun die Stelle hab ich dir gekaufft, vnd der Priorinnen 600 Kronen gegeben, dich ehrlich zu halten, wie denn dieses auch kein gering Kloster, sondern nur eitel hochgeborne Edele Jungfrawen darinnen seyn. So bewahr dich nun der liebe Gott, gebe daß du

lang

lang bey guter Gesundheit bleibest, vnd allhier die ewige Frewde erwerbest.

Agrippina.

Amen.

Fengt bitterlich an zu weinen.

Andolosia.

Agrippina betrübe dich nicht, denn dir solches wenig nutzen wird, Nun scheide ich von hinnen.

Agrippina.

Fellet nieder auff die Erden.

O Tugendtreicher Andolosia, erbarmet euch meiner in kurtzer Zeit vnd entlediget mich, denn ich weder Gott noch der Welt dienen mag, so vnwillig bin ich vber die Hörner.

Andolosia kehret sich nichts an die Rede, geht hinein sie auch, nicht lang hernach kömpt Andolosia wieder herauß.

Andolosia.

Was ich für Betrübniß vnd Jammer gehabt, daß ich auch fast von Sinnen kommen war, ist Gott bewust, nun aber bin ich Gott lob, wieder ein frölicher Mensch worden, vnd mein Vnglück vnd Betrübniß hat sich wiederumb in frewden verwandelt, so habe ich mir jetzt vorgenommen zu meinem frommen Bruder wiederumb zu ziehen, der vielleicht meinetwegen sehr betrübt seyn wird.

Setzet sein Wünschhütlein auff.

Nun wünsche ich mich gen Famagusta.

Fähret hinweg, kömpt bald wieder.

Da sehe ich das Schloß Famagusta, ich wil anklopfen, daß mein Bruder herauß komme. Holla, holla, ich bitt macht auff.

Kömpt herauß.

Ampedo.

O hertzlieber Bruder, was Frewde ich vber deiner Gegenwart vnd Gesundheit empfange, ist nicht zu gläuben. Sey mir in Gott von Hertzen willkommen.

Andolosia.

Habe Danck mein liebster Bruder, vnd das ich dich jetzt gesund vnd beym Leben wiederfinde, machet mir vberauß grosse Frewde.

Ampedo.

Sag mir doch liebster Bruder, wie ist es dir gegangen, auch mit dem Seckel, der dir gestolen war.

Andolosia.

Gut vnd böses ist mir wiederfahren, vnd solt wissen daß ich vmb den Wünschhut vnd Seckel kommen war.

Ampedo verschrickt heftig, wil zur Erden sincken.

O mein liebster Bruder verschrick nicht, vnd sey frölich, denn sieh hier habe ich beyde Kleinodier, den Wünschhut vnd Glückseckel, recht bin ich darumb kommen, aber beyde mit list wider vberkommen, hier hastu sie beyde, vnd laß dir damit wol seyn, habe Frewde nach deines Hertzens lust, das wil ich dir von hertzen gönnen, vnd dir nichts darwider reden.

Ampedo.

Nein ich begehre sie nicht, denn wer sie hat, muß jederzeit Angst vnd Gefahr seines Lebens mit auffsetzen, daß ich wol auß meines Vatern seliger Gedechtniß Reisebuch, vnd auch gnugsam von dir erfahren hab, kom laß vns hinein gehen, vnd die Zeit nunmehr in Concordia vnd frieden zubringen.

Jetzt kömpt Andolosia wieder heraußer.

Andolosia.

Mein gutthätig Hertz thut mich treiben, daß ich die Agrippinam wider erfrewe, und wieder in jhren Standt bringe. Derohalben wil ich mich jtzt auffmachen mit dem Wünschhut, den mir mein frommer Bruder schon gar nachgegeben, vnd wünsche mich nun in der Wildnüß wor ich vor gewesen bin, nemblich in den Waldt in Hibernia.

Fähret davon nicht lang hernach kömpt er wider

Allhie bin ich schon in den Waldt worin mir groß Hertzeleid vnd Betrübniß wiederfahren, da mir Agrippina den Wünschhut vnd Geldtseckel davon führete, vnd ich vber das die vngestalten Hörner vberkame, vnd allhie sehe ich zwar die Bäwme stehen, aber eigendlich weiß ich nicht welches der Bawm ist worvon die Hörner wieder vergehen, ich muß von einem versuchen.

Gehet zum Bawm der Schande vnd versucht einen.

Fürwar ich komme an den vnrechten Bawm denn ich fühle etwas auff meinem Häupte.

Nimbt den Hut abe.

Nein dein begehr ich nicht, ich wil weiter suchen.

Gehet zum Bawm der Tugendt vnd nimpt einen.

Nun habe ich recht angetroffen, denn ich fühle wie sich meine Hörner schon auff dem Häupte lösen.

Ziehet den Hut abe, vnd schmeist die Hörner zur Erden.

So wil ich nun von diesen Bawm einen Apffel mit nehmen, vnd Agrippinam darmit erfrewen. Nun wünsche ich mich ins Kloster zu Agrippinen.

Fähret hin, vnd kömpt bald wieder herauß.

Allhier sehe ich das Kloster, worin ich Agrippinam gelassen, wil derowegen anklopffen, vnd sie rauß ruffen, daß ich sie wider möge erfrewen.

Holla, holla, Agrippina kom zu mir herauß. Sie kömpt heraussе

Agrippina.

O Andolosia seyd mir willkommen, ich weiß aber nicht, was vor ein Vnglück mir ewer Ankunfft andeute.

Andolosia.

Sey meynetwegen vnerschrocken Agrippina, ich kom dich jetzt zu fragen, ob du noch so vnwillig vber die Hörner bist, als du warest, da ich von dir schiede.

Agrippina.

O Andolosia solt ich nicht vnwillig seyn, je länger je erger, vnd wenn jhr mir nicht so gehässig, wolt ich ein frölicher Mensche seyn.

Andolosia.

Sag mir die Warheit, wenn du quit vnd ledig werest der Hörner, worhin begehrestu denn am liebsten zu seyn.

Agrippina.

Wenn ich von meinen Hörnern entledigt were, so begehre ich nichts liebers denn zu Lunden bey meinem hertzlieben Herrn Vater, vnd lieben Fraw Mutter der Königin zu seyn.

Andolosia.

Nun Agrippina schlag all dein Betrübniß auß dem Hertzen, vnd faß ein fröhlichen Muth. Sieh hie iß diesen Apffel gar auff, so wirstu erst von Hertzen frölich werden.

Sie nimpt jhn vnd isset jhn auff.

Agrippina du siehest gar sawer auß, aber laß dir solchen Vngegeschmack des Apffels nicht angehen, du solt sehen was er wircken wird.

Andolosia ziehet jhr die Hörner abe.

Sieh da Agrippina.

Sie felt vor jhm nieder.

Agrippina.

O Andolosia wormit sol ich euch dieses vergelten, denn vor Vntrew beweiset jhr mir Gutthat.

Andolosia nimpt sie bey der Hand.

Andolosia.

Stehe auff Agrippina, Gott hat dein Gebet erhöret, daß du von den Hörnern entlediget, vnd alles was dein Hertz begehret, gewehret wirst. Nun will ich dich zu deinem Vater führen.

Setzet sein Hütlein auff nimpt sie in die Arm.

Also wünsche ich mich gen Lunden.

Fähret weg, nicht lang kömpt er wieder.

Sieh da Agrippina, siehestu den Pallast deines Vatern, worin mir so groß Vntrew wiederfahren, also auch daß ich ein Eckel habe hinein zu kommen. So nehm ich nun jetzt meinen Abschied, vnd gehe du allein dahin.

Agrippina.

O tugendreicher, Andolosia von Hertzen gerne wolte ich wünschen, daß ich euch ewer Gutthat belohnen köndte.

Andolosia gehet hinein.

Gesegne dich Gott du trewer Mensche.

Agrippina gehet auch hinein.

Andolosia.

Kömpt wieder vnd spricht.

Jetzt wünsch ich mich gen Famagusta zu meinem Bruder.

Fährt weg vnd kömpt wieder.

Holla, holla. Lieber Bruder kom herauß.

Er kömpt.

Ampedo.

Sieh hertzlieber Bruder, sey mir in Gott willkommen, wo bistu gewesen, vnd wie hat dirs gegangen?

Andolosia.

Habe Danck lieber Bruder. Meine Reise ist Hibernia gewesen, im Frawen Kloster, allda ich die Agrippinam geholet, vnd wieder gen Lunden gebracht, da denn eine solche grosse Frewde von Jung vnd Alt worden, das nicht außzusagen. Diese Reise aber sol meine letzte gewest seyn, vnd wil mir auch nunmehro ruhsame Tage schaffen. Allda hastu den Wünschhut, vnd brauch jhn jmmer nach dein gefallen.

Ampedo.

Ich will den Wünschhut in meine Kammer legen, denn ich jhn wohl nicht viel brauchen werde.

Gehen hinein.

Jetzt kommen die zween Graffen herauß.

Ander.

Wo zum Element wil dieses letzlich hinauß, weil ich so verrätherlich von Frawen vnd Jungfrawen gehalten bin, vmb dieser schandlosen Hörner willen, so mir von Andolosia angebracht, vnd mir nimmermehr können vertrieben werden. Sollte ich aber dieses an Andolosia vngerochen lassen, so were ich fürwar ewig Schande werth, derohalben thue ich schweren, er muß von meinen Händen sterben.

Erst.

Fürwar dein Anschlag gefelt mir wol aber höre dieses zuvor. Du weist welch ein groß Reichthumb Andolosia hat, wie prechtig er stoltzieret, also daß mich deucht er muß einen heimlichen Schatz haben, darzu weistu auch wol, wie offt er mich vnd dich in turnieren zu schanden gemacht, vnd victoriam vor vns davon getragen. Derohalben wollen wir, weil er vns beyden Schande angehenget vnd zugefügt, ein Verbündniß zusammen machen, vnd wollen jhn fahen, da er denn vns bekennen soll, woher jhm solch groß Reichthumb komme, vnd so wirs erfahren, wollen wir jhn vmbs Leben bringen, vnd solch Gut vnter vns theilen.

Ander.

Ja Bruder solches habe ich vorlängst bey mir bedacht. Jetzt aber kömpt er vns eben zu massen, denn ich weiß es vor gewiß, er wird diesen Weg ziehen, derohalben laß vns fleissig acht haben, wenn er kommen wird.

Erst.

Seht so geht vns dieses nach vnsern Willen. Wir wollen nicht ehe von hinnen gehen, biß er kömpt, Sieh da er kömpt schon daher.

Andolosia kömpt mit seinem **Diener.**

Diener.

Gnädiger Herr wen sehen wir da! Es seynd die beyden Herrn, den wir am nechsten zu Lunden Epffel verkaufften, vnd zwar der eine hat noch Hörner, Epffelchen von Damasco, Epffelchen.

Andolosia.

O du vnbedachtsamer Mensch, kanstu dein Vnglück nicht verschweigen.

Die **Graffen** kommen, vnd lauffen sie mit blossen Gewehr an, erstechen den Diener.

Ander.

Du ertzverzweiffelter Bösewicht siehestu hier mein Häupt. Nun gib dich gefangen, oder du must zur Stunden sterben.

Sie binden jhn.

Andolosia.

Wie nun jhr Herren thut mir kein Gewalt. Wolt jhr mich denn gar vmbs Leben bringen?

Erst.

Ja solches haben wir im Sinn.

Ander.

Hörestu Andolosia, dein Leben soltu behalten, so du vns bekennest, von wannen dir solch groß Gut komme, daß du solch ein prechtig Leben führest?

Andolosia.

O jhr Herren nempt ihr mich darumb gefangen? Solches stehet sehr vbel von Rittermässigen Leuten, wie jhr seyd. Habe ich aber jemand vnrecht gethan, so saget mirs ich wil duppelt büssen.

Ander.

Wir fragen dich da nicht nach, sage vns nur worvon dir solch groß Gut komme, wo nicht, wollen wir dich so lang martern, biß du es bekennest.

Andolosia.

Zwar hier gehet Gewalt vber Recht, wisset daß in meines Vatern Hause zu Famagusta eine heimliche Schatzgrube ist, die mir mein Vater seliger in seinem letzten Ende gezeiget, je mehr ich darauß nehme, je mehr wieder darein kömpt, vnd wolt jhr mich also gefangen gen Famagusta führen, so wil ich euch die Grube zeigen.

Ander.

Nein das ist nicht die Warheit. Kom wir wollen dich also martern vnd plagen, daß du vns die Warheit bekennest.

Gehen mit jhm hinein. Ampedo kömpt.

Ampedo.

O welch ein trawrig Bottschafft ist mir vor mein Ohren kommen, wie das meines Bruders Diener all erschlagen, kan jetzt nicht wissen, ob er noch am Leben ist, oder wer jhn so mörderlich gefangen geführt. Nun weiß ich gewiß daß ich des Seckels halben vmb meinen Bruder gekommen, vnd werden jhn so lang gemartert haben, biß er hat müssen bekennen, daß ich noch das Wünschhütlein habe. Als werden sie nun auch darnach trachten, wie sie dieses Hütlein vberkommen, dieses aber sol nimmermehr geschehen, vnd kein Mensch sol mehr Frewde damit haben, sondern wil es jetzt zu Pulver verbrennen. Sich da brenne nun.

Schmeisset ins Fewer.

Zwar meines Brudern halben bin ich betrübet biß in den Todt, vnd deucht mich auch daß ich derhalben mein Leben enden muß. O ich fühle der Todt ist mir nahe, vnd zielet mir nach meinem Hertzen. O Todt machs nicht lang mit mir, vnd nim mich von dieser verrätherischen Welt. O weh! Awe! Stirbet.

Erst.

Hettestu mit guten zuvor bekennet, so werestu so grewlich nicht gemartert worden. Wir wollen nun zusehen ob es sich auch also verhelt, wie du gesaget, so offt man darein greiffet, bekomme man zehen Stücke Goldes.

Er greifft, hat 10 stück Goldes.

Ander.

Ey Bruder ich bitte laß mich auch hinein greiffen.

Er holet auch zehen Stück Goldes herauß.

Erst.

Nun Andolosia, wir wollen dir von deiner Qual helffen, damit du nicht verfaulest, sieh da Bruder halt an der andern Seiten vnd ziehe fest zu.

Er thut jhn einen Strick vmb den Halß vnd erwürget jhn, der Todte wird hinein getragen.

Also Bruder seyn wir sicher genug, daß es nicht außkomme, aber sage mir wie wollen wir es mit dem Seckel machen?

Ander.

Hörestu gefelt dir dieses, du weist daß ich der Elteste bin, so wil ich jhn zu erst ein halbes Jahr haben, darnach du eben also, vnd wil dir nun geben, worvon du vnter dessen dich vnterhalten kanst.

Erst.

Ja Bruder, solches gefelt mir wol, so habe du jhn dieses halbe Jahr das andere halbe Jahr bekom ich jhn, zehle mir aber erst mein Hut voll, worvon ich zehre.

Ander.

Das wil ich thun, halt her deinen Hut.

Er wil jhn geben, der Seckel ist leer, kan nichts herauß bekommen, sehen einander an.

Erst.

Wie zum Vnglück kömpt dieses, kan ich doch nichts wie zuvor herauß bekommen.

Ander.

O vntrewer Bruder wollestu mich veriren, das ist der Seckel nicht.

Erst.

Fürwar Bruder thue mir gleuben, ich weiß sonst von keinen Seckel, vnd wie es zugehe, daß er nicht geben wil, wie zuvorhin, kan ich nicht wissen.

Ander.

Du must mich nicht betriegen oder ich oder du müssen auff diesen Platz beliegen bleiben, thue mir den rechten Seckel, oder stosse dich durchs Hertz.

Erst.

Sie ziehen von Leder.

Ich weiß fürwar von keinen andern Seckel nicht, vnd wil mit dir vmb Leib vnd Leben streiten, schone mein nicht, ich wil deiner auch nicht schonen.

Hawen in einander, machen ein gros Rumor, mittler weile kompt der **König** und **Agrippina**, beneben einen **Diener.**

König.

Haltet Friede, haltet Friede, jhr beyden Graffen. Diener nim diesen vnd gehe mit jm hinauß.

Der Diener gehet mit den ersten hinauß.

Sag mir die Warheit was ist die Vrsache daß jr euch also vmbs Leben selber bringen wollet, da ihr doch zuvor die besten Freunde gewesen? Sag die Warheit oder ich dich so grawsamlich martere als nie erhöret ist.

Erst.

O großmächtigster König, die Warheit wil ich bekennen denn mich mein Gewissen plaget, wir beide haben Andolosiam vmbs Leben bracht, da er vns den bekennen müste woher jhme solch groß Reichthumb kommen, als zeiget er vns diesen Seckel, vnd sagt so offt wir darein grieffen, hetten wir zehen Stück Goldes. Nun aber hat er die Tugent nicht mehr darüber wir vns den verzürneten, weil er meinet daß ich einen falschen Seckel gemacht hette.

König.

Nu so seyd jhr sein Mörder gewesen, gib her den Seckel ich wil ihn wol kennen. Gibt jhn.

Agrippina.

Ja hertzlieber Vater es ist der Seckel ich bitte hertzlieber Vater, last diese schreckliche Mordthat nicht vngestraff hingehen, denn es thut mir hertzlich weh, daß der trewhertzig Andolosia so jämmerlich vmb kommen ist.

König.

Diener vberantworte diese beyden Mörder alsobald den Hencker daß er sie morgenden Tages alßbald rädere.

Erst.

O großmächtigster König ich bitte jhr Majestät beweise vns Gnad vnd Barmhertzigkeit, vnd laß vns doch nicht so eines schändlichen Todes sterben.

König.

Es hilfft kein bitten noch nichts, gehe mit jhm von hinnen vnd laß jhnen jhr Recht werden wie ich gesprochen.

Gehet mit jnen hienein jetzt kömpt **Fortuna.**

Fortuna.

Hörestu König von Engellandt gib mir den Seckel so du jetzt empfangen, denn er gehöret mir zu.

König.

Wie solt er dir gehören, sag mir von erst was du vor einer seyest.

Fortuna.

Ich bin Fortuna vnd habe den Seckel gegeben.

König vnd Agrippina knieen vor jhr nieder

König.

O reichmilde Göttin wir haben dich nicht gekönt, wir bitten aber vnterthänigst vmb Verzeihung, wir thun ihr auch danken vor die Wolthaten die du vns vnd vnsern Königreich bewiesen vnd noch beweisest, vnd bitten du wollest hinfuro dir vnser Königreich lassen befohlen seyn, vnd mit deinen milden Gaben zieren, vnd vns victoriam vnd Sieg wieder alle vnsere mächtige Feinde so dieses Königreich gar zu verzehren vnd verhehren in Willens haben, geben.

Fortuna.

Wie ich dich vnd dein Königreich vor mit meinen gaben gezieret, so wil ich dich hinfuro auch begaben vnd sollet zunehmen, wie die Lorbeerbäume.

FINIS.

M. Opitz.

Geboren 1597, starb 1639.

Martin Opitzen

DAFNE.

An den Leser.

Günstiger Leser, wie dieses Drama aus dem Italienischen mehrentheils genommen, also ist es gleichfalls auff selbige Art, und heutigem Gebrauche sich zu bequemen, wiewol auch von der Hand weg, geschrieben worden. Welches der Auctor zu seiner Entschuldigung setzt, dem sonst nicht vnbekandt ist, was die Alten wegen der Trawerspiele vnd Comedien zu befehlen pflegen.

An die Hoch-Fürstlichen Braut vnd Brautigam, bey derer Beylager Dafne durch Heinrich Schützen im 1627. Jahre Musicalisch auff den Schawplatz gebracht ist worden.

Das starcke Liebesgifft, das vnsre hohe Sinnen,
Die von dem Himmel sind, mit seiner Krafft gewinnen
Vnd wann Vernunfft erliegt zu Boden reissen kan,
Sieh, O du edles Par, auff diesen Schawplatz an.
Sieh an, du freyer Held, du Bildnuß aller Tugend,
Du Preiß der Zeit, vnd du Sophie, Licht der Jugend,
Des grossen Vaters lust, der werthen Mutter Zier,
Sieh an der Liebe Macht von der du für vnd für
Befreyt vnd sicher bist. Wer so wie du sich liebet
Mit vngefärbter Pflicht, wer seine Huld ergiebet
In Vrtheil vnd Verstand, ist klüger als der Gott
Der täglich zu vns bringt das schöne Morgenroth.
Jhm machet Dafne selbst von jhren frischen Zweigen
Den Krantz der nicht verwelckt; sein nachklang wird nicht schweigen
So lange Liebe wehrt. Nimb dann in gnaden an,
Du duppeltest Gestirn, was Dafne geben kan;
Den jmmer-grünen Krantz, vnd dencke, daß die Gaben
So Fürsten als wie jhr vollauff zu geben haben
Zwar groß, doch jrrdisch sind. Die Flucht der Zeit vertreibt.
Das vnsrig vnd vns auch; was Dafne gibt das bleibt.

Personen des Getichtes.

Ovidius, Vorreder.

Dafne.

Apollo.

Venus.

Cupido.

Der erste Hirt.

Der ander Hirt

Der dritte Hirt.

Chor der Hirten.

Der Nymfen vnd Hirten.

Der Vorreder.

Ovidius.

Ihr sterblichs Volck, der ich nicht sterblich bin
Komm jetzt zu euch von den Elysen-feldern,
Wo vnsre Geister ziehen hin,
Vnd letzen sich in grünen Wäldern.
Durch des bleichen Charons Meer
Komm ich, O jhr Menschen her.
Ich bin der Mann der ich so rühmlich sang
In meine Harff vnd die beruffnen seiten
Wie Amors macht vnd harter zwang
Den himmlischen vor alten Zeiten
Hat verwandelt die gestalt
In Geflügel, Wild vnd Wald.
Ich habe mich die schwere Liebeskunst,
O dich, mein Rom zu lehren vnternommen,
Hab auch gezeigt wie solcher Brunst
Ein Hertze wieder ab sol kommen.
Daß man recht liebt kömpt durch mich,
Daß man nicht liebt thue auch ich.
Schaw aber zu, was für ein heller Schein
Vmgiebt mich doch, vnd wessen werd ich jnnen.
Was Majestät muß dieses seyn
Die mir bescheint Gesicht vnd Sinnen?
Was doch blicket für ein Liecht?
Ist es mein Augustus nicht?
Ich kenne dich, du Blume dieser Zeit,
Die Zier vnd Spiegel aller Jugend:
Der Rautenkrantz, die Freundligkeit
Verräthet dich, O Glantz der Tugend;
Alle Menschen loben dich,
Vnd die Elbe neiget sich.

Du

Du edle Braut, wol deiner Lieb vnd dir,
Ich aber wil jetzt wie vorweilen singen
In was für noth ein Cavallier
Vnd eine Dame sich kan bringen
Die nicht nach der Liebe fragt,
Vnd nur thut was ihr behagt.
Ihr werdet sehn für schwerer Liebespein
Denselben Gott mit nassen Seufftzen klagen,
Der vns den schönen Tageschein
Herumb führt auff dem güldnen Wagen.
Der vns allen giebt das Licht.
Sieht für Liebe selber nicht.

Der erste Akt.

Der erste Hirt.

Unter diesem Schatten hier
Liegt das grimme Wunderthier:
Ihr Hirten weicht, geht weg ihr Schäfferinnen.
Schawt daß kein Ast sich nicht bewegt,
Daß kein Geräusche sich erregt,
Es wird sonst ewer jnnen.

Der ander Hirt.

So müssen wir dann aus gefahr
Die süssen Felder meiden,
Vnd können vnser Vieh vnd weissen Lämmerschar
Nicht sicher weiden?

Der dritte Hirt.

O Jupiter der du mit Donnerflammen
Erschütterst See vnd Land,
Nimb deinen Blitz vnd Hagel gantz zusammen,
Beuth her die starcke Hand.
Komm vns Armen doch zu stewer
Wieder dieses Vngehewer.

Der erste Hirt.

Umb diesen Wald vnd Schatten haben wir
Bißher gesehn das Blutgetrenckte Thier.

Echo. Hier.

Wie daß ich jetzund sicher bin?
Ists weg, ist anderswo dann hin?

Echo. Hin.

Ich weiß nicht wie ich doch diß Ebenthewer deute,
Kömpt es inskünfftig auch noch wieder für vns Leute?

Echo. Heute.

Ach! ach! wer dann tröstet mich
Wann das Thier lesset sehen sich?

Echo. Ich.

Wer bist du welcher mir verheischt so grosse Wonne,
O bester Trost den je beschienen hat die Sonne.

Echo. Die Sonne.

Bist du der Gott auß Delos welcher sich
Mir zeigen wil? O Sonne hör ich dich?

Echo. Ich dich.

Du du hast Pfeil vnd Krafft; drumb stewre der Gewalt
Der grimmen Bestien, O Phebus, alsobald.

Echo. Bald.

Apollo.

So ist dann nun dem Drachen
Durch meines Bogens macht
Gestillt der wilde Rachen.
Umbringt ihn nun die Nacht
Der vor die Pest der Erden,
Die schew der Menschen war?
Ihr Hirten bringt die Heerden;
Ihr seyd nun auß Gefahr.
Ihr Nymphen windet Krentze,
Hegt schöne Lobetäntze,
Kempt kühnlich in den Wald,
Singt daß die Heid' erschallt.
Das Thier wird nicht forthin
Die Lufft vergifften können,
Und Kranckheit nach sich ziehn.
Erfrischet Hertz vnd Sinnen;
Die Wangen mussen nun auch nachmals nicht verbleichen,
Sie sollen Lilien vnd roten Rosen gleichen;

Dann die Schlang' ist vmbgebracht
Die euch Kummer hat gemacht.

Chor der Hirten.

Du grosser Gott der du den Fewer-Wagen
Rings vmb den schönen Himmel führst,
Der du den Tag so offt es pflegt zu tagen
Mit einem güldnen Mantel zierst,
Daß der helle Schein sich dringet
Durch der finstern Nächte ruh,
Daß vns klares Liecht vmbringet,
O Apollo, das machst du.
Daß auff den Frost diß grosse Rund der Erden
Sein graues Winterkleid ablegt,
Daß Wiesen, Feld vnd Wald verjünget werden,
Daß des Geflügels Heer sich regt,
Daß sie in den Lüfften fliegen,
Vnd vns lieblich singen zu,
Daß die Bäume Blätter kriegen,
O Apollo, daß machst du.
Du Künste-Gott, du Artzt, du Traumaußleger,
Du Senger Fürst, du Kraußpenhaar,
Du jmmer-jung, du Meister aller Jäger,
Von dir kömpt alles gantz vnd gar;
Doch dein Pfeil vnd schneller Bogen,
Deines güldnen Köchers Pracht,
Wird dem allen fürgezogen
Was dich sonst berühmet macht.
Wer kundt ohn dich, O Phebus vberwinden
Das wilde Gifft- und Flammenthier?
Komm, Cynthius, laß frische Kräntze binden
Vmb deiner gelben Haare Zier:
Laß die Blumen so wir haben
Dir, O Vater, lieber seyn
Als der edlen Palmen-Gaben,
Vnd der Cedern reichen Schein.

Der Andere Akt.

Cupido. Venus. Apollo.

Cupid.

Was suchet jhr,
O Königin der schönen Frawen?
Wollt jhr nach Rosen schawen,
Nach Lilien, zu ewres Häuptes Zier?
Nein liebste Mutter, nein.

Venus.

Was wird es dann wol seyn,
Mein Kind das mir gebricht?

Cupid.

Wol Lilien noch Rosen nicht;
Adonis liegt euch in den Sinnen,
Vnd wo ein schöner Hirte sunst,
Die Vhrsach einer newen Brunst
Mag angetroffen werden können.

Venus.

Du kleiner Bösewicht.

Cupid.

Seht jhr den Gott aus Delos nicht?

Venus.

Was wird hernach doch aus dem Himmel werden?
Gehn jetzt doch fast die Götter gantz auff Erden.

Apollo.

Erzehle du berühmbter Schütze,
Worzu sind die Pfeil vnd Bogen nütze?
Ist ein grimmes Thier
Daß du meinest vmbzubringen,
Oder auch gedenckst du dir
Einen Drachen zu bezwingen?

Cupido.

Zwar Python ist durch meine Hand,
Apollo, nicht entleibet worden:
Jedennoch ist bekandt
Was ich für Thaten thue

Ich bin so wol in deinem Orden,
Bin auch ein Gott wie du.

Apollo.

Daß weiß ich wol; doch wann dein Bogen
Wird von dir abgezogen,
Machst du sehend andern Wunden,
Oder triffst du auch verbunden?

Venus.

Im fall du ja wilt wissen,
Apollo was mein Sohn
Erwiesen hat im schiessen,
So höre nur hiervon
Was neben uns Neptun im Wasser sage,
Und über uns der Jupiter;
Geh' unter uns zum Pluto hin und frage;
Alßdann komm wieder her.

Apollo.

Weil Himmel See und Erden,
Und was darunter lebt,
Von dir gezwungen werden,
Weil nichts dir wiederstrebt,
So zeige man mir doch noch einen Himmel an,
Noch einen Erdenkreiß, in dem ich frey seyn kan.

Cupido.

Ich wuste wol du würdest mich verlachen,
Und daß ein Kind bey dir nichts gilt,
Du grosser Schütz und Todt der grimmen Drachen:
Halt mich für närrisch wie du wilt.

Apollo.

Erzürne dich so sehr nicht uber mir,
Cupido mein; O wende gnade für:
Wilt du mir ja mit deinen Bogen lohnen.
So wollest du des Hertzens doch verschonen.

Venus.

Du wirst wol sehn was du gethan,
Wann aus dem schertzen ernst entstehet;
Wirst sehen was mein Söhnlein kan,
Wiewol es bloß und blind hergehet.

Cupid.

Bring ich dem stoltzen Hertzen
Nicht Angst und Todespein,
So wil ich nicht dein Kind mehr seyn.

Venus.

Du empfindest billich Schmertzen,
Eyferst billich, lieber Sohn.
Gieb jhm seinen rechten Lohn,
Daß er möge noch erfahren
Was deine Macht vnd seine Hoffarth thue:
Du wirst hier keiner Kräfften sparen.

Cupid.

Ich habe weder Rast noch Ruh
Biß ich mich recht an jhm gerochen,
Vnd mit dem Bogen hier
Den er verhöhnt zur vngebühr
Jhm seinen stoltzen Muth gebrochen.
Gar gern thue ichs nicht daß ich sol von dir gehen;
Ich bleib auch wo mirs wird geschafft:
Doch Rache die man an lest stehen
Verleurt durch säumung ihre Krafft.

Venus.

Geh jmmer hin in Zeiten,
Vnd denck auff Rach vnd List:
Dann wann du zornig bist
So hat man ohngefahr dich nicht an seiner seiten.
Ich kan allhier in dessen bleiben,
Vnd vmb den grünen Wald
Die Zeit vertreiben,
Hernach so bald
Du herkömpst wil ich mit dir hin
In vnsern Himmel ziehn.
Wer von der Lieb ist franck vnd frey
Der mag wol frölich leben,
Doch schaw er zu daß er nicht sey
Der Hoffart allzusehr ergeben.
Er laß vns vnverlacht;
Diß ist der Schluß den hat mein Sohn gemacht,
Der Abschied den er spricht.
Fühlt jhr gleich Lieb anjetzund nicht,
So kan doch bald ein Stündlein kommen
In dem durch ihre Pein
Euch Muth vnd Hertze wird benommen.
Alsdann wird Amors macht
Euch nicht verborgen seyn
Die jhr anjetzt verlacht.

Chor der Hirten.

O du kleiner nackter Schütze,
Wann der Bogen den du spannst
Giebet solche Liebeshitze
Daß du Götter fellen kanst:
Was dann wirst du nicht, O Kind,
Vns thun, die wir Menschen sind?
Vnser Hertze muß sich krencken,
Vnsre Sinnen sind betrübt,
Wann wir an den Jüngling dencken
Der sich in sich selbst verliebt;
Der verlohr die Menschenart,
Vnd zu einer Blumen ward.
Aller schönen Nymfen Hertzen
Brannten gegen jhm für Pein,
Aber er ließ ihre Schmertzen
Ohne Trost vnd Hoffnung seyn.
Zwar sehr groß war seine Zier,
Doch der Hochmuth ging ihr für.
Eine starb in Liebesorden,
Gar zu tieff durch jhn versehrt,
Die hernach ein Schall ist worden
Den man nach vns ruffen hört;
Aber Amors grimme macht
Straffte solche strenge Pracht.
Wie er sonst hatt' euch versehret,
O jhr Nympfen für der Zeit,
Also ward er jetzt bethöret
Durch seine eigne Zierligkeit
Biß er noch sein ende nam,
Vnd in Zahl der Kräuter kam.
Laßt vns ja vns selbst nicht lieben,
Bild jhn jemand zu viel ein,
Wil er sich nicht selbst betrüben,
Vnd in Furcht ohn Hoffnung seyn:
Wündsch jhm weder Weib noch Mann
Zu erfahren was Amor kan.

Der dritte Akt.

Dafne, Apollo.

Dafne.

Es ist die spur des Hirschen ja für mir.
Wie laß bin ich! Ach! wer' er doch allhier.

Apollo.

Wer muß nur diese seyn,
Die aus den Augen lesset blincken
So einen hellen Himmelsschein
Den ich spür' in mein Hertze sincken?

Dafne.

Ich denck jhm noch wol für zu biegen
Im fall ich eile.
Ich muß nur sehn ob auch der Pfeil wird fliegen,
Vnd scharff seyn wie er sol.

Apollo.

Ach! scharff genung sind deiner Augen-Pfeile:
Ich fühle sie ja wol;
Sie verwunden mich von fernen.
Bist du nicht der Nymfen eine,
Oder, wie ich auch vermeine,
Eine Göttin aus den Sternen?
Wie daß du Pfeil vnd Bogen an dich henckest?

Dafne.

Ich such ein schnelles Wild,
Vnd bin ein sterblichs Weibesbild,
Nicht eine Göttin wie du denckest.

Apollo.

Gläntzt in der schönen Sterbligkeit
Dergleichen Liecht,
So frag' ich nach dem Himmel nicht.

Dafne.

Das Thier verläufft sich allzuweit:
Ich muß den Fuß nur ferner setzen,

Apollo.

Du kanſt doch mit den Augen hetzen,
Im fall du ſchon nicht Berg vnd Thal
Mit deinen Pfeilen
Durchſucheſt überall.

Dafne.

Nichts anders wünſch ich zu ereilen;
Die Luſt ſo ich im Sinne führe
Sind Berge, Püſch vnd Thiere:
Diß iſt der Raub der bey mir gilt.

Apollo.

Du felleſt nicht nur bloſſes Wild:
Dann deiner ſtoltzen Augen Liecht
Kann auch die Götter ſelbſt verſehren;
Ihr Hertz iſt für dir ſicher nicht.

Dafne.

Die Götter pfleg ich hoch zu ehren.
Durch meine Pfeil vnd Bogen
Wird nur das Wild betrogen.
Du aber ſäumeſt mich
Mit langem ſtehen.

Apollo.

Vergönne mir daß ich
Mag mit dir gehen.
Ich weiß die Thiere wol zu fellen:
Wir wollen eine Jagt
Mit groſſer luſt anſtellen
Die mir vnd dir behagt.

Dafne.

Es darff ſich nichts zu mir geſellen
Alß Pfeil vnd Bogen nur. Glück zu.

Apollo.

Ach, warte! warumb eileſt du?
Erkenne doch, O ſchöne, wer dich liebet;
Ein Gott iſts der ſich dir ergiebet,
Der dich begehrt, gieb deinem Glücke ſtat,
Nimb an den guten Rath.
Ach fleuch, ach fleuch doch nicht!
Mein Hertze daß zerbricht,
Vnd zwingt mich daß ich ſchneller eile
Alß dieſe meine Pfeile
Wann mir ein Wild auffſtößt.

Du rennest, läufst vnd gehst
Wohin du wilt so wil ich folgen können.
Wer eyfrig liebt dem kan kein ding entrinnen.

Chor der Hirten.

Liebe wer sich selber hast;
Aber wer sein gutes Leben
Wil der freyen Ruh ergeben
Reißt sich von der argen last;
Suchet für das süsse Leiden
Felder, Wald, Gepüsch vnd Heyden.
Jhm gefällt die Faulheit nicht.
Die nicht alß zum bösen wachet,
Die den Trägen schwächer machet,
Vnd der starcken Krafft zerbricht;
Die den Geist zeucht auff die Erden,
Vnd heißt Männer Kinder werden.
Seine lust die er begehrt,
Die jhm kürtzet manche Stunde,
Sind berühmbte schöne Hunde,
Vnd ein ritterliches Pferd:
Sein Gemüthe muß sich letzen
Mit dem Adelichen hetzen.
Wann der Reiff das Feld betawt,
Vnd die Vögel mit den singen
Vmb die Morgenröthe springen,
Sitzt er munter auff vnd schawt
Ob er mit den schnellen Winden
Kan ein grosses stücke finden.
Also bringt die scharffe Pein
Nimmer in sein grosses Hertze
Daß von Wollust, Lieb' vnd Schertze
Gantz wil frey vnd sicher seyn,
Wil nicht von den Frembden wissen
Die Gemüth' vnd Leib muß büssen;
Flieht ingleichen diese lust
Die doch nur den weichen Sinnen
So nichts Mannlichs üben können
Sol bekandt seyn vnd bewust;
Die nur wie ein Schatten stehet,
Der bald wird vnd bald vergehet.

Der Vierdte Akt.

Cupido. Venus.

Cupido.

Was gilts ich habe dir den stoltzen Muth gebrochen
Der meine Macht
Sonst hat verlacht
Vnd mich an dir gerochen?
So lernt ihr Götter nach der Zeit
Hier meines Köchers innen werden,
Vnd jhr, ihr Sterblichen, erhebet weit vnd breit
Mein hohes Lob auff Erden.

Venus.

O süsser Sohn, was hastu doch gethan?
Was wil diß frölich seyn vnd lachen?
Was ist es doch mein Kind? sag' an;
Daß ich mich auch kan lustig machen.

Cupid.

O Mutter laß mir einen Wagen
Von Gold vnd Edelsteinen bawen;
Jetzt mag ich einen Krantz zum Siegeszeichen tragen;
Die Götter sollen heute schawen
Wie recht ich triumphiren kan.
Der Gott der von der Himmelsbahn
Mit seiner Strahlenkrafft die gantze Welt durchscheint
Hat meines bogens Raht' empfunden,
Geht jetzt vnd weint,
Ist kranck an Liebes-Wunden.

Venus.

Kan ein Gott auch rühmen sich,
Daß er für dir frey sey blieben?
Sohn, Sohn, dencke wer bin ich!
Folgt doch deine Mutter dir,
Muß nach deinem Willen lieben
Götter oben, Menschen hier.

Cupid.

Zwar trawrig hab' ich dich gemacht,
Jedoch so hastu auch gelacht.
Ich habe dich gar nie gesehen weinen
Wie Mars in deinen Armen lag
Eh' alß der helle Tag
Verräthrisch ließ die Stralen auff euch scheinen.

Venus.

Ach schweig! doch weissest du wie mir entfiel der Muth,
Vnd wie mein Antlitz ward alß Blut.
Aber laß vns hier nicht stehen,
Es ist zeit
Heim zu gehen
In das Hauß der Ewigkeit.

Chor der Hirten.

Kein schnelles Wild daß in den Püschen lebt,
Dem Graß die Nahrung giebt,
Kein Vogel auch der vmb die Wolcken schwebt,
Kein Fisch bleibt vnverliebt:
Nichts ist was wohnt auff Erden,
Was Lufft vnd See durchstreicht,
Was ist vnd noch sol werden,
Daß nicht der Liebe weicht.

Die Kräuter selbst so ohne Geist auffgehn
Sind Freund doch vnter sich;
Kein Element kan bey dem andern stehn,
O Amor, alß durch dich:
Der Mensch ists der die Gaben
Des liebens von sich streicht,
Vnd wil ein Hertze haben
Das nicht der Liebe weicht.

Der eine stellt auff vngezähmtes Wild,
Der reiset Tag vnd Nacht,
Ein andrer hört wenn die Trompet erschüllt
Vnd fug zum Kriegen macht,
Der schawet das mit schertze
Vnd lust die zeit verstreicht,
Damit er hab ein Hertze
Das nicht der Liebe weicht.

Doch wann vns kömpt des Leibes thewre wahr,
Der Augen Strahlen für,
Der weisse Halß, das Goldgemengte Haar,

Der rothen Lippen Zier,
So muß man jnnen werden
Daß nichts sich jhnen gleicht,
Vnd kein ding sey auff Erden
Daß nicht der Liebe weicht.

Der Fünffte Akt.

Apollo, Dafne.

Apollo.

Bleib, Nymfe, bleib; ich bin dein Feind ja nicht
Daß du so läuffst, mein Liecht,
Als wann ein armes Schaff vom Wolffe wird getrieben.
Mein folgen kömpt von lieben.
Ach, ach, daß für die grosse Brunst
Kein Kraut wächst auff der Erden!
Was hilfft mich jetzo meine Kunst
Durch welche sunst
Ein jeder heil kan werden.

Dafne.

O Vater Peneus, nimb mich an,
Dein vnbefleckt es Kind. O Vater hilff doch mir,
Im fall ein Fluß auch helffen kan.
Bedeck, O Erde, mich; nimb zu dir meine Zier,
Verschling sie, oder laß sich meinen Leib verkehren
In etwas welches mich kan der Gewalt erwehren.

Apollo.

Sol dann jhr harten Rinden,
Die vnbefleckte Zier
So Hertz vnd Sinn mir kundte binden
In euch verdeckt seyn für vnd für?
Ihr Augen, die jhr mehr ein Quell als Augen seyd,
Bleibt an die Zweige hier gehefftet jederzeit.
Hier da ist das edle Hertze
So das meine mir zerbricht;
Hier ist mein der Sonnen Liecht,
Daß die helle Tageskertze,
Die Vertreiberinn der Nacht,

Aller schwartz vnd tunckel macht.
Wiewol ich sonst vnsterblich bin,
Doch sterb ich ihrentwegen hin.
Ach Nymfe, die du dich
Hast eines Gottes Lieb erwehret,
Dadurch dein schöner Leichnam sich
In einem Lorbeerbaum verkehret,
Es wiederfahr in Ewigkeit ja nicht
Daß ich dein Lob nicht soll im Himmel mit mir führen.
Mit deinen Blättern wil ich allzeit, O mein Liecht,
Diß güldne Haar mir zieren.

Diese meine Pflantze hier
Sol begrünt seyn für vnd für,
Sol in Kält vnd Hitze stehen,
Für dem Wetter frey vnd loß:
Donner, Blitz vnd harter Schloß
Sol bey ihr fürüber gehen.

Die Regenten dieser Welt,
Vnd ein vnverzagter Held
Der sich ritterlich geschlagen
Vnter seiner Feinde Schar,
Sol vmb sein sieghafftes Haar
Diese frische Zweige tragen.

Herd' vnd Hirten sollen dir
Lassen deine grüne Zier:
Hier soll frey von andern Dingen
Nympf vnd Göttin jhre Zeit
Lustig vnd in Frôligkeit,
O du edler Baum, verbringen.

Der Nymfen vnd Hirten Tantz vmb den Baum.

O Schöne Nymfe frewe dich,
Dein Leib der vor besorgte sich
Für Liebes-vbelthätern,
Nach dem er Laub vnd Schatten giebt
So wird der schöne Baum geliebt
Von Menschen vnd von Göttern.

Kein Blitz ist der dein Kleid zerbricht,
Du achtest keinen Regen nicht,
Blühst stets mit grünen Haaren,
Legst nimmer von dir deine Zier,

Bekräntzest grosse Fürsten hier,
Vnd auch der Götter scharen.

Nun wachse fort als wie du thust
Geneuß mit frewden deiner Lust,
Vnd deiner schönen Gaben.
Wir aber, wo ja Amors Pfeil
Vns auch wird geben vnser theil
Wolln jhn in ehren haben.

Vnd trügen wir dann Liebesgunst,
Laß vnsrer Augen trewe Brunst
Der Liebsten Sinn durchdringen;
Laß vnsers guten Hertzens Pflicht
Wie Eyß daß von der Sonnen bricht
Ihr hartes Hertze zwingen.

Wo aber es sich auch begiebt
Daß über Vntrew sich betrübt,
Die vns liebt je auff Erden,
So laß diß vnser Haar allhier
An stat des Lorberbawmes Zier
In Hew verwandelt werden.

Nun grüne fort, vnd mit dir auch
Der vberedle Rautenstrauch,
Der vns erhelt das Leben;
Der Himmel laß jhn seine Frucht,
Die manches krancke Land jetzt sucht,
Von Zeit zu Zeiten geben.

Nimb zu vnd wachse für vnd für,
O Rautenstrauch der Felder Zier,
Für dem die Schlangen fliehen
Der böse Lust vnd Schmertzen stillt,
Für dessen Krafft kein Gifft was gilt,
Vnd kan vns nicht durchziehen.

Nimb zu vnd wachse für vnd für,
Vnd deine Zweige neben dir,
Die alle Schönheit zieret:
Von denen einer sich jetzt giebt
Dem Löwen der jhn hertzlich liebt,
Vnd hin in Hessen führet.

O schöner Frühling frewe dich,
Der Blumen Lust erhebe sich,
Die Vögel müssen singen:

Der Zweig so dich, O Löw, ergetzt,
Den Venus in dein Land versetzt,
Wird newe Zweige bringen.

Wir sehen schon wie nach der Zeit,
Wann Jupiter den harten streit
Durch Deutschland noch wird stillen,
Wir sehen wie der Rauten Zier
Mit grüner Lust wird für vnd für
Feld, Berg vnd Thal erfüllen.

Andreas Gryphius.

Geboren 1616, starb 1664.

ANDREAE GRYPHII
CARDENIO
und
CELINDE.
Oder
Unglücklich Verliebte.
Trauer-Spiel.

Großgünstiger und Hochgeehrter Leser.

Als ich von Straßburg zurück in Niederland gelanget, und zu Amsterdam bequemer Winde nacher Deutschland erwartet; hat eine sehr werthe Gesellschafft etlicher auch hohen Standes Freunde, mit welchen ich theils vor wenig Jahren zu Leiden, theils auf unterschiedenen Reisen in Kundschafft gerathen, mich zu einem Panquet, welches sie mir zu Ehren angestellet, gebeten. Als bey selbtem, nach allerhand zugelassener Kurtzweilen, man endlich auf Erzehlung unterschiedener Zufälle gerathen, und damit einen ziemlichen Theil der Nacht verzehret, hab ich mich entschlossen Abschied zu nehmen, und in mein damahliges Wirthshauß zu eilen.

Wolgedachte meine Liebesten wolten, was ich auch bitten oder einwenden möchte, nicht unterlassen mich biß nach Hause, durch die so weite Stadt zu begleiten, und geriethen, so bald sie auf die Gassen kommen, wider auf ihr voriges Geschicht-Gespräch, dabey mir auf ihr Anhalten Anlaß gegeben, den Verlauff dieser zwey unglücklich Verliebeten zu erzehlen. Die Einsamkeit der Nacht, die langen Wege, der Sarg uber den einen Kirch-Hof und andere Umstånde machten sie so begierig auffzumercken. Als fremde ihnen dieses des Cardenio Begebnis, welche man mir in Italien vor eine wahrhaffte Geschicht mitgetheilet, vorkommen; daß sie auch nachdem ich mein Reden geendet, von mir begehren wollen ihnen den gantzen Verlauff schrifftlich mitzutheilen. Ich der nach vielem Abschlagen mich überreden lassen, Freunden zu Gefallen eine Thorheit zu begehen, hab endlich versprochen, ihnen, wie in andern Begnügungen, also auch mit dieser nicht zu entfallen, bin aber doch bald anderer Meynung worden, und habe stat einer begehrten Geschicht-Beschreibung gegenwärtiges Trauer-Spiel auffgesetzet, bey welchem ich (weil es durch vieler Hånde gehen, und manch scharffes Urtheil ausstehen wird) eines und andere nothwendig erinern muß. Zu förderst aber wisse der Leser, daß es Freunden zu Gefallen geschrieben; welche die Geschicht sonder Poetische Erfindungen begehret!

Die Personen so eingeführet sind fast zu niedrig vor ein Trauerspiel, doch hätte ich diesem Mangel leicht abhelffen können, wenn ich der Historien (die ich sonderlich zu behalten gesonnen) etwas zu nahe treten wollen. Die Art zu reden ist gleichfalls nicht viel über die gemeine, ohn daß hin und wider etliche hitzige und stechende Wort mit unterlauffen, welche aber den Personen, so hier entweder nicht klug, oder doch verliebet, zu gut zu halten.

Was nun in obererzehlten Stücken abgehet, wird wie ich verhoff der schreckliche Trauer-Spiegel, welcher beyden Verliebeten vorgestellet, wie auch des Cardenio verwirretes Leben, genugsam ersetzen.

Mein Vorsatz ist zweyerley Liebe: Eine keusche, sitsame und doch inbrünstige in Olympien: Eine rasende, tolle und verzweifflende in Celinden, abzubilden. Wo ich diesen Zweck erreicht, hab ich was ich begehret; wo nicht, so wird doch der Vorsatz dem Leser zu dienen Entschuldigung und Genade finden. Mit einem Wort, man wird hierinnen als in einem kurtzen Begriff, alle diese Eitelkeiten in welche die verirrete Jugend gerathen mag erblicken.

Cardenio suchet was er nicht finden kan und nicht suchen solte. Lysander bauet seine Liebe auf einen so unredlichen als gefährlichen Grund, welches gar übel ausschlägt; biß seine Fehler von Vernunfft, Tugend und Verstand ersetzet werden. Olympie schwebet in steten Schmertzen; biß sie bloß nach der Ehre als dem einigen Zweck zielet. Tyche giebet Anschläge zu einer verfluchten Zauberey, und wil Liebe erwecken durch den Stiffter des Hasses und den Geist der Zweytracht. Ihr Mittel daß sie vorschlägt ist so abscheulich als boßhafft: Gleichwol weiß ich daß eine Person hohen Standes in Italien ein weit thörichter Werck versuchet. Und welches Land ist von solchen Händeln reine?

Inhalt des Trauer-Spiels.

Cardenio, welcher in Olympien verliebet, entschleust sich Lysandern ihren Ehe-Gemahl, der durch eine unbillige List ihre Heyrath erlanget, zu ermorden, Bononien zu verlassen, und sich nach Toledo in sein Vaterland zu begeben. Celinde von Cardenio verlassen, und von seinem Abschied verwitziget, suchet allerhand, auch endlich zauberische Mittel ihn in ihrer Liebe fest zu halten. Beyde aber werden durch ein abscheuliches Gesicht von ihrem Vorsatz abgeschrecket, und durch Betrachtung des Todes von ihrer Liebe entbunden.

Das Trauer-Spiel beginnet wenig Stunden vor Abends, währet durch die Nacht, und endet sich mit dem Anfang des folgenden Tages.

Der Schauplatz ist Bononien, die Mutter der Wissenschafften und freyen Künste.

Personen des Trauer-Spiels.

Cardenio. Verliebet in Olympien.
Pamphilius. Sein geheimer Freund.
Olympia. Lysanders Gemahl.
Lysander. Vor diesem Cardenio Neben-Buhl, nun Olympiens Ehe-Gemahl.
Viren. Olympiens Bruder.
Celinde. Ein Fräulein in Cardenio verliebet.
Silvia. Ihre Stat-Jungfrau.
Tyche. Eine Zauberin.
Cleon. Sacristain oder Kirchen-Bewahrer.
Diener des Cardenio.
Storax } Lysanders Diener.
Dorus. }
Ein Geist in Gestallt Marcellens.
Ein Geist in Gestallt Olympiens.

Die Reyhen sind der Bononiensischen Jugend, wie auch der Jahr-Zeiten, der Zeit und des Menschen.

Die erste Abhandlung.

Cardenio. Pamphilius.

Der Schau-Platz bildet Cardenii Gemach ab.

Pamphil.

So ist der Vorsatz denn durch keine Macht zu wenden?

Carden.

Man halte mich nicht mehr in den verfluchten Enden:
Da ich in schnöder Lust, in toller Eitelkeit,
Und grimmer Angst verthan die beste Lebens-Zeit.
Wol dem, der nicht wie ich den Fuß hieher gesetzet;
Dem kein verfälschter Wahn den blinden Geist verletzet,
Dem vor die Weißheit nie ein thöricht Weib beliebt,
Der mir den hohen Sinn durch herbe Lust betrübt.
Wer war ich als an mir, sich mein Geschlecht erquickte?
Als mich ein Feind voll Neid nicht ohne Furcht anblickte?
Als die gelehrte Stadt mich mit Entsetzung hört!
Und meine Feder gleich der grossen Klingen ehrt.
Wer bin ich leyder! nun! ein Schimpf der alten Ahnen!
Ein Spott des nechsten Bluts: Was sind die Sieges-Fahnen
Die ich allhier erjagt: als immer neue Schmach!
Ein niemal friedlich Hertz und täglich wachsend Ach!
Viel besser wenn ich mich in gantzen Stahl beschlossen,
Und vor das Vaterland das frische Blut vergossen;
Viel besser wenn ich mich durch Thetis Schaum gewagt;
Und auf der wüsten See ein wüster Land erjagt.
Ich hätt mit mehr Ruhm Hand an den Pflug geschlagen;
Und dieses Feld gebaut das mich umsonst getragen.
Ja vor der fremden Thür ein schimmlend Brodt begehrt,
Als hier mit Zeit und Gut die einig Ehr verzehrt.

Abe denn Stadt die ich mir zum Verderb geschauet.
Und du, dem ich mich selbst bey manchem Fall vertrauet,
Nimm doch mein letztes an: Die Rechnung ist gemacht;
Die Segel sind gespannt; Ich scheide, gute Nacht!

Pamphil.

Du scheidest zwar von hier: doch nicht aus meinem Hertzen
Dem nichts dich rauben wird; doch laß mir deiner Schmertzen
Nicht falsches Denckmal zu! und gönne mir zu letzt,
Die Nachricht, wie du hier die Jugend auffgesetzt.

Carden.

Die Nachricht, wie ich hier in Wahnwitz mich verwirret:
Wie fern ich von dem Pfad der Tugend ausgeirret?
Wol! wol! geschieht es zwar nicht sonder meine Pein!
So muß es dennoch dir ein Warnungs-Spiegel seyn!
Ich zehlte (wo mir recht) die zweymal eilften Aehren,
Als mich der Eltern Rath nach embsigen Begehren,
An diesen Ort verschickt, durch unerschöpfften Fleiß
Zu kauffen Wissenschaft und nicht geschminckten Preiß
Durchaus gegründter Lehr! Ach freilich wol gemeinet!
Doch wie wenn uns zu Nacht ein falsches Irrlicht scheinet:
Man offt den Weg verläst und in die Täuffen fällt,
In welchen man versinckt. So ists mit mir bestellt.
Zwar erstlich! weiß ich nichts als von berühmten Sachen
Die Menschen, trotz der Grufft, unsterblich können machen,
Dafern Diane kam; gieng Phoebus über mir;
Sie funden bey mir nichts denn köstliche Papier!
Ich lehrt und ward gelehrt; und klüger vor den Jahren,
Manch greisser Bart erstarrt ob meinen gelben Haren,
Auch muntert ich den Leib zu allen Künsten auf,
Sprang auf ein hurtig Pferd, begab mich in den Lauff,
Begriff das Lauten-Spiel, gewohnte frisch zu singen,
Bewegte mich im Tantz, verstund die Art zu ringen;
Und (wo ich von mir selbst die Warheit melden kan)
Der Degen stand mir gleich der leichten Feder an.

Pamphil.

Ich hab es mehr denn offt gesehn und rühmen hören.

Carden.

Ach leider! diesen Ruhm den ließ ich mich bethören.
Du triffst den rechten Zweck! der Dünckel nam mich ein!
Ich glaubt es könte mir kaum einer gleiche seyn.
Diß war die erste Bahn die mich von gutem führte.
Das war die erste Gifft die meine Sinnen rührte.

Kam jemand mir die quer und gab sich etwa bloß:
So war die Faust bereit, so gieng die Klinge loß.
Hiedurch ward allgemach mein irrend Ehre kräncker,
Man hieß mich hier und dar den unverzagten Zäncker;
Ich selbst nam in der Brunst mein Laster nicht in acht
Biß mich mein eigen Sinn auf neue Sprünge bracht.
Biß hieher war ich frey und hatte nichts geliebet:
Doch daß mir diese Pein die Sinnen nie betrübet,
Kam nicht von Tugend her. Weil mich der Wahn verkehrt,
Schätzt ich aus Uebermuth, nicht eine, meiner werth.
Biß ich das Wunder-Bild Olympien beschauet:
Die mich vor dem ergetzt, ob der mir jetzund grauet,
Die als ein Wirbelwind mich hin und her gerückt,
Und mein zerscheitert Schiff in langem Sturm zustückt.
Ich sah sie und entbrand! sie fühlte neue Flammen!
Kurtz: Ihr und mein Gemüth die stimmten wol zusammen.
Mein Wahn, mein eigen Sinn, verlohr sich allgemach:
Und meine Wilde-Art gab ihren Sitten nach.

Pamphil.

Die Liebe, wenn sie wil, verrichtet Wunder-Sachen:
Und kan die Wilden zahm, die Feigen kühne machen,
Sie meistert unsern Geist, und mustert den Verstand
Sie schärft den blöden Sinn, und starckt die schwache Hand,

Carden.

Wir waren gleich am Stand, wir waren eins von Sinnen.

Pamphil.

Kein ander Heyrath-Gut hab ich je schätzen können.

Carden.

Ihr tapfferes Geschlecht gab meinem nichts bevor,
So daß ich sie zur Braut, nach ihrem Wunsch, erkohr.
Ich ließ, als sie es stimmt, den schönsten Vater grüssen:
Und ihn von dieser Lieb' und treuem Anschlag wissen.
Er, wie mir kurtz hernach durch einen Freund entdeckt:
Ward von der Heyrath durch mein Rasen abgeschreckt.
Ihn, sprach er, kenn ich wol: Sein Stamm ist sonder Tadel.
Die hohe Wissenschafft vergrössert seinen Adel,
Die Tugend, der Verstand steht seiner Jugend an!
Er ist ein solcher Mensch als jemand wündschen kan.
Doch die zu freye Faust verdunckelt alle Sachen;
Die ihn in jeder Aug und Ohren herrlich machen,
Verzagten bin ich feind, und weiß der Ehre Ziel.
Jedoch Cardenio thut leider was zu viel!

Wolt ich Olympien ihm gleich von Hertzen geben!
Bald wagt er sich zu frech und bringt sich um sein Leben!
So ist sie sonder Eh: Vielleicht auch sonder Ehr.
Rennt er den andre tod; so schmertzt es noch vielmehr.
Fast ihn der Richter nicht: so muß er flüchtig bleiben
Und mir die Zeit in Angst und Bitterkeit vertreiben!
Drum besser was zu früh als gar zu spät beklagt,
Man meld ihm daß ich schon Olympien versagt.
Pamphil. O mehr denn herber Schluß! Carden. Schluß der mit tausend Thränen,
Schluß der mit tausend Angst und unerschöpfftem Sehnen
Uns beiderseits betraurt. Ward ich hierdurch verführt:
So ward Olympie wol lebendig gerührt!
Wie (schry sie) bin ich denn, auch eh' ichs weiß, versprochen'
Kan diß ein Vater-Hertz! ist alle Treu gebrochen,
Gilt keine Liebe mehr! schlägt er sein werthes Kind,
Und dessen Wolfahrt denn so unbedacht in Wind?
Wer ists denn der mich kriegt: Werd ich auch lieben können:
Den der um meine Gunst kein Wort mir dörffen gönnen!
Bin ich so unversehns und als im Traum versagt:
Nicht als ein freyes Kind, als ein erkauffte Magd?
Diß sprach sie und noch mehr; sie bat voll heisser Schmertzen,
Setzt mich Cardenio, setzt mich nicht aus dem Hertzen:
Wer weiß wo Zeit und Freund und Gott ein Mittel findt,
Das mich mir wieder giebt und gantz mit euch verbindt.
Wir schwuren denn auffs neu' einander keusche Treue:
In äusserster geheim ich gieng mit etwas Scheue
Vor ihrem Fenster um, und nicht als wenn die Nacht
Der Himmels-Fackeln Heer in ihre Reyhen bracht.
Ein unbefleckt Gespräch war diß was uns ergetzte.
Schau aber wie auch hier mein Unglück mich verletzte:
Der Jungfrau Bruder gab auf mein Besuchen acht,
Und zog die reine Lieb' in schändlichen Verdacht.
Diane sah' herab mit gantzem Angesichte,
Als er mich überfiel; die Nacht ist was zu lichte,
Rieff er, Cardenio zu deiner Missethat.
Ist mir der Weg nicht frey? Dir steht die weite Stadt
Gantz offen: Meide nur die, meiner Eltern, Gassen.
Und solt ich mir von dir die Bahn verbieten lassen?
Er auf das Wort-Gefecht griff mich mit Eisen an.
Ich wich gleich einem der den Arm nicht regen kan.
Der Schwester Liebe stieß mich jeden Tritt zurücke:

Er schriebs der Zagheit zu, und schertzte mit dem Glücke,
Wol! fleucht der alte Trotz! diß Wort war mir zu schwer,
Ich trat ihm auf den Leib und stieß die leichte Wehr
Recht unter seine Brust. Er sanck ich must entweichen,
Indem sein weinend Hauß ihn, gleich entseelten Leichen;
Aus seinem Blut auffhub, und Artzt und Balsam sucht
Indem Olympie den rauhen Unfall flucht.

Pamphil.

Diß Schwerdt hat wie ich mein' der Liebe Band zerhauen,

Carden.

Wir Menschen irren stets. Wo wir uns sicher trauen,
Sinckt unser Schiff in Grund. Wenn mans verlohren hält.
Hat das Verhängniß offt das beste Glück bestellt.
Denn als Biren ermahnt den Stoß an mir zu rächen,
Begunt er: er wolt ehr selbst seiner Zeit abbrechen;
Als dem zuwider seyn, der, was er frech begehrt,
Ihm langsam, und getrotzt, hätt' ohne List gewehrt.
Was sag ich? er war kaum zu ersten Kräfften kommen,
Die Feindschafft, wie mans nennt, ward freundlich unternommen,
Er ändert allen Haß in unverfälschte Gunst.
Und wünscht Olympien werth meiner keuschen Brunst.

Pamph.

So bricht die Sonn hervor nach rauhen Donnerschlägen,
Und dem mit Himmel-Feur und Schloß vermischten Regen.

Carden.

Sie brach uns freylich vor, doch wie sie schöner steht
Im fall der Tag verkürtzt und sie zu rasten geht,
Und schwartzen Nächten rufft. So lieff die schönste Wonne
In höchste Trübsal aus. Sie meine Seelen-Sonne,
Hätt' ander Hertzen auch in heissen Brand gesetzt,
Die sich unwissend ihr an ihrem Glantz verletzt.
Doch keiner war so kühn sein Angst ihr zu entdecken:
Und jeder fand vor sich was mächtig ihn zu schrecken.
Lysander nahm allein ein seltzam Mittel vor,
Und kauffte durch viel Gold der Kammer-Jungfer Ohr.
Die (o Verräther-Stück!) ihn in das Ruhe-Zimmer
Der keuschen Seele führt. Und (was unendlich schlimmer)
Sich gantz unwissend hielt. Wie nun die Nacht anbrach,
Und mein Olympie besucht ihr Schlaff-Gemach,
Und der Versteckte sich sie anzusprechen wittert.
Und ihr zu Fusse fällt; erstarrt sie und erzittert,
Und als das Schrecken ihr dem Athem wiedergiebt,

Rennt sie hell schreyend fort; Lysander laufft betrübt
Ob diesem Mißschlag durch: wird heimlich ausgelassen,
Durch die mit schuldig war. Er hatte schon die Gassen,
Als das entweckte Hauß sich ob der That bewegt,
Und mit Gericht und Licht durch alle Kammern regt.
Olympe die nicht recht bey Nacht den Feind erkennet:
Hat als sie ward befragt aus Argwohn mich genennet,
Die Meynung ward verstärckt, weil man mich ziemlich nah
Und bey noch offner Thür die Straß abwandeln sah.
Man hielt mich eilends fest, mir ward die That verwiesen.
Viren der anderwerts so trefflich mich gepriesen,
Zog diesen Schimpff zu Muth, und eiferte behertzt
Daß ich sein Hauß und Stamm und Schwester so geschertzt.
Ich wand mein Unschuld vor, die man nicht hören wolte.
Weil der Beweiß zu viel nach ihrer Meinung golte.
Biß daß nach hartem Sturm, die Sorgen volle Nacht,
In Kummer, Unlust, Angst und Schwermuth durchgebracht.
Und der betrübte Tag uns all' aufs neue quälte,
Mich der Olympens Ehr vor gantz verlohren zehlte;
Die Eltern die im Zorn sich über mich erhitzt:
Und den Verräther selbst den sein Gewissen ritzt,
Olympiens Geschlecht trat bey dem Fall zusammen:
Die meisten suchten mich aus Eifer zu verdammen.
Die minder Anzahl doch gestützt durch mehr Verstand
Schlug besser Mittel vor und schloß daß meine Schand
Dem Ruhm Olympiens zu nahe lauffen könte.
Nichts besser denn: Als daß man mir die Jungfrau gönte.
Und dämpffte den zu weit ausbrechenden Verdacht.
Der Meinung fiel man bey: Es ward an mich gebracht,
Pamphil. Diß gieng nach deinem Wundsch. Carden. Es gieng hier gantz verkehrt.
Aus Eifer hasst ich jetzt, was Lieb und Treu begehret.
Ich sagt es klar heraus: Ich hätte sie geehrt
Als ihre Keuschheit nicht durch solchen Fall versehrt
Ich hätte sie geliebt: Als ich ihr nur behaget
Jetzt nun sie fremde selbst ins Schlaff-Gemach vertaget.
Acht ich mich was zu hoch vor eines andern Rest.
Ich stellte Zeugen auf, die Sonnen-klar befest;
Daß ich um selbte Stund' als mir Viren begegnet
Geschieden von Panquet und nüchtern sie gesegnet.
Daß weil bey ihnen Tag und Abend ich verzehrt;
Nicht möglich, daß durch List ich heimlich eingekehrt,

In ein verwahrtes Hauß das allerseits beschlossen.
Wenn schon bey später Nacht die Rigel vorgeschossen!
Siezeugten! ich verfuhr. Der Vater ward bestürtzt
Und hätt aus Hertzeleid schier seine Zeit verkürzt;
Als auch Olympie die er auff schärff'st ausfragte
Jhm um die Füsse fiel und naß von Thänen klagte:
Sie hätt in Furcht und Eil sich nicht recht umgeschaut
Und aus Vermuthung nur die That mir zugetraut.

Pamphil.

O wahres Ebenbild durchaus vermischter Dinge!
Wie ein erhitztes Roß durch ungewohnte Sprünge,
Den Ritter mit sich reißt: Und führt nicht wie er will,
So zeucht der Himmel uns von dem auf jenes Ziel.

Carden.

Als nun durch diesen Sturm das Wasser recht getrübet:
Gibt sich Lysander an; streicht aus wie er geliebet,
Entdeckt auch seine Schuld und bittet zu der Eh,
Die durch sein freveln ist gestürtzt in höchstes Weh.
Nichts daß mehr unwerth sey, als Jungfern die die Zungen
Des unbedachten Volcks begeyfert und beschwungen.
Der Vater schlägt sie zu. Sie die in Haß entbrannt
Giebt bloß, nur mir zu Trotz, Lysandern ihre Hand,
Lysandern auf den sie aus heisser Rach erzittert;
Und mir zu Trotz! weil sie mein Abschlag höchst erbittert.

Pamphil.

Und so verkaufft sie sich in ungeheure Noth.

Carden.

Und mich noch zehnfach mehr in den gewissen Tod.
Gedenke wie die Seel' in Reu und Angst gebrennet;
Als ich ihr Unschuld und Lysanders Trug erkennet.
Wie ich den Eifer=Sinn, wir ich den Tag verflucht:
Da ich so frech verschmäht was ich so steiff gesucht.
Ich fand Gelegenheit, doch nur zu meinen Schmertzen.
Da ich Olympien aus hochbetrübtem Hertzen
Tieff um Verzeihung bat, und, ob sie unbewegt.
Mir lange widerstund; in neue Bande legt.
Wir trugen beiderseits Mitleiden mit einander:
Und liebten mehr als vor. Wir schrieben dem Lysander
Und dem Verhängniß zu was sie und mich getrennt:
Und wündschten seiner Lieb ein so erschrecklich End
Als falsch der Anfang war! schau wie das Glücke spiele:
In dem ich in dem Wahn gantz neu Erquickung fühle
Und lesch in höchster Gunst Lysanders Hoffnung aus:

Schreibt mir mein Vater zu und fordert mich nach Hauß,
Theils weil sein alter Leib durch Seuchen hart beschweret,
Theils weil er um Geschäfft' ans Königs Hof begehret;
Wie rett' ich beyde nun! Er will getröstet seyn:
Hier wünscht Olympe sich entbrochen ihrer Pein.
Er bittet: Sie noch mehr! doch auf sein fünfftes Schreiben:
Schwer ich Olympien unendlich treu zu bleiben,
Und eh der zweyte Mond würd um denn Himmel gehn.
Schwer ich vor ihrem Aug ohn alles falsch zu stehn.
Ich schwere durch Papier sie wochentlich zu ehren;
Und sie von meiner Reiß und Wiederkunfft zu lehren:
Und mache mich von hier! ach! was ein Mensch gedacht;
Steht; was er immer thut doch nicht in seiner Macht!
Ich komme glücklich fort, des Vaters Seuche schwindet,
Indem er mich gesund in seinen Armen findet:
Der Hof steht seine Bitt' auf mein Ersuchen zu,
Ich setz in kurtzer Zeit mein gantzes Hauß in Ruh,
Hier kehr ich alles um. Ich schick unzehlig Schreiben.
Die leider auf der Post gehemmt und liegen bleiben:
Olympie die gantz nichts von mir wissen kann;
Klagt meinen Wanckelmuth und doppelt Untreu an.
Mich, der kein Antwort könt' auf alle Brief empfangen;
Legt Kummer und Verdacht und Fieber-Hitz gefangen.
Doch richt ich mich zuletzt von meinem Siechbett auff,
Und mache, noch nicht recht erquickt, mich auff den Lauff.
Ach leider! viel zu spät. Alsbald ich an war kommen,
Und nach Olympien und meinem Heil vernommen,
Erfahr ich daß nunmehr Lysander sie ergetzt:
Ja daß ihr Heyraths-Tag bestimmt und angesetzt.
Ich hielts vor Phantasey. Biß mir ein Freund erzehlet:
Es hab Olympie sich lange Zeit gequälet,
Ob meinem Aussenseyn. Daß keinerley Bericht,
Kein Schreiben je ersetzt: Lysanders Angesicht.
Wär ihr zwar wie vorhin unangenehm gewesen!
Lysander hätte selbst aus ihrer Stirn gelesen
Sein Ungunst, ihren Haß! auch hätt er sich betrübt,
Daß er aus Unvernunfft so freventlich geliebt,
Und unbedacht gesucht was er erbitten sollen:
Doch hab er sich selb selbst auffs höchste zwingen wollen.
Zu der Verlobten Dienst: Die letzlich ihn beklagt,
Daß er sein Glück um sie, die ihm doch feind, gewagt,
Sie hätte die Geduld Lysanders müssen loben,
Und allgemach mich gantz aus ihrem Sinn verschoben:

Lysander hätte diß genommen stracks in acht,
Und ihr mitleidend seyn zu höchster Liebe bracht,
Sie wären denn nun zwey, doch zwey mit einem Hertzen,
Und felte wenig Zeit zu ihren Hochzeit-Kertzen.
Ich nahm die rauhe Post mit solchem Schrecken an;
Als kein verdammter Mensch sein Urtheil hören kan.
Noch unterließ ich nichts (wie kurtz die Zeit) zu wagen,
Ich sucht ihr meine Treu durch Schrifften vorzutragen.
Sie nam kein Schreiben mehr, und schickt auffs letzte mir,
Statt Antwort ein verwahrt doch ledig Blat Papier.
Ich ließ mich, als ein Weib, durch meine Freund anlegen:
Und trat ihr ins Gesicht auf öffentlichen Wegen;
Und zog mein Unschuld an, sie wegerte Gehör,
Und nahms als stünd ich ihr nach ihrer reinen Ehr.
Der Himmel, sprach sie, hat mir eine Seel gegeben,
Ich bin Lysanders Braut, Cardenio mag leben,
Der Himmel hat von ihm mich gäntzlich abgeschreckt:
Der mir sein falsches Hertz zum zweytenmahl entdeckt.
Mit diesem ging sie durch: Und ließ mich sonder Sinnen,
Wie wenn in Sterbens-Angst die Geister uns zerinnen.
Mein Fieber griff mich an und hielt mich im Gemach,
Biß daß ihr Heurath-Fest (O trüber Tag anbrach!
Da hab ich mich erkühnt mit dreymal drey Gesellen,
Bey ihrem Lust-Panquet ein Tantzen anzustellen,
Wir traten in den Saal in schwartzer Trauer-Pracht,
Verhüllt und gantz vermummt: Ich sprang in solcher Tracht
Wie der verliebte Printz: der den Verstand verlohren,
Als seine Lust vor ihm den Medor auserkohren.
Lysander der uns nicht in dieser Volck erkannt,
Danckt uns mit höchster Ehr. Olympie entbrannt'
Vor Ungeduld und scham. Und ließ sich doch nicht mercken,
Um meine Hoffnung nicht durch ihr Gesicht zu stärcken.
Celinde hat allein ich weiß nicht was erblickt.
Dadurch sie mich entdeckt, sie schaute mich entzückt
Mit heissen Seufftzen an, die fruchtloß abgegangen,
Weil mich Olympie noch gar zu fest gefangen.

Pamphil.

Olympie die schon Lysanders eigen war?

Carden.

Die Liebe wächst in Noth und stärckt sich durch Gefahr.
Und wünscht, durch was nicht ist, und unerhörte Sachen
Und nie gebahnte Weg' ihr Anschläg auszumachen.
Lysanders Hochzeit-Feur war schon in Asch verkehrt,

Doch meine Flamme nicht die heimlich mich verzehrt.
Ich dacht auf neue Stück, und als er einst verreiset:
Hat ein erkauffte Magd mich in sein Hauß geweiset,
Ich kam denn als ein Weib die Frücht und Aepffel trägt
Als sich Olympie zur Mittags=Ruh gelegt.
Es war gleich eins bey ihr, erblicken und erkennen:
Ich sah ihr Angesicht vor Zorn und Zittern brennen,
Und eh' ich reden kont' ach! sprach sie! ach zu viel
Zu viel Cardenio! ein Ende mit dem Spiel!
Ich bin von Edlem Stamm; bin unbefleckt gebohren;
Und wie du weist, zu Ehr und keuscher Eh' erkohren.
Die drey verbieten mir dich ferner anzusehn:
Cardenio von hier! ist nicht zu viel geschehn,
Daß du mein Hochzeit=Fest mit dem verstellten Rasen
Ohn alle Scheu entweyht: Und Funcken auffgeblasen,
Die, wenn mein Sitsam seyn, mit schweigen nicht bedeckt,
Ein unauslesch/lich Feur in Haus und Haus entsteckt.
Cardenio von hier: Wo nicht so magst du wissen:
Daß man dir auf mein Wort wird beide Lichter schliessen.
Von hier, und glaube diß, daß die dich ehrlich liebt;
Die jetzt dich tödten kan, und dir das Leben gibt,
Wie? Sprach ich, laß ich mir mein Rasen hier verweisen,
Da man um Langmuth mich, wo nach Vernunfft, sol preisen
Laß ich Olympien in dieses Räubers Hand,
Der sie durch List erhält, der nie was Lieb erkant.
Hat meine lange Treu so rau' Ade verdi.net?
Ich ras' Olympie! Ich habe mich erkühnet?
Zu einem Trauer=Spiel! ich komm in dein Gesicht,
(Ade Olympie) von dieser Stund' an nicht,
Als mit Lysanders Blut und meinem Blut geziehret
So sprach ich; und lieff stracks wo mich mein Sinn hinführet,
Schloß auch denselben Tag zu enden meine Noth,
Zu dämpffen meine Lieb' ins Feindes Blut und Tod.

Pamphil.

Doch ward der rauhe Schluß nicht schleunig fortgesetzet.

Carden.

Weil das Verhängnis mich mit neuer Glut verletzet.
Ich hat aus jener Hof kaum heimwarts mich gekehrt
Als von Celinden mir ein Schreiben ward gewehrt.
Die bat, daß ich bey ihr wolt eine Nymfe schauen;
Die mir ein wichtig Stück gesonnen zu vertrauen.
Ich, als ich ihren Brief in etwas nachgedacht,
Begab mich bey ihr Haus nicht viel " Mitternacht.

Ich hört' um ihre Thür Viol' und Lauten klingen
Doch mehr zu Schimpff' als Ehr', ich hört ein Liedlein singen
Von ihrem Wanckelmuth, das gieng mir bitter ein,
Ich fiel den Hauffen an, schlug mit dem Eisen drein.
Sie setzten sich zu Wehr. Und musten doch erliegen.
Man sah Pandor und Hut, und Kling' und Harffe fliegen.
Biß ich, und unverletzt, die Thür allein einnam
Da mir Celinde selbst erschreckt entgegen kam.
Sie danckte, daß ich sie bey dieser Zeit ersuchte:
Daß ich die Schaar verjagt: Die ihrer Tugend fluchte
Und ihren Ruhm verletzt, (wo dieß ein Schmach-Lied kan):
Und bot zur Danckbarkeit sich mir zu eigen an.
Wir traten ins Gemach, da keine sonst zu finden:
Celind' umfing mich und vertraute mir Celinden!
Entdeckt ihr heisse Lieb' und wündscht sie möchte mein
Vor viel Olympien und strenge Buhlen seyn.
Ich schied eh Titan kam die Sternen zu verschliessen.
Als ich den Tag hernach sie wolt' auffs neu begrüssen;
Kam sie mir schöner vor und freyer denn vorhin:
Und fieng halb seufftzend an. Cardenio ich bin,
Ich bin, Cardenio, die nur durch ihn kan leben:
Und die sich selbst vor ihn wolt' in die Flammen geben,
Doch wil er meiner Lieb' ohn Leiden theilhafft seyn:
So lern' er wer ich sey, und geh den Rathschlag ein.
Ich, die von alten Stamm' und edlen Blut gebohren:
Hab Eltern in den Glantz der ersten Zeit verlohren.
Bin durch nicht treue Freund' um meiner Mutter Pracht,
Und um des Vatern Gut durch Anverwandte bracht.
Krieg, Mangel, Haß und Noth hat mich so weit gerissen:
Daß ich der Keuschheit Blum zuletzt auffsetzen müssen.
Zwar einem, der durch Gold und Ansehn mich besprang,
Doch durch nicht minder Lieb in dieses Hertze drang,
Und einig mich betrübt: Auch wär ich ihm vermählet,
Wenn er nicht zimlich jung den Ritter-Stand erwählet,
Der ihm die Eh verbeut. Er hält mich noch allhier
Mit höchsten Kosten auf, und schicket für und für,
Was zu ersinnen ist. Sein übergroß Vermögen.
Kehrt in die Zimmer ein! wo nun ihm nicht entgegen
Cardenio, daß ich dem zum Gebote steh,
Der uns so prächtig nährt, so leb ich sonder Weh,
Zwar von Marcellus Gut, doch lieb ich ihn alleine,
Card[illegible] mein Licht: Den ich auf ewig meyne!
Sie schloß mit [illegible] Kuß! und ich gab alles nach,

So schwimmt der Ulmen-Baum wenn ihn die strenge Bach
Aus seinem Grunde reist. So fiel ich mit Celinden,
Durch Reitzen schnöder Lust in vor verhaßte Sünden,
Ich der ein keusches Bild so Eifer-voll geliebt,
Ward durch befleckte Gunst in heisser Brunst betrübt.

Pamph.

Ich zitter! ists Marcell der unlängst um ist kommen?

Carden.

Ja freylich; hör itzt an wie ihm der Geist benommen;
Hör itzt den fremden Fall, den ausser mir kein Mann,
Umständlich (wer er auch), vor Augen stellen kan.
Wir zwey, Celind' und ich, erbrant in gleichen Flammen:
Verfügten uns zwar offt doch sehr verdeckt zusammen,
Und wären Zweiffels ohn noch lange nicht erwischt,
Wenn nicht mein Unverstand Marcellus Geist erfrischt.
Mich daucht es nicht genung daß mich Celind' erwählet:
Wenn ich nicht dieses Glück den Wäldern hätt' erzehlet,
Und in Gedichte bracht die sie mit Anmuth sang,
Wenn die geschickte Faust auf ihrer Laut' umsprang,
Hier rührt sein Unfall her, denn als er einmahl kommen
Und in Celindes Hand ein lang Papier vernommen,
Beschwärzt durch meine Brunst, erstarrt er und begehrt
Zu wissen, welcher ihr so heissen Brief gewährt.
Sie gibt zwar lachend vor doch zitternd im Gewissen.
Sie hätt es Sylvien nechst aus der Faust gerissen.
Er zweiffelt, und verbarg den Eyfer der ihn nagt,
Und noch dieselbte Stund aus ihrer Wohnung jagt.
Kaum war Marcellus fort als ich bey ihr erschienen.
Er wollte sich der Zeit zu seiner Spur bedienen,
Und wie ich noch nicht recht beschritten ihr Gemach,
Kommt er von Zorn erhitzt mir auf der Fersen nach.
Hilff Gott! wie haben wir uns alle drey befunden.
Die Zungen waren uns von Grimm und Furcht gebunden.
Er fiel Celinden an, die Alabaster bleich,
Und plötzlich ward gefärbt durch seinen Backenstreich.
Eh' ihr noch warmes Blut von Antlitz abgeflossen:
Kam seines durch mein Schwerdt aus seiner Brust geschossen.
Er taumelt und vergieng. Ich rieff: Celind' auff! auff!
Hier ist nicht lange Frist! wer leben wil der lauff!
Er, als wir in der Eil den besten Schmuck einpackten:
Und Gold, Geschmeid, und Stein in seidne Tücher stackten.
Erhub, wie schwach er war, sein sterbend Angesicht,
Und rieff mit schwacher Stimm: Ich bitt entweichet nicht.

Cardenio ich wil dir meinen Tod verzeihen:
Wo du mir wilt dein Ohr und Faust und Beystand leihen.
Ich red ohn alle List: Komm führe mich von hier,
Ich schwere bey. dem Thron des Richters über mir,
Daß ich auff's minste nicht durch Rache dich wil kräncken,
Ich suche nur mein End und Elend zu bedencken,
Ich bitte: daß ich mich versöhnen kan mit Gott,
Daß ich mein Haus befrey von dem so herben Spott:
Als ob ich meinen Stand so schlecht in acht genommen,
Daß ich sey durch ein Weib in diesem Ort umkommen.
Auch werdet ihr dadurch erlöst von Furcht und Flucht,
Wenn niemand meinen Tod von euren Händen sucht.
Sieht jemand meine Wund' im Weg' und Hause bluten,
Dem wil ich, weil ich kan, einpflantzen diß Vermuthen,
Ich sey durch fremde Feind umbringet bey der Nacht,
Und durch dich aus der Noth zu meiner Wohnung bracht.
Ich bitte schlag nicht ab mein äusserstes Begehren,
Komm führe mich von hier und von Celindens Zähren,
Und liß aus meinem Blut wie groß ihr Undanck sey:
Wie leicht ihr Wanckelmuth! wie: Aber ich verzeih!
So viel, und lehnte sich an meine rechte Seiten.

Pamphil.

Und hast du dich erkühnt nach Haus ihn zu begleiten?

Carden.

Ich thats, als der mir selbst und meinem Leben gram!
Doch hielt er redlich Wort als er ins Zimmer kam,
Und durch der Diener Fleiß entkleidet und geleget;
Hat sein den Artzt umsonst, wie weis' er auch, gepfleget,
Er schlug die Mittel aus: Und sucht in heisser Reu
Des höchsten Königs Gunst und unerschöpffte Treu.
Und gab den zweyten Tag den Geist in meinen Armen!
Nachdem er kurtz zuvor gerühmet mein erbarmen,
In aller Gegenwart, und so das Werck beschönt,
Das anderwerts mich, ihn und sein Geschlecht verhönt:

Pamphil.

Ist diß Marcellus Fall! O heisser Durst der Ehren!
Den nicht die Rach-Lust kan und nicht der Tod versehren!
Der vor des Feindes Angst, des Himmels Ruh begehrt!
O Seele beßren Glücks und andren Abschieds werth.

Carden.

Man glaub: Ich hab ihn offt geehrt mit meinen Thränen
Mit innerlicher Reu und Kummer-vollem Sehnen,
Sein sterbendes Geberd' ermuntert mich die Nacht,

Und nimmt Celinden mir und alles aus der Acht.
Ach wo verfiel ich hin! Wer bin ich vor gewesen!
Wer jetzt! wo werd ich doch! wenn werd ich doch genesen!
Was flihst Olympie, was flihst du strenge mich!
Was hab ich auffgesetzt? Doch hat ein andrer dich!
Auff! last uns denn von hier; du über treu Gemüthe!
Verzeihe daß ich noch mißbrauche deiner Güte
Verrichte was ich bat und sey nach Mitternacht,
Wo meine Wohnung ist zu suchen mich bedacht.

Cardenio, Diener.

Geh werther Freund, geh hin, was ich dir noch verborgen;
Mein letztes Abschied-Stück entdecke dir der Morgen.
Die Reiß ist zwar bestimmt. Doch eh ich kom ins Feld.
Muß durch gerechten Zorn Lysander aus der Welt.
Ist dieß mein Diener? Recht! wie? Hast du was vernommen?

Diener.

Lysander wird gewiß noch diese Nacht ankommen.
Er ist nicht fern von hier, ich hab ihn selbst gesehn
Und rennt alsbald voran! Carden. So ists um ihn ge-
schehn.
Ich wil das falsche Blut vor Morgen noch vergiessen,
Und durch gewünschte Rach ein langes Lied beschliessen.
Der ist Olympie nicht deiner Liebe werth:
Der dich dem Räuber läst, dem du durch List beschert.

Reihen.

Der hohe Geist, der in der Sterbligkeit,
Unsterblich herrscht, der seines Fleisches Kleid
Als eine Last, (so bald die Stunde schlägt
Die scheiden heist,) gantz unerschreckt ablegt;

Der hohe Geist würd' alles was die Welt,
Was Lufft und See in ihren Schrancken hält,
Was künfftig noch, und was vorlängst geschehn,
Mit Lachen nur und Mißpreiß übersehn.

Dem Vogel Trotz! der in die Lufft sich schwingt,
Ob schon der Schall der harten Donner klingt,
Und ob der Sonn' auf die er einig harrt,
Mit steiffem Aug sich wundert und erstarrt.

Der hohe Geist würd über alles gehn,
Und bey dem Thron der höchsten Weißheit stehn;
Wenn beyde Flügel ihm nicht fest gehemmt,
Und Füß und Leib mit schwerer Last beklemmt.

Alsbald er auf den Kreyß der Dinge trat;
Erschrack der Fürst der zu gebieten hat
Der Untern-Welt, der wenn er um sich blickt,
List, Haß und Grimm in unser Licht ausschickt.

Er schüttelte dreymahl sein Schlangen Haar,
Die Höll erbebt; was um und um ihn war
Versanck in Furcht, die Gluth schloß einen Ring,
Als er entsteckt von heissen Neid anfieng;

Auff! Götter auff! die mit mir von dem Thron
Hieher gebannt: Es steht nach jener Cron
Die ich besaß, ein hoch-glückselig Bild,
Das leyder mehr bey seinem Schöpffer gild!

Man ging zu Rath: Es ward ein Schluß erkiest,
Zu dämpffen was in Menschen Himmlisch ist,
Mit Macht und Trug! bald drungen aus der Nacht
Geitz, Hochmuth, Angst, Einbildung, Wahn und Pracht.

Doch allen flog erhitzte Brunst zuvor,
Die voll von List den Nahmen ihr erkohr,
Von steter Lieb, und unter ihrem Schein
Die Hertzen nahm mit Gifft und Gallen ein.

Ihr bot alsbald die Rach-Lust treue Hand,
Die leider! jetzt der allgemeine Tand
Auff dem Altar der tapffern Ehren ehrt,
Indem die Burg der Ehren wird zerstört.

Die Rasereyen pochen was man schätzt,
Und heilges Recht auf festen Grund gesetzt;
Sie stecken Reich und Land mit Flammen an,
Die auch kein Blut der Völcker dämpffen kan.

Sie färben See und Wellen Purpur-roth,
Sie stürtzen Stühl und Cronen in den Koth,
Und treten was auf Erden sterbens-frey,
Und Ewig, mit entweyhtem Fuß entzwey.

Sie reissen (ach!) des Menschen reine Seel
Von ihrem Zweck in des Verderbens Höl'!
Und ziehen die, den Gott gab Himmel ein,
Aus stiller Ruh, in immer strenge Pein.

Die andere Abhandelung.

Der Schau-Platz bildet einen Lust-Garten ab.

Celinde singend und spielend auf der Lauten.

Fleuch bestürtzter Fürst der Sternen,
Meiner Seelen Lust und Ruh!
Eilt von mir sich zu entfernen.
Himmel seht ihr dieses zu!
Ueberfällt mich diese Pein:
So verkehrt sich mein entseelter Leib in Stein.

Falscher hat mein feurigs Lieben
Nie dein frostig Eiß erweicht:
Hab ich diese Klipp erreicht
Auf der mein Hertz gantz zutrieben,
Und durch dein verkehrt Gesicht
In Verzweiffelns-Sturm auf tausend Stücken bricht.

Fliest ihr herben Thränen-Bäche!
Lescht der Augen Fackel aus!
Des gekränckten Leibes Hauß
Sinckt und stürtzt. Ich selbst zubreche.
Weil der Donner um mich kracht:
Und mich in dem nun zur Hand voll Aschen macht.

Fleuch mein Geist! fleuch und verschwinde,
Eh die rauhe Stund anbricht,
Die mich reist aus diesem Licht.
Daß ich mich nicht in mir finde,
Macht daß meine Seel entreist!
Was verzeuchst du mehr durchaus verwäyster Geist.

Sie reist die Seiten von der Lauten, und wirfft sie von sich.

Fleuch Geist, fleuch! Kont ich mich der Untreu je vermuthen:
So hätt ich mir gewündscht, durch schwitzen, todt zu bluten,
Durch Flammen zu vergehn! auf Felsen aus der Höh
Zusplittern Brust und Bein, in nie erdachtem Weh
Zu suchen meinen Tod. Es hätte mich der Degen

Der dich Marcell erstiß auch müssen niederlegen.
Marcell ach! der du mich nur gar zu treu geliebt!
Den mehr Celindens Angst, denn eigner Todt betrübt!
Komm blasser Geist komm vor, aus deiner Ruhe-Kammer
Und schau auf deine Rach' und meiner Seelen-Jammer.
In dem ohn einig Schuld mich der Verräther setzt;
Der um Celinden dich voll Eifers hat verletzt.
Ha grimmer-grauser Mensch! zu meinem Ach gebohren!
Durch den ich Freiheit, Lust, Trost, Ruh und mich verlohren,
Und nur zu meiner Pein in diesem Leibe schmacht'
Denn, wenn ein Tod vor mich, ich Augenblicks bedacht
Zu reissen aus der Zeit! ich die bey frischen Jahren
Und Blüte der Gestalt, so hart beschimpfft erfahren
Daß Liebe Drachen-Gifft vor Honig uns gewehr'
Und falschen Wanckelmuth vor treue Gunst beschert?
Die Erden stinckt mich an! wie kan ich sonder Grauen
Das Auge dieser Welt, die lichte Sonn anschauen?
Die vorhin meine Freud, letzt meine Schmach bestrahlt
Und mein bestürtzt Gesicht mit scheuer Röthe mahlt.
Die bleiche Cynthia, vor Zeugin meiner Lüste:
Verweist mir jene Zeit in der man mich begrüste,
In der Cardenio mir in die Armen fiel
Und diesen Geist erquickt durch süsse Seitenspiel.
Was Anmuth gaben vor, die Sorgenfreyen Nächte.
Was schreck' und grauen jetzt? Bald klingt mir das Gefechte,
(In dem Marcell erblast) durch mein verletztes Ohr,
Bald kommt er mir durchnetzt, mit Blut und Thränen vor.
Rufft heischer und verweist daß ich nun selbst verlassen;
Die ich vorhin verließ. Bald hör ich durch die Gassen
Ein kläglich Abend-Lied und wein' um das man singt,
Und mein recht lebend Leid auf fremde Seiten bringt,
Biß ein Verstarren schleust die nassen Augenlieder:
Denn fällt mich Morpheus an: Und reist mich hin und wieder
Durch Hecken-volle Berg', in ein Cypressen-Thal
Und unbewohntes Feld, und mahlt die rauhe Quaal
Verliebter Seelen ab! Medeen seh ich rasen:
Ich seh auf Didos Brust von Blut geschwellte Blasen:
Die bleiche Phyllis hangt von ihrem Mandelbaum,
Alcione sucht Ruh auf toller Wellen Schaum.
Doch wenn ich dich mein Hertz, Cardenio, erblicket
Schiß ich noch schlummernd auf. Bald wirst du mir entrücket
Und gehest fern von mir durch eine raue Bahn;
Ich folge! doch umsonst! Es ist um mich gethan.

Du schlägst mein Winseln aus: Doch kanst du mehr nicht lieben,
Warum denn muß dein Bild auch traumend mich betrüben?
Was red' ich und mit wem! wie wenn die heisse Macht
Der Seuchen uns besiegt, ein zagend Hertze schmacht,
In hart entbrandter Glut; und die geschwächten Sinnen
Empfinden nach und nach wie Krafft und Geist zerinnen,
Indem die inn're Flamm nunmehr den Sitz anfällt
In welchem sich Vernunfft gleich als beschlossen hält,
Denn taumelt der Verstand, denn irren die Gedancken,
Denn zehlt die schwartze Zung des abgelebten Krancken
Viel ungestalte Wort in schwerem Schwermen her,
Die Augen blind von Harm, von stetem wachen schwer
Sehn was sie doch nicht sehn! die Ohren taub von Sausen!
Die hören hier Trompet; hier Schwerdt und Drommel brausen,
So handelt mich die Noth! was Rath! komm Gift und Stahl;
Und end, (ich bin mein selbst nicht mehr,) die lange Quaal.
Cardenio ist taub! mich soll der Tod erhören
Den ich in meiner Faust. . . . .

Sie erwischt ein Messer.

Celinde. Sylvia. Tyche.

Celind.

— — — Wolt ihr mein Leid vermehren,
Mit trösten sonder Trost und rathes-losem Rath?

Tyche.

Holdseelichste den Rath bewährt vollbrachte That.

Sylv.

Wer untersincken will sucht Mittel sich zu retten!

Celind.

Wir suchten, wenn wir hier nur einig Mittel hätten.

Silv.

Wo noch ein Mittel ist so schlägt es Tyche vor.

Celind.

Ihr Mittel klingt zu rauh in meinem zarten Ohr.

Tyche.

Sie wil denn daß ich sie von Liebe soll entbinden!

Celind.

Nein, in Cardenio soll sie die Lieb entzünden.

Tyche.

Sie richtet ihren Wunsch stets nach dem alten Ziel.

Celind.

Doch so daß sein Verstand den minsten Schaden fühl.

Tyche.
Gemüther sind so leicht nicht unverletzt zu zwingen!
Celind.
Man soll Cardenio mir unverletzt zubringen.
Tyche.
Diß thut kein Liebes-Tranck, er greifft die Sinnen an!
Celind.
Der liebt nicht, der mich nur aus rasen lieben kan!
Tyche.
Genung vor mich, wenn ich der Liebe nur geniesse.
Celind.
Mir nicht! daß mich der Mund und nicht daß Hertze grüsse.
Tyche.
Ein solches Leben rührt aus höherm Ursprung her.
Celind.
Ein solch' ists die ich von Cardenio begehr.
Tyche.
Hat er denn sie vorhin so inniglich geliebet?
Celind.
So, daß sein Abschied mich biß auf den Tod betrübet:
Tyche.
Wie wenn als menschlich ist der Tod hätt euch getreunt,
Celind.
Denn wär auf seiner Asch mein glüend Hertz verbrennt.
Tyche.
Sie bild ihr ein er sey auf ewig ihr gestorben!
Celind.
Wenn nicht ein andre ihn durch neue Gunst erworben!
Tyche.
Sie schlage diesen Wahn gantz mit ihm aus der Acht!
Celind.
Mein liebend Eifer ists der ewig in mir wacht.
Tyche.
Umsonst wenn sie auf ihn kein Vortheil kan erlangen!
Celind.
O warum bin ich nicht mit erster Zeit vergangen!
Tyche.
Viel andre wünschen nach dem lieblichen Gesicht.
Celind.
Dein ists Cardenio, und keines andern nicht.
Tyche.
Die grosse Schönheit wird leicht andre Freund erwerben!

Celind.

Cardenia mein Freund! ich wil die deine sterben!

Tyche.

Sein Undanck hat ja nie so treue Gunst verdient

Celind.

Ade! ich habe mich zu jedem Tod' erkühnt.

Sylv.

O Himmel! sie vergeht! Tyche. Ey noch nicht Muth verlohren,

Sylv.

Es ist umsonst sie hört mit tauben Ohren.

Celind.

Wer hält mich hier? Ey gönnt mir meine Ruh!

Tyche.

Nein Schönst: es ist noch Rath. Celind. Komm Tod! du Tröster, du!

Tyche.

Mitleiden prest mir aus recht unverfälschte Zähren.

Celind.

Ach leider! wil man mir den süssen Tod verwehren!

Tyche.

Nur Muth! Mir fällt gleich jetzt ein sicher Mittel ein.

Celind.

O möcht auf dieser Welt es zu erlangen seyn.

Tyche.

Zwar scheints ein wenig schwer: Doch möcht es seyn zu finden!

Celind.

Man wird auf ewig mich durch diesen Dienst verbinden.

Tyche.

Wo jemand der sie treu und ohne falsch geliebt,
Vor kurtzer Zeit entseelt. Celind. Ich werd auffs neu betrübt
Marcell durch deinen Tod. Tyche. Und irgends hier vergraben.
So müst' ich dessen Hertz zu diesem Vorsatz haben,
Daß ich zu rechter Zeit vorhin mit ihrem Blut,
Um etwas angefrischt wolt auf gewehrter Gluth.
Verbrennen gantz zu Asch: Sylv. Ich zitter es zu hören!

Tyche.

Der Aschen Krafft muß ich mit heil'gen Worten mehren.
So bald Cardenio davon was beygebracht,
Es sey im frischem Wein, es sey in Taffel Tracht,

Es sey in Zuckerwerck und was nur zu erdencken,
Auf Blümlein die man pflegt zum Riechen zu verschencken,
Wird er durch neue Flamm' entsteckt mehr denn vorhin,
Die suchen die er flucht, so wahr ich Tyche bin.

Celind.

Wenn nun der Artzt umsonst hat Fleiß und Zeit verschwendet,
Und was nicht helffen kan bey Krancken auffgewendet;
Schlägt er, damit kein Schimpff sein altes Lob verzehr,
So fremde Kräuter vor, die niemahls über Meer
In diesen Port gebracht! hätt ich die Specereyen.
(So spricht er) wolt ich stracks der Schmertzen euch befreyen.
Ja schafft den Siechen auch zuweilen etwas an:
Das keinem möglich ist und niemand leisten kan.
So eben handelt ihr und ruhmt von solchen Dingen,
Die mir und keinem nicht sind möglich auffzubringen!
Und dadurch gebt ihr mir nichts anders zu verstehn,
Als daß ich sonder Rath muß in der Qual vergehn.

Tyche.

Warum doch? Wenn Marcell so viel auf sie gehalten?
Muß nicht sein Cörper sonst in einer Grufft veralten!
Wie leicht ist Sarg und Brust eröffnet bey der Nacht!
Wie leicht ist, was so schwer uns dünckt, zu wegen bracht!

Celind.

Die Augen starren mir: Ich schreck! ich beb! ich zitter!
Soll der bißher um mich so wol-verdiente Ritter:
Um dich Cardenio (wie vorhin Seel und Geist,)
Itzt auch sein todtes Hertz hingeben! Parcen reist,
Reist meine Faden ab! Tyche. Wen hat sie mehr geliebet?

Celind.

Den freilich, der mich jetzt, so schändlich übergiebet.

Tyche.

Und wagt sich selbst vor ihn? Warum nicht eine Leich?

Celind.

Diß Stück ist unerhört, und keinem Zufall gleich.

Tyche.

Es ist vorhin gethan und hochbewehrt befunden,

Celind.

Ists möglich: Daß ein Mensch so viel sich unterwunden?

Tyche.

Die Eisen harte Noth die unser Leben quält
Zwang Seelen Himmel an, wo man die Sternen zehlt:

Zwang Seelen in der Lufft: In Wäldern Rath zu suchen:
Der Abgrund ward durchforscht: mit Segnen und mit Fluchen
Riß man das ehrne Thor der tiefsten Höllen auff:
Durch fremder Worte Macht begab sich in den Lauff,
Ein fest gewurtzelt Stamm: Die Geister in den Lüfften
Entdecken was uns Noth. Die Leichen aus den Grüfften
Verkündigten den Schluß den die Verhängniß schrieb,
Nichts war, das durch die Kunst unüberwunden blieb,
Die manch' ein grosses thut: Kein Fleisch, kein Eingeweide
Der Kälber war genung, kein Hirsch in wilder Heide
Von Hunden auffgejagt! kein unberührter Stier.
Kein auffgewachsen Hengst! kein unvernünfftig Thier.
Die Geister, die die Welt die noch Geheimnis lehren;
Muß man mit reinem Blut erkister Menschen ehren,
Die forderten von dem ein ungebohren Kind,
Von dem die Mutter selbst. Der must als taub und blind
Auff einer Wegscheid ihm die keusche Tochter schlachten.
Die jenen rühr' ich nicht die ihre Feind' umbrachten,
Und brauchten von dem Blut befleckt und lau und naß
Den abgestreifften Kopff zu einem Weyrauch-Faß,
Bekleidet mit der Haut mit einem Darm umwunden.
Man hat ein zartes Kind noch lebendig geschunden
Und auf das weiche Fell mit Blut die Schrifft gesetzt:
Die den und jenen Geist bald zwinget bald ergetzt.
Man hat des Knaben Haupt umbrehend abgerissen,
Aus welchem nachmals sich die Geister hören liessen:
Man hieb mit Ertz von dem, von jenem Cörper ab,
Was zu dem Opffer dient, man stanckert in dem Grab
Nach einer schwangern Faust, man zog den dürren Leichen
Die feuchte Leinwand aus; wenn etwa zu erreichen
Ein dorrendes Geripp, ein halb-verbrandtes Aas;
Ein Leib von welchem schon die Schaar der Raben fraß:
Feirt unser Hauffe nicht. Man ließ sich nicht erschrecken
Des Nachts von einem Pfal auf dem Gespieste stecken
Zu rauben Daum und Haar, biß Muth und Fleiß vollbracht
Wornach der scharffe Sinn der Sterblichen getracht.
Warum? Um die Natur durch neue Nacht zu binden!
Schweiff Sternen irrend Feur und Blitzen zu entzünden:
Zu stopffen frische Quäll, und Wellen zu erhöhn,
Wenn schon die Winde nicht (die an dem Joch uns gehn)
Sich regen in der See! es muß auf unser Fragen
Ein Vieh, ein Baum, ein Bild, ein Marmor Antwort sagen!

Es kommt auf unser Wort ein Fürst aus seiner Ruh,
Der Proserpinen zog vor tausend Jahren zu.
Noch jetzt: wil sie der Frucht, Holdseligste, geniessen;
So muß sie, daß der Kern, was harte, nicht verdriessen.
Sie wag es: Wer verzagt! hat nicht zu wegen bracht.
Sie schaff ihr stete Lust durch Arbeit einer Nacht.

Celind.

Wenn man in solcher That mich unversehns ergriffe?

Tyche.

Sie ist die erste nicht, die fuhr in solchem Schiffe.
Der Hof, die grosse Stadt, das gantze Land ist voll
Von Seelen, denen nur bey diesen Künsten wol.
Viel wären eh' ins Grab als Hochzeit-Bette kommen;
Wenn sie bewährten Rath nicht bald in acht genommen.
Viel wären sonder Freund, und (was viel werther), Gold.
Viel pflügten sonder Nutz und dienten sonder Sold.
Viel wären diese nicht, vor die man sie muß ehren:
Halt inn! was schwerm ich viel! Man darff nicht alles hören
Was sich verrichten läst. Celind. Gesetzt ich stünd es zu!
Mich hindert Thor und Schloß, Marcell hat seine Ruh,
In der verwahrten Kirch! Tyche. Ist die nicht zu entschließen?
Hat der, der sie verwahrt, nun ein so zart Gewissen?
Nein warlich! Cleon ließ mich offt um Mitternacht,
Offt eh die Sonne fiel, offt eh Dian erwacht
Bald mit Gefehrten ein, bald einig; wenn vonnöthen
Durch ein getaufftes Bild des Feindes Kind zu tödten,
Wenn wo in einer Grufft, wenn auf dem Fronaltar
Von Wachs. Papier und Schrifft was zu verbergen war.
Vertraut sie auf mein Wort, ich weiß ihn zu bewegen.

Celind.

Ich könte Tychens-Rath nun gründlich widerlegen;
Doch leider! meine Noth hat mich so weit gebracht,
Daß ich was ich nicht wil, doch zu versuchen tracht,
Die Seele zittert mir! und findet sich bestritten,
Von Schrecken, Lieb, und Furcht. Was hab ich nicht erlitten!
Ich wünsche ja den Tod! kan was mehr schädlich seyn,
Als von Cardenio auf stets geschieden seyn?
So wenn der Arm entbrennt und die erhitzten Schweren,

Das lebend=faule Fleisch als rinnend Wachs auffzehren.
Und griffen mehr und mehr die nahen Mausen an,
Daß ohn die Säge nichts den Cörper retten kan;
Denn hält man bey sich Rath ob besser zu verscheiden,
Ob leichter auszustehn das ungeheure Schneiden,
Und weil man in der Angst noch zweiffelt ob dem Schluß
Streckt man den Arm dahin! ich leider Tyche muß
Hinfolgen wo du gehst! versuch (ich wil es reichen)
Durch auffgezehltes Gold, den Cleon zu erweichen.
Durchforsche sein Gemüth! Tyche. Sein Hertz ist mir bekandt,
Er setzt ihr Gut und Gott vor bares Gold zu Pfandt.

Reyhen.

Es ist nicht ohn, wer auf Morast sich wagt,
(Wie schön er überdeckt mit immer frischem Grase,
Das unter ihm bald reist gleich einem schwachen Glase)
Hat (doch zu spät) die kühne Lust beklagt.
Er sinckt, wenn ihn nicht Rettung stracks erhält,
Bald über Knie und Brust, in die verschlämmten Pfützen,
Die Stimme schleust der Koth, der Stirnen kaltes Schwitzen
Verwischt der Schilff darunter er verfällt.
So eben gehts, wenn man die Sünd anlacht,
Und wil ohn eine Scheu mit ihren Nattern spielen;
So fühlt man eh man recht kan ihre Bisse fühlen,
Daß sich die Gifft schon durch die Adern macht.
Celinde, kaum durch geile Brunst erhitzt,
Verließ das erste Feur und brannt in neuen Flammen,
Indem Marcell den Fall auch sterbend wil verdammen,
Und durch die Brust Blut auf die Gluth ausspritzt.
Der Mord ist nicht recht in die Grufft versteckt;
Sie raset sonder Zaum und wil durch Frevel finden,
Was ihrer Schönheit Macht ohnmächtig ist zu binden.
Was fängt sie an: Starrt Seelen und erschreckt!
Der tolle Dunst, das schwartze Zauber=Spiel,
Sol hier geschäftig seyn. Man will das Grab entweyhen,
Man fällt die Glieder an, die Sarg und Grufft befreyen,
Was suchst du doch! hier suchst du viel zu viel!
Halt weil noch Zeit! verführter Geist halt an.
Ach nein! du sündigst um mehr Sünde zu begehen!
Soll denn der Laster Lohn in diesem Lohn bestehen;
Das keines lang' unfruchtbar bleiben kan.

Die Dritte Abhandlung.

Der Schau-Platz stellet Lysanders Hauß vor.

Olympia. Vireno.

Du köntest mir fürwar nicht besser Zeitung bringen,
Als daß Lysander nah. Ihr Himmel lasts gelingen,
Daß ich ihn heute noch in meinen Armen seh!

Viren.

Ich wünsche daß es bald und glücklich auch gescheh:

Olymp.

Ich weiß kein grösser Glück in dieser Welt zu Hoffen;
Als seine Gegenwart. Mein Hertze steht ihm offen,
Nicht nur sein eigen Hauß. Viren. Es ist mein höchste
Lust:
Daß die so laue Lieb' hab endlich deine Brust
Mit wahrer Flamm entsteckt, was hat er nicht gelitten?
Als du vor jener Zeit durchaus nicht zu erbitten.
Wie ging er dir so steiff, so unverdrossen nach,
Und duldet' allen Hohn; Das Rauschen strenger Bach,
Und sein liebreiches Wort war eins in deinen Ohren,
Du hättest nur vor ihn, holdselig-seyn, verlohren:
Nun hat die Liebe dir, die du bißher bekriegt,
Doch durch Lysanders Treu zu letzten obgesiegt.

Olymp.

Mein Bruder, ich gesteh': es hat mir nie behaget,
Was er bey stiller Nacht durch meine Magd gewaget,
Daß ein beschlossen Hauß er durch sein Geld erbrach,
Und als Verräther drang in keusche Schlaff-Gemach,
Was kam es mich zu stehn! was Eltern und Verwandten!
Ich ward der Zungen-Spiel: und die mein Hertz erkandten,
Die zogen doch mein Ehr in Argwohn und Verdacht!

Viren.

Wahr ists! er hats mit uns mehr denn zu grob gemacht!

Olymp.

Ach keiner lasse sich so weit den Wahn bethören;
Und such ein rein Gemüth durch Tücke zu entehren.

Wer

Wer List, Betrug und Macht zu Heyraths-Stifften braucht.
Fängt gar zu übel an. Weil noch die Fackel raucht
Die man der Braut ansteckt: Raucht schon Haß, Eifer, Rache,
Und ewig heisser Grimm, und macht die Sinnen wache
Durch rasend' Ungeduld. Die sich verkauffen läst,
Und ruhig sich verspielt, muß warlich nicht zu fest
Auf ihrer Ehre stehn. Er dachte mich zu fangen:
Und hatte leider sich zum ärgsten hintergangen.
Ich ward zuletzt aus Noth ihm auf sein Wort versagt:
Ich, der Cardenio, nicht sein Betrug behagt.
Hilff Gott! wie schlug mein Hertz? Wenn ich ihn must' anschauen
Denn wolte mir vor ihm biß auf das Brechen grauen!
Sein Wort war mir im Ohr ein harter Donnerschlag
Ich wündschte meinen Tod vor seinem Heyrathstag.
Er sah' (ob wohl zu spät) wie hoch er sich vergessen,
Und hub sein Unglück an mit meinem auszumessen.
Jedoch entschloß er sich zur Busse seiner Schuld:
Olympens Uebermuth zu lindern durch Geduld.
Und diese brach mein Hertz, auch fiel ich in Gedancken
Cardenio wär hin! so trat ich in die Schrancken
Zwar noch nicht grosser Gunst, die täglich stärcker blüht,
In dem Lysander mir zu fugen sich bemüht,
Und wider Liebe spürt. Wir wurden drauff verbunden
Durch Priesterlichen Spruch. Ich habe diß befunden
Daß Lieb unendlich sich in keuscher Ehr vermehr;
Und wenn sie richtig, nie nach fremdem ruffen hör.

Viren.

Doch als Cardenio auffs neu' allhier ankommen,
Und du sein alte Treu und Unschuld recht vernommen,
Ward nicht dein Geist bestürtzt? Olymp. bestürtzt; doch nicht bewegt!
Ich habe Stand, Geschlecht und Zusag überlegt.
Ich schloß für Gottes Rath die stoltzen Knie zu neigen:
Der mir Lysandern ließ zum Eh-Geferten zeigen.
Und ob Cardenio sich unaussprechlich müht;
Doch war sein Fleiß umsonst, wie man vor Augen sieht,

Viren.

So ist Cardenio denn gantz aus deinem Hertzen?

Olymp.

Lysander hat mein Hertz. Diß red ich, (und mit Schmertzen:)

Cardenio hat frey was höher mich geschätzt:
Ja vor mich Ehr und Ruhm und Leben auffgesetzt.
Sein Geist war meine Seel, ich wünscht ohn ihn zu sterben.
Ich wünscht ihn nur allein vor alles Gut zu erben!
Was aber! ich verspühr', es sey des Himmels-Schluß
Gar anders auffgesetzt. Verzeih es mir, ich muß
Entdecken was ich glaub. Unendlich hohe Sinnen
Begehren offt allhier den Vorsatz zu gewinnen
Den ihr Verlangen sucht. Sie wagen Schweiß und Fleiß,
Es fällt ihn alles zu: doch wenn der letzte Preiß
Ihn gleichsam in der Faust; so muß es gleichwohl missen,
Und als in grosser Hitz ein kaltes Eiß zuflissen;
Warum? Des höchsten Aug' in seinem Himmel sieht
Wie hart ein sterblich Mensch um seinen Fall bemüht;
Wie theuer es sein' Angst, ja sein Verderben kauffe;
Wie blind es in dem Pful des tieffsten Abgrunds lauffe;
Und hält mitleidend uns in diesem Wahnwitz an,
Nimmt was uns schaden mag, gibt was uns nützen kan.
Was hier und dar zu sehn; blickt auch in Heyraths-Sachen
Zwey Seelen können ja hier ein Verbündniß machen;
Gott bindet oder trennt! was dem zuwider geht
Geht auffs Verderben aus, was durch ihn kommt, besteht.
Wenn mit Cardenio mir nützlich stets zu leben;
Er hätte warlich mir Lysandern nicht gegeben.
Ist jener vielleicht mehr mit Gaben ausgeziert;
Ich bin mit dem vergnügt was einig mir gebührt.
Wehlt mich Cardenio? Gott hat vor mich gewehlet.
Ich traure das um mich Cardenio sich quälet.
Mich wundert daß nunmehr sein scharffer Geist nicht seh'
Daß auf des Herren Welt, nichts ohngefehr gescheh',
Daß der Olympien zur Eh' ihm abgeschlagen;
Vielleicht was höhers ihm entschlossen anzutragen.
Ich klage daß er sich nicht besser nehm in acht:
Und das er seinen Ruhm aus Wehmuth durchgebracht.
Sein Zagen! (wie ich weiß) bringt ihn auf solche Sachen
Die Ehre, Stand, Verstand und Lob zu nichte machen.
Der kürtzt sein Leben ab vor dem gesetzten Ziel.
Der schwartze Molchen-Gifft vor Artzney brauchen wil.

Viren.

Man sagt; er rüste sich aus dieser Stadt zu scheiden.

Olymp.

Er wil Gelegenheit, vielleicht zum bösen meyden.

Viren.

Wer weiß wohin sein Sinn ihn etwa wieder führt.

Olymp.

Wer weiß ob nicht den Sinn die erste Tugend rührt.

Viren.

Lysander wird gewiß den grimmsten Feind verlieren.

Olymp.

Mehr ich, die dadurch frey von seinem steten spüren.

Viren.

Der Keuschheit wird umsonst gespüret und gestellt.

Olymp.

Die leicht doch in den Mund des blinden Pöbels fällt.

Viren.

Des Pöbels toller Mund wird nicht was keusch entehren:

Olymp.

Man sol den Pöbel nichts von keuschen Reden hören.

Viren.

Sein Hinzug führt mit ihm sein Lieb', und Leben hin.

Olymp.

Ich schätzt es, wenn er schon verreiset, für Gewinn.

Viren.

In zwey drei Tagen wirst du des Gewinns geniessen.

Olymp.

Man kan ein grosses offt im Augenblicke missen.

Viren.

Was missen? Wenn der Feind das Lager schon verläst?

Olymp.

Wenn der Comet erblast; entdeckt er Gifft und Pest.
Mein Bruder laß so viel dich meine Furcht bewegen:
Bemerck ihn, wo du magst, sein Haß kan leicht sich regen,
In dem Lysander sich gleich jetzt anheim begiebt
Und er von hinnen wil. Viren. Wol! wie es dir beliebt.

Olymp.

Cardenio von hier?
Der mit Lysanders Blut vor mir zu prangen draute?
Lysander kommt zu mir?
Den wieder meinen Wunsch der Himmel mir vertraute?
Cardenio zeuch hin!
Vergiß Olympiens, vergiß der heissen Rache!
Nimm mit dir zum Gewinn:
Du habest schlimmer Glück, ob wol gerechter Sache.

Cardenio zeuch fort:
Du müssest anderswo weit angenehmer leben;
Nur gönne mir den Port
Den nach dem rauhen Sturm die Liebe mir gegeben.
Dein Hinzug rette mich,
Aus der so schweren Furcht in die du mich gestecket!
Dein Hinzug saubre dich
Von überhäuffter Schuld damit du dich beflecket.
Dein könt ich doch nicht seyn!
Weil das Verhängnis mich Lysandern zuerkennet;
Dem laß mich nur allein:
Und glaube, daß uns Gott doch nicht umsonst getrennet,
Lysander komm. Ich lebe nur in dir!
Komm und verkürtze mein so schreckliches Verlangen;
Lysander komm und lebe stets in mir,
Die du von Furcht befreyt wirst recht erfreut umbfangen.

Cardenio.

Der Schau-Platz ist Cardenii Gemach.

Cardenio zündet ein Feuer an, und verbrennet etliche Briefe und Liebesgeschencke.

Ich bin nicht ferner dein! die Ketten sind gebrochen!
Rach, Undanck, Eifer hat mich von dir loß gesprochen!
Die Flamme zehr' es auf was ich je von dir trug,
Als ich vor dich mich selbst blind in die Schantze schlug.
Brennt hitzige Papier! voll Seelen, Sinnen, Hertzen,
Voll Seufftzer, Küsse, Gunst. Ihr Zunder meiner Schmertzen,
Die oft wir beyderseyts mit Thränen gantz durchnetzt,
Als uns der blinde Wahn zu hoffen hat verhetzt!
Brenn' eitel Pergament mit falschem Blut beschrieben!
Die liebt weit ander jetzt, die mich wolt ewig lieben!
Weg du beperltes Haar! du Strick der mich gefast,
Den die geflochten hat die mit gehaufter Last,
Mein dienend Hertz geprest! wie fest ihr Haar gewunden:
So fest war ich vorhin, doch nun nicht mehr, gebunden!
Weg, vor mein höchster Schatz, nun ein zurissen Band,
Weg, du nicht reines Gold! du Ring von meiner Hand!
Dein Bildniß ist noch hier! ach soll es denn verbrennen!
Wie anders! werd ich dich denn ewig nicht erkennen!
Was hilffts? Ach must du denn, du gar zu wahrer Schein
Von meiner Seelen Sonn' vergehn und Aschen seyn!
Nein! daß zum minsten noch mir diß zum Denckmahl bleibe!

Daß höchste Grausamkeit wohn in dem schönsten Leibe!
Was thu ich? Steht sie mir nicht täglich im Gesicht
Weil etwas in mir lebt? Diß Bild erstirbet nicht
Das sie mir in den Geist auf ewig eingedrücket,
Als meine Freiheit ward schnell durch ihr Garn berücket.
Könt ihr Gedächtnis nur so leicht sey ausgethan
Als diß Gemählte brennt: Ich schifft in festem Kahn.
Weg alles was euch hielt! wie schnell ist es verschwunden!
Was hat mich Thörichten? Was hielt mich doch gebunden?
Die leichte Handvoll Asch! der Rauch der schwartze Dunst!
Und nur mein eigen Wahn und jetzt verfluchte Brunst.

Reyhen.

Die Zeit, der Mensch, die Vier Theil des Jahres, in Gestalt der vier Zeiten Menschlichen Alters, welche schweigend eingeführet werden.

Zeit

Mensch, dieß ist des Himmels Schluß,
Dem was sterblich folgen muß,
Daß du sonder Mitgefährtin nicht dein Leben solst vollbringen.
Viere wird man dir vorstellen: Möchte dir die Wahl gelingen.
Wer sich hier nicht nimmt in acht,
Wer sein Glück einmahl versieht,
Ist um das, was er veracht,
Für und für umsonst bemüht.

Der **Frühling** wird von der **Zeit** herfür gebracht.

Mensch.

Du wunderschönes Bild. Du Himmel hohe Zier!
Kommst du auf Erden mich zu grüssen?
Ach! möcht ich stets mich um dich wissen!
Die Schönheit selbst ist blöd und ungestalt vor dir.
Wo sind die Liljen noth! Worzu der Rosen Pracht?
Dein Rosen-frisches Angesichte
Macht aller Blumen Schmuck zu nichte.
So gläntzt das Morgenroth, wenn es den Tag anlacht.
Ihr zarten Glieder ihr, ihr Gold-gefärbten Haar
Seyd starck mein Hertze zu bestricken,
Das über euch, als im Entzücken,
Nicht fühlt worin es schweb' in Lust ob in Gefahr.

Wie hurtig ist der Gang! wie artig steht das Kleid
Doch kan der Himmel höher Gaben
Den übrigen verliehen haben.
Das erst' ist nicht das best. Stracks schliessen schafft offt Leid.

Reyhen.

Wer sich hier nicht nimmt in acht! u. s. w.

Die Zeit führet den Frühling ab und den Sommer ein

Mensch.

Ich dacht es wohl vorhin! die sich itzt zu mir macht.
Gibt kaum der ersten nach.
Wie schmückt der Aehren Krantz der schwartzen Haare Tracht!
Die Perlen tausendfach:
Als Sternen unsre Nacht entzünden,
Wenn nun Diana soll verschwinden
Ob schon der Sonnen Glantz die lichten Wangen färbt,
Spielt doch der Glieder Schnee,
Der aus der Mutter-Leib von Schmincke nichts geerbt.
Als wenn von Taurus Höh'
Die überdeckten Klippen mahlen,
Mit Wiederglantz der Wolcken prahlen.
Die Sichel in der Faust, der Arm schier gantz entblöst
Gibt warlich zu verstehn,
Daß sie nicht ruhen kan und Faulheit von sich stöst.
Zwar last sie auch hingehn!
Schön ist sie. Doch mir was zu strenge,
Ich leide Mangel bey der Menge.

Reyhen. Wer sich hier. u. s. w.

Die Zeit führet den Herbst ein.

Mensch.

Noch ist biß hieher nichts verlohren,
Tritt nicht des Reichthum Göttin auf?
So prächtig als zu ihrem Lauff,
Dafern Matuta neu gebohren,
Die Strahlen-volle Sonn erwacht,
Und die erquickte Welt anlacht.
Hier pralt was Osten je gewähret;
Was Peru aus der Klippen Nacht
Hat in den lieben Tag gebracht,
Und Amfitrit' jemals bescheret.

Des Hauptes welcken Blätter-Krantz
Ersetzt der Diamante Glantz.
Mein Aug erstarrt ob diesem Lichte!
Wir treffen mit dem Wiederschein
Der schütternden Rubinen ein,
Die in dem Schoß gehäufften Früchte:
Von ihrem Haupt biß auf den Fuß,
Ist nichts denn Pracht und Ueberfluß.
Doch sind die Wangen fast erblichen:
Der vorhin weissen Glieder Schnee
Wird gelblicht, der Corallen Höh'
Ist von der Lippen schier gewichen.
Sie ists nicht die mein Hertz ergetzt;
Das beste kommt wohl auf die letzt.

Reyhen. Wer sich hier u. s. w.

Die Zeit führet den Winter ein

Mensch.

Weh mir, was seh ich hier; ist diß mein gantz Verlangen?
O häßlich Grauen-Bild! was ist die Fackel noth!
Bist du mir in mein Grab zu leuchten vorgegangen
O lebend Siechen-Hauß, O Muster von dem Tod!
Weh mir! was find ich hier! ist diß mein langes Wehlen?
Wie schlägt mein Hoffen aus! O möcht ich nun zurück!
Soll ich mich für und für mit diesem Scheusal quälen?
O allzuspäte Reu, O höchst-verschertztes Glück.

Zeit.

Die ists, die du haben must;
Weil der andern dreyen keine
Würdig deiner wilden Lust.
Zage, schrey, lach, oder weine.
Da die frische Jugend nicht,
Nicht der vollen Jahre Blum,
Nicht ein blödes Angesicht,
Tüchtig dir zum Eigenthum.
So nimm, wofern du nicht wilst gantz verlohren seyn,
Was noch das Alter löst statt aller Güter ein.

Reyhen.

Kein höher Schatz ist in der grossen Welt,
Als nur die Zeit, wer die nach Würden hält,
Wer die recht braucht, trotzt Tod und Noth, und Neid
Und baut ihm selbst den Thron der Ewigkeit.

Die vierdte Abhandelung.

Cardenio. Ein Gespenst in Gestalt Olympiens.

Der Schau-Platz ist um Lysanders Hauß.

Die vorhin mehr denn angenehme Zeit
Der stillen Nacht entsteckt der hellen Lichter Reyhen!
Und meine nimmer todte Traurigkeit
Erwacht, und reitzt mich an mich endlich zu befreyen
Ihr Fackeln die ihr in den Wolcken brennt!
Die ihr vor diesem mir zu meiner Lust geschienen!
Als ich in toller Liebe mich verkennt,
Seyd nun bereit zur Rache mir zu dienen!
Wo irr ich hin! wie vorhin mich die Lust
Durch Finsternis hieß als zur Wache gehen,
So zwingt der Durst der heiß entbrandten Brust,
Nach deinem Blut o Tod=Feind mich zu stehen.
Wo bleibt Lysander dann? Die Häuser sind geschlossen.
Die Gassen sonder Volck, die Sternen fort geschossen:
Diane bringt hervor ihr abgenommen Licht
Und schielt den Erdkreiß an mit halbem Angesicht.
Man hört von weitem nur der wackern Hunde Heulen,
Und einsames Geschrey der ungeparten Eulen.
Die Fenster stehn entseelt von ihrer Kertzen=Schein,
Der Schlaff spricht allen zu und wiegt die Augen ein.
Nur meine Rache nicht! was seh' ich? Ists zu glauben!
Wie? Oder mag ein Traum mich der Vernunfft berauben?
Daß man Olympens Thür bei hoher Mitternacht,
Eh' jemand klopfft so frey und sonder Sorg' auffmacht!
Wie? Ein verschleirtes Bild und zwar so gantz alleine?
Nicht Diener! Fackel! Weib! und gleichwol nach dem Scheine
Nicht so geringer Art. Ich muß mich unterstehn
Zu forschen wer sie sey, und auf sie loß zu gehn.
Holdseligste, wie ist's? schaut man so schöne Sonnen
Bei trüber Mitternacht? Diane gibts gewonnen
Und deckt mit einer Wolck ihr schamroth Angesicht,
Die Sternen sind erblast ob ihrer Augen Licht.

Olymp.

Mein Herr verzeih', ich weiß wie war, sothanes Schertzen.

Carden.

Wie? Glaubt sie, daß mein Wort nicht komm' aus wahrem Hertzen!

Olymp.

Mein Herr sieht Sonnen hier und gleichwol seh ich Nacht.

Carden.

Die Sonne sieht sich nicht die alle sehend macht.

Olymp.

Mein trüber Schein bezeugt wie nah' ich Sonnen gleiche!

Carden.

Und ihr Verstand thut dar daß ihr die Sonne weiche.

Olymp.

Genung mein Herr ich geh! Carden. Wohin so spät? allein?
Olymp. Die Tugend mit sich führt, wird nicht alleine seyn.

Carden.

Welch Unfall zwinget sie bei Nacht sich so zu wagen?

Olymp.

Kein Unfall, Gunst vielmehr: Solt ich die Wahrheit sagen.

Carden.

In Warheit grosse Gunst. Wol dem, dem sie geschieht.

Olymp.

Mir und Olympien! die mit mir auffgeblüht:

Carden.

Mich daucht ich sahe sie aus ihrem Hause treten.

Olymp.

Sie hat den Abend mich zur Mahlzeit eingebeten.

Carden.

Und schlägt ihr Herberg ab' in dem so weiten Hauß?

Olymp.

Mein Herr, wenn lieber kommt, denn hat wer lieb' war aus.

Carden.

Wen mag bey heller Nacht Olympe noch erbeiten?

Olymp.

Ihr Eh-Schatz wird gewiß vor Morgen noch einreiten.

Carden.

Wie daß Olympe sie nicht heim begleiten ließ?

Olymp.

Mein Herr ich bin bekandt und meines Wegs gewiß.

Carden.

Und gleichwol hab ich nicht die Ehre sie zu kennen!

Olymp.

Vielleicht doch wol gehört offt meinen Namen nennen.

Carden.

Sie gönne mir, daß ich sie denn begleiten mag!

Olymp.

Gar wol: Doch mir ist Nacht so sicher als der Tag.

Carden.

Ich wolte diese Nacht dem Tage weit vorziehen,
Wenn sie O schönstes Licht nicht wolte von mir fliehen!
Wo lencken wir uns hin! nun sich die Gasse theilt
Mein Engel! wie so still! hab etwan ich gefeilt
Daß sie den süssen Mund durchaus vor mir wil schliessen!
Sie melde nur die Schuld, ich wil den Frevel büssen,
Sie sprech' ein Urtheil aus; was mag der Ursprung seyn!
Ist meine Gegenwart die Ursach ihrer Pein?
Sie melde was sie kränckt. Ich wil, wo es zu glauben,
Mich dieser süssen Lust nur ihr zur Lust berauben!
Holdseligste! kein Wort! sie räche sich an mir
Hier ist der scharffe Stahl! die blosse Brust ist hier.
Dafern ich was verwirckt das ihr so sehr entgegen!
Druckt sie ein ander Schmertz? Kan etwa mein Vermögen
Zu ihren Diensten seyn! kein Unheil ist zu groß:
Sie gebe sich und nur mit einem Seufftzer bloß!
Begleit ich sie zu fern? Sie wil kein Wort verlieren!
Ich kann nur mehr denn wol, O grause Schönste! spüren,
Daß ich, indem ich ihr wil dienen, sie beschwer.
Ich geh denn, sie verzeih! mich trägt mein Weg die quer.
Auch fordert mich von hier ein vorgesetzt Geschäffte!

Olymp. Brich Jammer schwangres Hertz! brecht ihr erstarrten Kräffte!
Brich meiner Lippen Schloß! wie? oder ists ein Wahn!
Hab ich in solcher Angst die beste Zeit verthan?
Ich, die du falscher Mensch nicht wilst, nicht kannst mehr kennen.
Soll ich Cardenio dir meinen Namen nennen?
Erzitter und erschrick! Olympen hast du hier!
Die bei geheimer Nacht nur winselt über dir,
Weil sie den Tag nicht darff! hab ich mich rau gestellet
So offt du unbedacht dich zu mir hast gesellet!
Hieß ich dich hitzig gehn; diß fordert Ehr und Glimpff.
Jagt dich ein ernstes Wort und ein falsch-zornig Schimpff?
Heist diß beständig seyn! auf ewig sich verschweren?
Bist du so meiner Gunst, so indenck meiner Zähren?
So indenck meiner Glut! daß auch der Nahmen nicht
Dir in die Sinnen kömmt: ob schon dir im Gesicht'
Olympe lebend steht! ob dir vor süssen Worte!

Schon streichen in dein Ohr! ob sie schon aus dem Orte
Hervor tritt, den du mehr; mehr denn zuviel besucht!
Und fragst du wer sie sey! und machst dich auf die Flucht,
Indem sie um dich zagt! fragst du wohin ich eile?
Bey ungeheurer Nacht! warum ich nicht verweile
In dem verhaßten Bett? Es ist nicht fern von hier
Ein Garten: Angenehm nicht wegen seiner Zier
Und Blumen=reicher Pracht und wolgesetzten Heyne.
Ach nein, ich liebe mehr allbar die rauhen Steine:
Die man an dessen Seit aus tieffen Hölen bricht!
In welchen Echo sitzt und jedes Wort nachspricht.
Daß ich vor Weinen offt verschluck und in mich fresse,
Ich, die, Cardenin, dein ewig nicht vergesse.
Dein! dem Olympe Tod! mit welcher in dir starb,
Was unvergleichlich Ehr und Ansehn dir erwarb
Dein, den die tolle Brunst verknüpfft hat mit Celinden,
Dem Fräulein sonder Zucht, dem Zunder ärgster Sünden!
Dem Ursprung deiner Noth! die Quelle meiner Pein,
Und die Cardenio, dein Untergang wird seyn!
Carden. O Schönste! daß sie mich erstarrend vor ihr schauet,
Mich, welchem vor sich selbst und seiner Unthat grauet,
Daß ich so lang' erstumm't; entsteht aus meiner Reu,
Die keine Worte find't, Krafft welcher ihre Treu,
Die übertreue Treu, von mir recht auszustreichen;
Olympe! welche Gluth wird ihrer Flamme gleichen!
Sie führe mich von hier! die dunkel Einsamkeit,
Vorhin durch ihr Gewein, bethränet und beschreyt,
Soll nunmehr Zeuge seyn (ich haß! ich flieh Celinden!)
Daß sie Olympe nur, nur mächtig mich zu binden!
Ich wandel als entzückt! mir ist ich weiß nicht wie:
Sie zeige mir den Ort in dem ich auf dem Knie
(Ihr O mein Licht) gesteh, mein überhäufft Verbrechen!
Sie selbst, Olympe sie, sie mag ein Urtheil sprechen,
Das strengste das sie weiß, sie glaube daß ich frey
Und hurtig und behertzt es auszuführen sey.

Lysander, zwei Diener, und die wahre **Olympia**.

Stracks mit den Rossen fort nach meinen Hinter=Thoren.
Du Storax komm mit mir. Stor. Die Nacht ist fast verlohren
Lys. Was schwätzt er von der Nacht? Stor. Nichts! doch mein Herr, ein Wort.
Wir eilten spät anheim, da wir doch an dem Ort,
Da zu dem Abendmahl wir sämptlich abgestiegen,

Wol biß zu nahem Tag ohn Eckel konten liegen.
Was ists drey Stunden eh in seiner Wohnung seyn?
Was bringt die Finsterniß bei den Geschäfften ein?

Lysand.

Wer binnen so viel Zeits kan eigen Hof erreichen,
Und lieber anderwerts sich auffhält, gibt ein Zeichen,
Das er noch rechter Wirth, noch lieber Ehmann sey.

Stor.

Itzt wandeln wir zu Fuß; und reiten stund uns frey:

Lysand.

Was noth daß man die Stadt durch diß Gekreisch erwecke,
Daß man Olympien durch viel Geräß' erschrecke?
Und Gassen rege mach... Stor. Es liegt mir da nicht an.
Nur daß ein Unglück uns so überfallen kan,
Das zu vermeiden stund. Der Mann hat nicht gelogen:
Der vorgab daß die Nacht nicht ieben gleich gewogen.

Lysand.

Wer kan dir Schaden thun vor deines Herren Thür?
Stor. Wie, wenn man schadete dem Herren neben mir?

Lysand.

Erschreckter! fürchst du dich den Degen zu entblössen.

Stor.

Zwey Klingen thun nicht viel, bey zehn, bey zwanzig Stössen,

Lysand.

Ist die genaue Wach nicht hier, nicht dar bestellt?

Stor.

Sie wacht dem nur zu träg, der auf den Sand gefällt.

Lysand.

Das Schwerdt der Obrigkeit kan diese Schwerdter dämpffen.

Stor.

Es wär' ietzt fern von uns, dafern wir solten kämpffen.
Mein Herr, die große Stadt beherbergt manchen Geist;
Der sich aus Uebermuth, aus Zank! aus Argwohn schmeist.
Der den verdeckten Haß durch Meuchelmord ausführet.
Denckt ob ihr aller Freund. Was diesen Himmel zieret,
Und durch das Dunckel glänzt; sieht manche Thaten an.
Die auch die Mittags-Sonn offt nicht entdecken kan!

Lysand.

Genung von dem! wir sind, (der Höchste sey gepreiset!)
Auff eigner Schwell'; ey klopff! klopff an! Knecht. Er ist verreiset!
Storax. Wer ist verreist? Knecht. Mein Herr. Storax. Thue auf, dein Herr ist hier.

Knecht. Wir giengen über Feld. Storax. Wie Dorus? Traumet dir?

Lysand.

Klopff an. Er ist voll Schlaffs. Knecht. Wer da? Storax. Der Herr ist kommen?
Dorus. O wol! mein Herr! ich hatt' euch vor nicht recht vernommen!

Lysand.

Nun munter! öffne bald! wie ists mit dir bewand?

Dorus.

Mein Herr, die Schlüssel sind in unser Frauen Hand.
Ich geh' und zeig es an! Lysand. O angenehm erwecken!
Wird ihr ein süsser Traum mein Ankunfft auch entdecken?
Mein einig Eigenthum, dein treues Hertze macht,
Daß ich der Fürsten Gunst und Hofes Zier veracht.

Olympe durch die Fenster. Lysander. Storax.

Wer da! mein Hertz! Lysand. Mein Licht! Olymp. O tausendmal willkommen!
Mein Trost, jetzt schließ ich auf. Lysand. Ist dir die Furcht benommen,
Nun wir versichert sind? Stor. Wir stehn noch vor der Thür.
Man fällt im Augenblick offt zwischen dar und hier.

Lysand.

Du Blöder! du wirst nicht so leicht dein Leben wagen.

Storax.

Leicht wagen, aber Herr euch auch die Warheit sagen
Und diß aus treuem Geist, mir ist die Seele feil
Mein Herr vor seinen Leib und seines Hauses Heil.

Olympia. Lysander.

Olymp. Willkommen süsses Hertz! O hochbegehrte Stunden!
Lysand. O liebreich Angesicht! O höchst gewundscht gefunden!
Leid ist mir, daß ich sie gestört in ihrer Ruh.
Olymp. Mir lieb! mir setzte Furcht und grauses Schrecken zu.
In einem herben Traum! wie wol bin ich erwachet!
Sein Ankunfft hat mich Angst- und Sorgen-frey gemachet.
Mein Hertz folg ins Gemach! Lysand. Stracks wo mag Dorus seyn?
Laß durch den Hinterhof die Roß und Diener ein.
Du Storax schleuß das Thor! gibt acht auf alle Sachen,
Die mit von Hofe bracht. Storax. Ich werd es richtig machen.

Mein Herr sey unbesorgt. **Olymp.** Last uns nicht länger stehn!
Es ist die tiefste Nacht. **Lysand.** Wolan mein Licht, wir gehn.

Cardenio. Das Gespenst in Gestalt Olympiens.

Der Schau-Platz verwandelt sich in einen Lust-Garten.

Mein Trost! wir gehn so fern! und wechseln keine Worte!
Treugt mich das Auge nicht, so sind wir an dem Orte
Den sie bei stiller Nacht zu trauren ihr erwehlt!
Mein Engel! dessen Grimm mein reuend Hertze quält;
Ist ihr gerechter Zorn denn nicht zu überbitten?
Ich hab, es ist nicht ohn, weit ausser Pflicht geschritten!
Mehr aus Verzweiffeln, denn aus Abgunst gegen ihr!
Sie Göttin! sie verzeih! die Seel erstirbt in mir,
Wofern sie Schönste nicht hier wil den Haß ablegen,
Den meine Schuld entsteckt. Sie lasse sich bewegen
Der heissen Thränen Fluß! der sanffte Westen-Wind,
Der durch die Sträucher rauscht beseufftzet und empfindt
Die unaussprechlich Angst die meine Seele drücket.
Diane die bestürtzt und dunckel uns anblicket,
Bejammert meine Noth und bittet, wie es scheint,
Vor diesen der für ihr auf seinen Knien weint.
Sie gönne mir doch nur ihr lieblich Angesichte,
Das Mond und Sternen trotzt! und mach in mir zunichte
Durch einen süssen Kuß, wo etwas allhier lebt
Das nicht Olympen hold! die Nacht so um uns schwebt
Sey ihr statt einer Wolck der zart-gewürckten Seiden:
Mein Engel! sie wird ja von ihrem Diener leiden;
Daß er, dafern ihr Haß beständig zürnen wil,
Doch nur die Hüll abzieh, und recht das Blitzen fühl
So aus den Augen strahlt ... ...

Der Schau-Platz verändert sich plötzlich in eine abscheuliche Einöde, Olympie selbst in ein Todten-Gerippe, welches mit Pfeil und Bogen auff den Cardenio zielet.

Carden. ... ... O Himmel ich verschwinde!
Olymp. Schau an, so blitzt mein Strahl, dein Lohn, die Frucht der Sünde.

Tyche. Celinde. Cleon.

Der Schau-Platz stellet einen Kirchhof mit einer Kirchen vor.

Tyche. Der Mond ist ziemlich hoch! der kalte Wandel-Stern
Läst sich Nord-Ostlich sehn, das Licht ist gleich so fern,

Als uns der Abend steht: die muntern Geister lehren
Ein ihn verknüpffte Seel, indem sie schnarchen hören
Die irrdisch sind gesinnt; biß sich der Vogel regt,
Der unserm Thun ein Ziel durch seine Stimme legt.
Nunmehr ist keine Zeit, O schönste zu verliehren,
Wo wir entschlossen sind das Werk recht auszuführen:
Sie suche denn das Pfand der unerschöpfften Lust,
Der immer-steten Treu, in ihres Liebsten Brust,
Indem ich seine Seel in jenem Thal erweiche,
Daß sie uns willig sey zum Darlehn ihrer Leiche!
Sie stell' ihr Sorgen ein: und zage ferner nicht.
Vor alles Schrecken dien' ihr diß geweyhte Licht.

Celind.

Ach soll ich dieser That allein mich unterfangen?

Tyche.

Um immer-feste Lust und Ruhe zu erlangen!
Celind. Allein, in diesen Ort! Tyche. Steht Cleon nicht bei ihr!
Cleon. Steht ihr ein Unglück vor so wiederfahr es mir!
Celind. Allein den heil'gen Ort die Stunde zu betreten.
Cleon. Diß thu ich für und für; es sey daß ich zu beten
Gesetzte Zeichen geb', es sey daß man bedacht
Zu fördern diß und das, worzu die stille Nacht
Viel angenehmer scheint; Celind. Diß Stück ist nie gewaget:

Tyche.

Von dieser mehr denn offt, die sie um Rath gefraget.

Celind.

Die leider mehr denn ich auf diesen Fall beherzt.

Tyche.

Der Anfang fürchtet offt wormit das Ende schertzt.

Cleon.

Was fürchten wir uns doch es ist ein eitel Schwätzen.
Somit man Einfalt sucht im Traum und Wahn zu setzen,
Meynt man daß sich ein Geist um Bein und Grab beweg;
Daß sich hier ein Gespenst, dort ein Gesichte reg,
Und Eifer um sein Asch'? Eröffnet nicht die Grüffte
Aegypten sonder Scheu und bringt in freye Lüffte
Sein balsamirtes Fleisch das über sie verschickt
Ein abgekräncktes Hertz im Sichbett' offt erquickt?
Entgliedern nicht die Aertzt' ohn Einred und Bedencken
Viel Cörper die man wollt in ihre Ruh' einsencken,
Um andern darzuthun woher die Seuch entsteh?

Wo greifft die Kunst nicht hin! hat man der Menschen Weh,
Nicht offt durch Menschen=Blut, Fleisch, Glieder und Gebeine,
Und feistes Marck gestillt? Durch todter Nieren Steine
Bricht der, der in uns wächst! man gibt nicht neues an!
Doch sucht man hier bei Nacht, indem der Tag nicht kan
Bedecken derer Neid, die sich auf uns entzünden,
Weil wir zu aller Noth weit schneller Mittel finden
Als ihre Kunst vermag, die so manch weites Land
Vor mehr denn menschlich hält, Haß rührt aus Unverstand!

Celind.

Man kann ja jedes Bild mit schöner Farb anstreichen.

Tyche.

Ich geh'. Ihr: Fördert euch; last nicht die Zeit hinschleichen,
Die keinmal wiederkömmt. Celind. Es sey gewagt!
Cleon. Die Thür,
Ist offen; was wir thun bleibt zwischen ihr und mir'
Sie folg' ich will die Grufft des Ritters leicht entschliessen!

Celind.

Wohin verfällt ein Weib die so viel leiden müssen.

Carden.

Ach! tödtlich Anblick! Ach! abscheulichstes Gesicht!
Ach grausamstes Gespenst! umringt mich noch das Licht!
Wie! oder ist bereits der Geist der Last entbunden,
Und hat die Frucht der Schuld, der Sünden Sold gefunden?
Wo bin ich! faul ich schon in einer finstern Grufft?
Trägt mich die Erden noch? Zieh ich noch frische Lufft
In die erschreckte Brust! ich schau den Himmel zittern;
Ich schau der Sternen Heer Blut=rothe Strahlen schittern!
Wo bin ich! ists ein Traum, heischt mich der Richter vor?
Klingt seine Rechts=Posaun durch mein erschälltes Ohr?
Wie! oder geh ich wol durch denckel grause Wege
So einsam, so allein, durch ungebähnte Stege,
Wo des Gewissens Wurm stets die Verbrecher nagt:
Wo ein verdammter Geist, der von sich selbst verklagt,
Und durch sich überzeugt in ewig=neuem Schrecken
Sucht seine Missethat vergebens zu verstecken?
Ach Gott! der Götter Gott! geh ich noch in der Zeit?
Beschleust mich schon das Ziel der langen Ewigkeit?
Ich fühle ja daß ich mit Gliedern noch umgeben!
Ists möglich: Daß ich kan nach solchem Anblick leben:
Doch ja! du grosser Gott du trägst mit mir Geduld
Und gönnst mir etwas Frist, die übermaste Schuld
In die ich mich vertäufft dir weinend abzubitten.

Ich Herr, bin von der Bahn der Tugend abgeglitten.
Ich bins der in dem Koth der Laster sich gewühlt
Mehr viehisch als ein Vieh, der nimmermehr gefühlt
(Wie hart du angeklopfft) dein innerlich anschreyen,
Der mehr denn lebend tod, (ob schon du wilst befreyen)
Doch an der Sünden Joch, die schwere Ketten zeucht:
Der vor dir, Heil der Welt! in sein Verderben fleucht,
Mein Vater! ich kehr' um! ich knie vor diese Thüren,
Vor dein geweyhtes Hauß. Was aber mag sich rühren?
Was poltern hör ich an! mir stehn die Haar empor:
Verfolgt mich diß Gespenst biß an die heilgen Thor?
Hat sich der gantze Styx die Nacht auf mich verbunden?
Hat sich Cocytus Heer in diese Stadt gefunden?
Mein Gott! ich muß von hier! halt ein! was gibst du an?
Halt in Cardenio! ob auch ein Rauber kan
Sich an den sichern Ort bei stillem Danckeln wagen
Und an geweyhtes Gold die frechen Hände schlagen?
Was weiß ich; ob nicht Gott mich an den Tempel führ
Zu retten seine Kirch! wie fein: Daß ich verlier,
Gelegenheit das Schwerdt einmahl vor Gott zu zucken:
Und Mördern aus der Faust den schweren Raub zu rucken.
Ist diß mein grosser Muth! ach nein. Die Kling ist frey
Der steh', auf den ichs wag, den guten Vorsatz bey.
Die Thüre wie ich fühl gibt nach und ist entschlossen!
Diß zeigt nichts redlichs an! die Rigel weggeschossen!
Gewiß sind Rauber hier! wie komm' ich auf die Spur;
Dort hängt von oben ab an Gold gewürckter Schnur
Ein köstlich hell Crystall in dem die Flamme lebet
Die durch ein Tacht ernährt auf reinem Oele schwebet,
In reiches Silberwerck, vor Anstoß, eingesenckt.
Wie daß die Rauber nicht den schönen Schmuck gekränckt,
Der sich doch selbst entdeckt? Was kan ich hieraus schliessen!
Es geh nun, wie es geh, so muß ichs dennoch wissen!
Worum entzünd ich nicht die Kertze vom Altar
Bei dieser Ampel Glantz! und suche wo die Schaar
Sich zu verbergen sucht! hier ist noch nichts entwendet!
Doch haben sie vielleicht das Stück nicht recht vollendet.
Was aber find ich hier! wie? Ein entseelte Leich
Gelehnt an diese Maur! von Fäule blau und bleich!
Verstelltes Todten-Bild! weit eingekrümpffte Lippen!
Was sind wir Arme doch! so bald man an den Klippen
Des Todes scheitern muß; verschwindet die Gestalt
Die vorhin frische Haut wird vor dem Alter alt,

Und Stanck, und Staub, und nichts: was aber hier zu sagen?
Ob nicht der Cörper wohl aus seiner Grufft getragen
Indem man Sarg erbricht! und mit erhitztem Muth
Durchstanckert Asch und Bein um das verfluchte Gut.
Wer rennt der Thüren zu, so lang, so schwartz bekleidet?
Halt an! er ist dahin! der fremde Fall beneidet
Die nie erschreckte Faust! doch einer wird allein
Zu diesem Kirchen-Raub nicht ausgerüstet seyn.
Und recht! dort strahlt ein Licht aus dem entdeckten Grabe!
Wol daß ich in dem Nest das Wild ergriffen habe!
Was habt ihr Mörder vor! Celind. Weh! weh mir! ich bin todt!
Card. O Gott was find ich! Celind. Ach! ich sterb in höchster Noth.
Carden. Ist diß Celinde; will mich ein Gespenst erschrecken!
Celind. Will mich Cardenio aus dieser Grufft erwecken!
Carden. Celinde schau ich sie? Celind. Schickt ihn der Himmel mir?
Carden. Zu ihr in diese Grufft! Celind. Mein Herr ich sterb allhier!
Carden. Ists möglich daß ich sie Celind' allhier soll schauen!
Celind. Er schaut mich hier verteufft in unerhörtes Grauen.
Carden. Wer führt sie in ein Grab? Celind. Verzweifeln, Herr, und er!
Carden. O grauses Wunderwerck! Celind. Mir leider viel zu schwer,
Wofern sein Haß auf mich noch wie vorhin erbittert!
So schau er auf mein Hertz, daß in der Angst erzittert
In die es sich gestürtzt, mein Herr, um ihn allein!
Und stosse seinen Stahl zu enden diese Pein,
Durch die entblöste Brust. Dafern er mit mir Armen
Mitleiden tragen mag, so woll' er sich erbarmen,
Und führe mich von hier! Carden. Ists! oder ists ein Schein!
Soll sie Celinde denn in lauter Warheit seyn!
Nein; das Gespenst, das durch Olympen mich gefället;
Hat in Celinden sich den Augenblick verstellet,
Und läst wofern ich sie mit einer Hand berühr'.
Ein schändlich Todten-Bild, gleich als vorhin, für mir.
Celind. Er rette wo er kan! er rette mich Betrübte!
Er rette dieses Hertz, das ihn so hertzlich liebte.
Carden. Sie steige zu mir auf. Celind. Es hält mich etwas an!

Doch schau ich nichts als ihn. Er reiche (wo er kan)
Mir den beherzten Arm! O Gott! laß uns von hinnen!
Carden. Celinde möcht ein Mensch so fremden Fall ersinnen!
Wie kommt sie an den Ort bei ungeheurer Nacht?
Celind. Mein Herr, er forsche nicht, wenn ich von hier gebracht;
Will ich mein Elend ihm ohn Umschweiff glatt auslegen,
Mein Herr von hier! Carden. Schau ich den Todten sich bewegen?
Er eilt dem Grabe zu; die Glieder zittern mir.
Die Schenckel sind erstarrt? Celind. Mein Herr! mein Hertz von hier,

Das Gespenst des Ritters.

Des Höchsten unerforschliches Gerichte:
Schreckt eure Schuld durch dieses Traur-Gesichte,
Die ihr mehr todt denn ich! O selig ist der Geist
Dem eines Todten Grufft den Weg zum Leben weist.

Reyhen.

Dennoch kan die letzte Macht
Die uns sterben heisset,
Und ins Grabes lange Nacht,
Von der Erden reisset;
Dennoch kann sie über dich
Mensch nicht gantz gebitten,
Weil der Geist von ihrem Stich
Wird umsonst bestritten.
Zwar der Leichnam gehet ein.
Hertz und Augen brechen,
Wenn sich in der letzten Pein
Arm' und Glieder schwächen,
Das geliebte Fleisch verfällt
Wie bey heisser Sonnen
Sich ein Bild von Wachs verstellt,
Biß es gantz zerronnen.
Bringt Aspaltens Hartz herv
Balsam, Nard' und Myrrhen,
Was Socotor, je erkohr,
Was die, so stets irren,
Um Sarunbun lasen auf,
Bringet Spicereyen,
Die Molucc je gab zu kauff,
Hier wird nichts gedeyen.
Was du an dir trägst ist Staub,

Er kam von der Erden.
Und muß durch der Jahre Raub
Staub und Erden werden.
Was verwahrt die rauhe Grufft
Unter ihrem Steine,
Der auch stumm, von sterben rufft,
Als verdorrt Gebeine:
  Aber unser bestes Theil
Weiß nichts von Verwesen!
Es bleibt in den Schmertzen, Heil,
Sterben heist's Genesen.
Es ergetzt sich ob dem Licht,
Das es vor nicht kannte:
Als es zu des Leibes Pflicht
Zeit und Welt verbannte.
  Doch, dafern es nicht Gefehrt,
Mit des Fleisches-Wercken;
Die des höchsten Richters Schwerdt
Heist zur Straff auffmercken.
O wie selig ist die Seel
Die von Leib und Sünden
Loß, nach ihres Kerckers Höl
Kan die Freyheit finden!
  Sie weiß nichts von Ach und Leid
Das die Menschen quälet:
Weil sie in der Ewigkeit
Ihre Ruh erwählet.
Doch wird keine für und für
Dieser Lust geniessen;
Die nicht einig lernt in dir
Herr, den Lauff beschliessen.

Die Fünffte Abhandelung.

Viren. Lysander. Olympie.

So ists! er ließ mich hoch und überhoch belangen;
Ich wolte dieser Müh bey euch mich unterfangen,

Za melden, als es mich daucht unbequem und schwer,
Daß sein und euer Heyl hieran gelegen wär.

Olymp.

Mein Hertz, es steht bei ihm sein Bitten abzuschlagen:
Es steht ihm gleichfalls frei ob er den Gang wil wagen,
Doch, bitt ich; nicht allein! mich laß er unbeschickt,
Die nichts mit ihm zu thun. Die keusche Tugend blickt
Nie in ein fremdes Haus! und mag ichs dürr aussagen:
Was hat Cardenio nach mir und ihm zu fragen!
Man weiß es leider wohl, worein er mich geführt,
Lysander hat von ihm nie keine Gunst gespührt.
Warum begehrt er denn von uns ersucht zu werden?
Ists solche Wichtigkeit? wir stehn auf einer Erden,
Der Weg in unserm Hof ist jedem unverschrenckt;
Er komm und sind uns selbst. Ist etwas das uns kränckt,
Darvor er Mittel weiß, so wil es uns obliegen
Zu forschen wo er sey, und sich vor ihm zu schmiegen.
Hier blickt das Gegentheil. Drum wünscht ich (möcht es seyn!)
Man stellt' auf meinen Rath nur diß Besuchen ein.

Lysand.

Wahr ists, Cardenio ist nie mein Freund gewesen:
Weil ich durch seine Pein in meiner Angst genesen.
Diß aber reitzt mich, daß ich ihm entgegen geh;
Und jetzt zu Willen sey! denn (wo ich recht versteh)
Muß freylich dieses Werck was wichtigs auf sich haben,
Daß er, der nie gewohnt, was sänffter her zu traben,
So embsig nach uns hofft. Er sprech uns selber zu:
Diß wendt sie ein, mein Hertz. Wer weiß warum ers thu,
Daß er uns mehr bey sich, als sich bey uns wil wissen.
Vielleicht sucht er das Werck geheimer einzuschliessen.
Als unser Hof verträgt, indem so mancher acht
Auf diß was seltsam gibt. Ein munter Auge wacht
Um alle Heimligkeit auffs Beste zu verdecken!

Olymp.

Wer etwas guts beginnt; sucht nicht sich zu verdecken;
Ich kenne sein Gemüth, daß Haß und Eifer treibt,
Wer diese Räth anhört, vergist sich selbst und schreibt
Mit lauter Menschen=Blut sein immer neu verbrechen!
Wer weiß an wem er sich gesonnen sey zu rächen!
Indem er gleich von hier (wie du mir Zeitung bracht
Mein Bruder) reisen wil, und noch vor dieser Nacht.

Viren.

Niemand wird wer er sey, der Schwester, besser sagen:

Als der, der seine Wund, auf dieser Brust getragen,
Als er mich bei der Nacht genöthigt überfiel.
Diß glaube, daß ich ihn nicht viel ausstreichen wil,
Noch weniger bedacht sein nicht gelobtes Leben,
Durch ungegründten Ruhm vor beiden zu erheben!
Er sey nun wer er sey; ich trau ihm gar nicht zu
Daß er was arges spinn. Es weiß noch ich noch du,
Ob dieser Gang nicht kan zu aller Nutz gedeyen.

Olymp.

Ob nicht zu aller Angst! es wolle der verleyen,
Der in die Seelen sieht, daß mein Wahn eitel sey.

Lysand.

Mein Hertz; sie fürchte nicht. Ihr Bruder steht mir bey!

Viren.

Frau Schwester; es ist hier was sonders angelegen.
Drum halt uns nicht mehr auf, und laß dich selbst bewegen
Zu gehn, wohin man dich so embsig hat ersucht!

Olymp.

Ich Bruder bin bereit; wiewol es sonder Frucht!
Kein Vorwitz führt mich mit! wo hier Gefahr verborgen,
Entbrenne sie auf mich; wo wir vergebens sorgen;
So zeige meine Pflicht, daß die sich recht bedacht;
Die weniger sich selbst, denn Mann und Bruder acht.

Pamphilius. Virenus. Celinde. Cardenio. Olympie. Lysander.

Mein Freund Viren' ich bleib auf ewig dir verbunden;
Daß du auf diesen Tag Gelegenheit gefunden,
Mir diß geliebte Paar zu stellen vor Gesicht.
Lysander glaub es fest, daß er auf Erden nicht
Könt iemand werther Gunst als mir, die Stund, erzeigen!
Sie, Himmel-werthe Frau, die Tugend gantz zu eigen
Und Zucht zu Willen hat, die ich zum erstenmal
Mit reinem Aug' anschau, nachdem die tolle Quaal
Die mich so lange Zeit unsinnig hat gerissen,
Wie leider! und wohin! die Nacht sich enden müssen.
Sie decke nicht vor mir ihr herrlichs Angesicht!
Diß ist mein letzter Wunsch. Lysander eifre nicht.
Ich bin Cardenio! nicht der ich bin gewesen
Mehr toll als Tolle sind! nein! nein! ich bin genesen!
Von Hoffen, Wahn und Pein, und was man Liebe nennt,
Der Höllen-heissen Gluth die in dem Hertzen brennt,

Und uns ans Rasen bringt. Was hab ich nicht begangen?
Als diese Seelen-Gifft den blinden Geist gefangen!
Welch' Unthat hab ich nicht biß auf die letzte Nacht,
So manches schönes Jahr (ich Thörichter) verbracht.
Ich war! ich wil nunmehr nur meine Schuld bekennen!
Lysander mit dem Stahl sein Hertze zu durchrennen:
Gewaffnet und bereit! die Faust schwur (höchster Gott
Verzeih dem frechen Trotz!) Lysander seinen Tod.
Olympe dieses Licht ziehlt auf Lysanders Leichen!
Und sieht mich selbst vor ihr aus heisser Reu erbleichen!
Was schafft ich nicht vorhin Olympen Angst und Müh,
Itzt fall' ich vor sie beyd' auf mein gebeugtes Knie.
Lysander zage nicht! hier liegt mein mordlicht Eisen
Er stoß es durch mich selbst. Ich wil ihm Gänge weisen
Durch mein betrübtes Hertz. Ist mein Gewehr zu schlecht;
Er zucke seinen Stahl und schaff ihm selber Recht.
Ich will den Tod von ihm, mein ein und hoch Verlangen,
Vor meine Missethat als ein Geschenck empfangen.

Olymp.

O Himmel, was ist diß! was Schwermuth greifft ihn an!
Lysand. Cardenio mein Herr! wofern ich bitten kan,
Er knie nicht vor uns, ich werd und kan nicht rächen
Was niemahl mich verletzt! Carden. Lysander mein Verbrechen
Heischt diß befleckte Blut! Lysand. Mein Herr, auf von der Erd.
Wofern man rechnen soll, so bin ich straffenswerth,
Der ihm vor diesem wohl mehr als den Geist verletzet.
Zog er die Kling auf mich; so hab ich sie gewetzet!
Ich biet ihm meine Faust und liefer ihm mein Hertz.

Olymp.

Cardenio, wofern diß ein benebelt Schertz,
So spielt er nur zu viel mit Leuten von Gewissen.
Ists denn ein rechter Ernst; warum vor unsern Füssen,
So Wahnmuthsvoll gekniet! ich bitte, kan es seyn,
Er stelle gegen uns sein langes Schwermen ein.
Und poche nicht umsonst auf sein verwähntes Eisen!
Wird seine Seel' ihm nicht manch schrecklich Beyspiel weisen
Daß Uebermuth gestürtzt; So denck er, daß es früh,
Und man nicht wissen mag wie auch die Nacht aufzieh.

Carden.

Ach über-reine Seel! ach sind denn meine Zähren

Nicht Zeugen ernster Reu; und muß ich sie beschweren,
Indem mein zagend Geist von ihr Vergebung sucht?

Olymp.

Mein Herr er suche nichts, als unbefleckte Zucht!
Kanns aber möglich seyn, daß er sich selbst gefunden!
Er, der vorhin vor ihm und allen Ruhm verschwunden!
Wie gehts doch immer zu? **Carden.** Fürwahr ich weiß nicht wie!
Diß fühl ich; daß die Nacht, aus der verfluchten Müh,
Des Allerhöchsten Faust mich kräfftig hat gerissen,
Durch Mittel, davor ich und alle zittern müssen!
Doch mich alleine nicht! Celinde neben mir
Entbrannt in keuscher Glut voll heiliger Begier,
Denckt auf ein höher Werck! **Lysand.** Wie, ist er mit Celinden
Durch festen Schluß der Eh' gesonnen sich zu binden?

Carden.

Ach nein! der Wahn ist falsch! Celinden Lieb' ist todt,
Celinde liebt mit mir nichts als den höchsten Gott.

Olymp.

Ich hör aus seinem Mund ietzt lauter Wunderwercke.
Ich bitt', er zeig uns doch welch eine fremde Stärcke
So mächtig über ihn? **Carden.** Wolan, ich bin bereit,
Ob zwar der fremde Fall, nicht sonder Bitterkeit,
Nicht sonder Grauen kan von der gehöret werden,
Der ich, so lang ich leb auf diesem Kreiß der Erden
Hierdurch verpflichtet bin! die dunckelbraune Nacht
Hatt' in den Mittelpunct des Himmels sich gemacht;
Diane stieg hervor mit halb-verwandten Wangen;
Als ich entbrand von Haß, gantz einsam ausgegangen,
Lysander, seinen Tod zu fördern durch diß Schwerdt.
Ich wust' es wo er schon vor Abends eingekehrt,
Ich wust' es daß er noch würd' (ob wol spät) ankommen.
In dem ich mir den Schluß zu fördern fürgenommen,
Und halt um seinen Hof; seh ich die Thür auffgehn!
Ich schau ein Frauen-Bild umschleiert vor mir stehn!
Olymp. Cardenio, so ists: schwermüthige Gedancken,
Benebeln die Vernunfft, die ausser allen Schrancken
Auf solche Träume fällt! **Carden.** Man höre mich recht an!
Ich ward, Olympie, mehr denn sie glauben kan,

Verwirret und bestürtzt? als der sie gantz nicht kennte,
Biß auf mein Wort sie sich mit eignem Nahmen nennte.
Zwar wand sie erstlich ein; daß sie die halbe Nacht
Bey ihr Olympien am Tische zugebracht!

Olymp.

Bey mir! die gestern, Herr! kein frembdes Weib geschauet!

Carden.

Gedult! ich der hierauff ohn Argwohn fest gebauet;
Bot mein Geleit ihr an! daß nun ichs recht betracht;
Nicht hoch! (doch nur zum Schein) noch noth von ihr geacht!
Drauff küst ich ihre Faust, und ging an ihre Seiten;
Sie, ob, sie zwar sich ließ die gantze Gaß abgleiten;
Gab auf mein Reden doch kein einig Antwort mehr,
Wie hefftig ich auch bat! Biß Eifer, Rach, und Ehr,
Vor ihr, zu Hertzen gieng, was? Solt ich diese führen
Die mir den Mund nicht gönnt, und dort die Zeit verlieren,
Die nicht mehr wiederkommt: die Stunde rennt zu sehr;
Die Nacht so ietzt vergeht, gewinn ich nimmermehr.
So schloß ich; und entschloß sie plötzlich zu gesegnen,
Sie aber, mehr bereit als vor mir zu begegnen,
Fuhr recht entrüstet aus; klagt über meine Treu;
Schalt meinen Wanckelmuth; und sprach ohn eine Scheu,
Daß sie Olympe selbst, die mich so hertzlich liebte,
Die nun von mir veracht, aus Eifer sich betrübte.
Warff mir Celinden vor, bestund auf diesem Wort,
Daß sie bey stiller Nacht in einem wüsten Ort.
Gewohnet über mir viel Thränen zu vergiessen.

Olymp.

Gott, aller Götter Gott! wofern mein rein Gewissen
Mich nicht unschuldig macht; so sey mein gantzes Hauß
Mir Zeuge! was noch mehr. Lysander sag es aus,
Wenn, wo und wie er mich noch diese Nacht gefunden.

Carden.

Olympe sie verzeih, wo sie, wie meine Wunden
Von Grund aus sind verheilt, umständlich wissen wil,
So muß sie in was Noth mein sicher Geist verfiel
Erkennen von mir selbst! ich über mein Verhoffen,
Starrt eine lange Zeit, von diesem Blitz getroffen,
Biß ich mich unterwand zu lindern ihren Grimm
Doch, wie es schien umsonst. Sie schloß die süsse Stimm,
Und eilte neben mir durch nicht bekante Stege

In ein sehr fest umzäunt und lustiges Gehege,
Voll Blumen, voll Cypreß, und was das Aug ergetzt,
Da hat die Schönste sich auf einen Fels gesetzt.
Und ich mich neben sie, doch schwieg sie was ich klagte,
Gleich einem Marmel-Bild, mein brennend Hertz verzagte
Weil sie die Lippen schloß. Lieb', Einsamkeit und Nacht
Bestritten mich so fern, biß ich schier sonder Macht
Und zitternd mich erkühnt ihr Antlitz zu entdecken.
Da sah' ich! und erstarrt in ungeheurem Schrecken,
Da sah' ich! und erblast! da sah ich keine Zier!
Da sah' ich! und vergieng, Olympen nicht vor mir!
Ich sah' ein Todten-Bild! ohn Aug, ohn Lipp und Wangen,
Ohn Adern, Haut und Fleisch, geḱårt mit grünen Schlangen,
Das, eh' ich mich versann, die Kleidung von sich riß
Und Sehn und Pfeil ergriff, als mich der Geist verließ,
Und grimmig auf mich zielt', als ich in Schwindel stürtzte.
Und Ohnmacht mir zugleich so Furcht als Athem kürtzte.
So fällt ein Rittersmann, der vor dem Feinde steht,
Wenn ihm das heisse Bley durch Brust und Rücken geht,
Lysand. Ich wartet als entzückt, wie sich das Spiel wolt enden.
Nun spühr' ich daß Gott selbst den Unfall wollen wenden,
Der mich doch, oder ihn, durch, wo nicht beyder Tod,
Doch eines Untergang, hått in gewisse Noth,
Geführt eh' ichs gefürcht. **Olymp.** Was soll mein Hertz vermuthen?
Zielt dieß auf meine Schmach, geschicht es mir zum guten?
Soll ich zu eigner Schand' und eines andern Pein,
Hör an gerechter Gott! der Geister Maske seyn?

Carden.

Nachdem sich mein Geblüt anfangen zu bewegen,
Und ich gleich als erweckt die Glieder konte regen;
Befand ich mich allein auf einem rauhen Feld,
Daß durch gehäufften Grauß und Hecken gantz verstellt.
Ich eilte zitternd weg, als einer, der der Drachen
Vergifftet Netz entdeckt, und der dem heissen Rachen
Der Löwen kaum entkömmt. Doch find ich für und für,
Und spühr, ob ichs nicht seh' das Traur-Gespenst vor mir.
Diß zwingt mich, kommt mir ein wie rasend es sich wittert,
Wie es den Bogen spannt, wie es den Pfeil erschüttert:
Zu dencken wer ich sey! auf welcher Bahn ich steh,
Wie alle Pracht der Welt in Eitelkeit vergeh!
Wie schnell ich dieses Fleisch der Erden soll vertrauen,

Und den gerechten Thron des höchsten Richters schauen,
Der schon mein Lebens-Buch durchsucht und überschlägt,
Und das geringste Wort auf schnelle Wage legt.
Wie werd ich vor ihm stehn, ich der voll toller Lüste,
Nach keuscher Ehre steh', der mich erhitzt entrüste,
Auf ein nicht schuldig Blut, mit so viel Blut befleckt,
Mit Lastern Scheitel ab, biß auf den Fuß bedeckt!

Viren.

Ach ja! der Donner schreckt und weckt ein kranck Gewissen.

Carden.

Noch hab ich auf den Schlag was mehr empfinden müssen.
Ich irrte sonder Raht mir war kein Weg bekand,
Biß ich mich unverhofft vor einer Kirchen fand,
Da sanck ich auf die Knie und schwur dem wüsten Leben
Auf ewig gute Nacht, von diesem Nun zu geben.
Es floß auf iedes Wort der Thränen milde Bach!
Biß ein Gepolter mir die Red' und Andacht brach.
Erschreckte fürchten leicht. Was kont ich anders dencken
Als daß ein neu Gespenst erschienen mich zu kränken?
Ich gab mich in die Flucht, doch fiel mir endlich ein;
Es könten Räuber wol daselbst in Arbeit seyn.
Ich glaubte was ich wähnt, und schloß mit steiffer Klingen.
Den Frew'lern auf der That, die Beuten abzudringen!
Was mich noch mehr verstärckt, war daß des Tempels Thür
Gantz Schloß und Riegel-frey. Die redliche Begier
Zwang mich ins Heiligthum, in welchem keine Zeichen
Von einem Kirchen-Raub. Doch fand ich eine Leichen.
Gelehnt an eine Maur, halb von der Grufft verzehrt,
Mit diesem läufft ein Mensch den ich mit Kertz und Schwerdt
Wiewohl umsonst verfolgt, aus den geweyhten Schrancken.
Diß eben brachte mich auf vorige Gedancken,
Daß eine freche Schaar sich dar um Raub versteckt,
Biß mir ein strahlend Licht ein offen Grab entdeckt.
Als ich nach diesem gieng, in Meynung sie zu finden:
Traff ich in dieser Höl (O fremder Fall!) Celinden,
Die mich (den neue Furcht und grösser Angst betrat)
Mit schier erstarrter Stimm um Lebens Rettung bat.
Ich starrt und zweiffelt, ob der Himmel mein Verbrechen;
Durch solche Traur-Gespenst entschlossen sey zu rächen;
Ich gläubte wenn ich sie mit einer Hand berührt,
Das gleich Olympens Bild, das mich zuvor verführt
Sie in ein schrecklich Aas sich würd alsbald verkehren.

Doch muß ich endlich ihr, was sie begehrt gewähren.
Ich halff ihr aus der Grufft, in die der Leichnam eilt
Der an dem Pfeiler sich, wie schon erwehnt, verweilt.
Wir rennten aus der Kirch und wie durch gleiche Wunden
Vor beyder Hertz verletzt, so sind wir gleich verbunden!
Sie lescht mit Thränen aus der tollen Liebe-Glut,
Ich flieh was flüchtig ist, und such ein höher Gut.

Olymp.

Hat iemand weil der Bau der runden Welt gegründet,
Weil Gott das grosse Licht der Sonnen angezündet
Dergleichen Stück erhört! welch ungeheure Macht
Hat in ein Todten Grab Celinden lebend bracht!

Celind.

Daß euch, Cardenio, sein Unrecht zu bekennen
Gantz kein Bedencken trägt; möcht iemand Wahnwitz nennen;
Ich fühl in mir, daß der noch wol zu retten sey;
Der seine Seuch entdeckt. Man wird von Sünden frey
Wenn man die Sünden nicht entschuldigt, schmückt und färbet.
Ich bins Olympie die auf den Tod verderbet,
Die, wie sie selber weiß, nie nach dem Schmuck getracht:
Der keuscher Frauen Geist vor allen herrlich macht.
Zwar hat die erste Zucht gar viel bey mir versehen;
Doch meine Jugend ließ selbst ihre Blum abwehen,
Als mich der Westen Wind der Geilheit überfiel,
Bald riß ich weiter aus und überschritt das Ziel,
Der vorhin schweren Schuld, und ward durch den gefangen,
Der ihr Olympie so hefftig nachgegangen.
Cardenio als er an der verzweiffeln must,
Der ihre Treu zu wehrt, ergetzte meine Lust.
Doch leider kurtze Zeit. So wenn die Rosen liegen
Auf die die Sonnen fällt, sieht man die Bienen fliegen,
Die vor der Honig-Thau auf iedem Blat erquickt!
Ich, der weit mehr durch ihn, als er durch mich verstrickt,
Vergieng durch seine Kält, und als er mich verlassen,
Begonnt ich Sonn' und Tag und Leben selbst zu hassen.
Ich sucht, und nur umsonst, durch alles seine Gunst,
Biß mir Verschmachtenden, die tolle Zauber-Kunst,
Versprach ein Feur in ihm, das ewig, zu entzünden;
Wofern ich könt ein Hertz aus einer Leichen finden,
Daß ich weil sie der Zeit auf dieser Welt genaß,
Durch unverfälschte Gunst biß auf den Tod besaß,
Was solt ich arme thun? Die Noth hat mich gezwungen,

Und in Marcellens Grufft bey stiller Nacht gedrungen;
Die Cleon den mehr Geitz als mich die Liebe quält,
Mir mit der Kirch entschloß, als er mein Gold gezehlt.
Er half Marcellens Sarg mir in Geheim entdecken,
Da ich die Leich erblickt: erzittert ich vor Schrecken,
Wo war der Stirnen Glantz, wohin der Augen Paar?
Wohin Marcellus selbst? Was läst uns doch die Bahr
Als ein verstelltes Aaß, daß blauer Schimmel decket,
Das eine braune Säul ansteckt und gantz beflecket.
Und ob ich zwar bestürtzt, erkühnt ich doch die Händ,
Zu öffnen seine Brust, als ich die Leinwand trennt
In die sein Leib verhüllt, (O grause grimme Sachen!)
Begonnt er aus den Schlaff des Todes zu erwachen.
Er zuckt und richte sich von seinem Läger auf,
Und sprach: (weil Cleon mir entsprang in vollem Lauff)
Ha! Grausamste, was führt dich her zu mir?
Ists nicht genung daß um dich und vor dir,
Ich diese Stich' in meine Brust empfangen,
Durch die mir Blut und Seel ist ausgegangen?
Erbrichst du noch die stille Todten-Klufft
Und wilst diß Hertz? Kan denn die heil'ge Grufft
Nicht sicher seyn, und ich in der nicht rasten?
Must du mich hier, auch nun ich hin, antasten?
So sprach er: und erhub sich aus dem Staub der Erden.
Ich sanck auf seinen Sarg. Was noch erzehlt kan werden
Hat schon Cardenio vor mich euch dargethan.
Der seiner Faust entgieng durch unbekannte Bahn,
Ist Cleon, Zweiffelsohn, und die erblaste Leichen,
Die an dem Pfeiler stund war meines Lasters Zeichen.
Sie war des Ritters Leib, an dem ich mich gewagt,
Den meine freche That aus seiner Grufft verjagt.
Hab ich nun, was vorhin ich suchte nicht gefunden;
So bin ich doch der Angst und aller Band' entbunden.
Veracht Cardenio mein vor geliebt Gesicht;
Ich die das Grab erkühlt, fühl auch sein Feuer nicht.
Kont ich ihn nicht vorhin zu meiner Liebe zwingen;
Itzt kan die Liebe nicht Celinden mehr bespringen.
Zeigt ihre Fackel mir hoch angenehmen Schein:
Des Todes-Fackel zeigt das Ende meiner Pein.
Marcell dein blasser Mund, dein rauh und heischre Stimme,
Läst nun und ewig nicht, daß hier ein Funck entglimme,
Von dem verfluchten Brand, den du in mir entsteckt,
Als dein entseelter Mund mich Thörichte geschreckt.

Fahr hin verfälschte Lust! Fahrt hin nicht reine Flammen!
Ihr Vorbild höllscher Gluth! Celinde wil verdammen
Was ihr Verdammen würckt! Celinde wil allein
Von dieser Stund an Gott ein reines Opffer seyn!
Weg Perlen! weg Rubin, und Indiansche Steine!
Die Thränen darmit ich mein Uebelthat beweine:
Sieht der vor Perlen an, dem ich befleckte Frau
Zu einer Magd mich selbst auf ewig anvertrau.
Fahr hin Cardenio, den ich von Gott gezogen!
Cardenio, den ich um Ehr und Ruhm betrogen!
Cardenio, den ich um alles, was geacht,
Um Redligkeit und Treu und rein Gewissen bracht.
Ade Cardenio! durch den ich bin entgangen;
Als meiner Straffen Heer mich diese Nacht umbfangen
Ade Cardenio! mein Hertze bricht entzwey!
Vor Wehmuth noch ein Wort; Cardenio verzeih!

Carden.

Celind ich bin durch mich und nicht durch sie verführet!
Dafern sie meinen Gang als auf der Jagt verspühret;
Rieth mir doch mein Verstand den Netzen zu entgehn,
In die ich willig lieff; Glänzt ihr Gesichte schön,
Das mich bezaubert hat: so hieß doch mein Gewissen
Vor diesen Sonnen mich die blöden Augen schliessen.
Stritt lieblichste Syren ihr artiger Gesang
Mit ihrem Harffen-Spiel, mit ihrer Lauten Klang;
Mir stund mit jenem frey die Ohren zu verstopffen.
Geliebt, ihr an mein Hertz so lieblich anzuklopffen?
Ich ließ sie selber ein! der Mensch fällt nur durch sich.
Sucht sie Verzeihung hier! ich selbst verklage mich.
Ich, der in Lust entbrannt ihr' Ueppigkeit gepriesen,
Ich, der sie mehr und mehr zu Lastern angewiesen:
Ich, der ihr selbst vertrat der keuschen Tugend-Bahn!
Ach was ich nicht gewehrt, das hab ich selbst gethan!
Hat mir Olympie die ich umsonst bekrieget,
Nach starcker Gegenwehr so herrlich obgesieget:
Kont ich Celinden denn nicht unter Augen gehn,
Und unverletzt dem Pfeil der Liebe widerstehn?
O Wunder dieser Zeit, die ich allein erhebe,
Und vorhin stets verfolgt; Olympe sie vergebe,
Dem der vor ausser sich, sie, und sich selbst verkennt,
Der als ein toller Löw, ihr, keusches Lamm, nachrennt:
Ich war ihr grimmster Feind, als mich bedaucht ich liebte;
Sie schönste liebte mich, mich dünckte sie betrübte:

Itzt lob ich ihre Zucht und unvergleichlich Ehr;
Vor diesem war ich blind und rast' ie mehr und mehr
Nach eignem Untergang. Ich bin durch sie gestiegen,
Und schau Cupido dich vor meinen Füssen liegen.
Der Köcher ist entleert, der Bogen Sehnenfrey,
Des Todes strenge Faust bricht seine Pfeil entzwey.
Die Fackeln leschen aus von meinen steten Zähren.
Vor hast du mich verletzt: ietzt kann ich dich entwehren.
Und mangelt mir noch was zu dämpffen deine Pein;
So soll Olympens Sieg des meinen Richtschnur seyn,

Olymp.

An mir Cardenio wird man nichts preisen können.
Ich preise mehr, was ihm der Höchste wollen gönnen;
Was bißher ie von ihm, zuwider mir geschehn,
Rührt daher, daß er mich nicht selbst hat angesehn.
Ihn hat mein nichtig Fleisch, der falsche Schnee der Wangen
Und des Gesichtes Farb, und dieser Schmuck gefangen,
Den mir die Zeit abnimmt; nun hat die wahre Nacht
Mein Antlitz recht entdeckt. Herr dieser Lilien Pracht,
Des Halses Elffenbein sind nur geborgte Sachen.
Wenn des gesteckte Ziel mit mir wird Ende machen;
Und mein beklagter Leib, den er so werth geschätzt
Nun zu der langen Ruh in seine Grufft versetzt,
Und Cynthie dreymahl mit vollem Angesichte
Und wider noch dreymahl mit neu entstecktem Lichte
(Nicht länger bitt ich Frist) der Hörner Flamm erhöht;
(Wie nichts ist! was an uns so kurtze Zeit besteht —)
Denn such' er meinen Rest! was ihm der Sarg wird zeigen
In den man mich verschleust, daß schätz er vor mein eigen.
Das ander war entlehnt! Celind. O wol und mehr denn wol!
Dem, der so fern sich kennt; weil er noch leben soll,
Nicht, wenn der Tod schon rufft. Pamphil. Wol dem der stets geflissen
Auf ein nicht flüchtig Gut, und unverletzt Gewissen!

Lysand.

Wol dem; der seine Zeit nimmt (weil noch Zeit) in acht!

Biren.

Wol diesem; der die Welt mit ihrer Pracht verlacht.

Pamphil.

Wol dem; dem Gottes Hand wil selbst das Hertze rühren!

Olymp.

Wol dem; der sich die Hand des Höchsten lässet führen!

Celind.

Wol dem; der ieden Tag zu seiner Grufft bereit!

Pamphil.

Wol dem; den ewig krönt die ewig' Ewigkeit.

Carden.

Wer hier recht leben wil und jene Kron ererben,
Die uns das Leben gibt; Denck iede Stund ans Sterben.

ENDE.

ANDREAE GRYPHII

HORRIBILICRIBRIFAX.

Deutsch Schertz-Spiel.

Dem Hoch- und Groß-Edelgebohrnen, Erkornen, Gestrengen, Manefesten Herrn, Herrn

HORRIBILICRIBRIFAX, von Donnerkeil, auff Wüsthausen.

Unvergleicher Camerade, beständiger und treuer Freund!

Meinen zu Defendirung seiner Ehre scharff geschliffnesten und von Tag zu Tage bey nüchternem Morgen ausgeputzeten Degen zuvor: Ich befinde endlich, daß die Literatis sich den hochmüthigen Neid so tieff besitzen lassen, als jemahls wir, die wir unsere Lebentage Maestri delli Campi gewesen, uns unterstehen dürffen, diesen lieblichen Furias Quartier zu geben. Ich habe nunmehr ein paar Douzine Jahre unserm weyland bekanten Freunde vor zwey und dreyßig tausend Millionen gute Worte gegeben und geben lassen: um die Beschreibung unser Vortreffligkeit, so er vorlängst, und zwar von der Faust auffgesetzet, ad lucibus dies zu geben: aber bloß umsonst! unangesehen er auch auf Ansinnen Illustribus Personibus darzu angehalten worden. Er hat aber alles, als wenn er uns vor diesem nie durch ein gesprengtes Bollwerck angesehen, hochmüthig negligigeret: und ich weiß nicht was vor mirables excuses vorgewendet. Neulich aber habe ich meinen alten nunmehr ziemlich abgerissenen, und stets getreuen Major domo Signor Caccidiavolo aus lauter impantienze zu ihm abgefertiget, selbten mit instructiones genugsam habilitiret: und durch selbten anhalten lassen, Er wolte nicht länger uns unser wol-meritiritires Lob mißgönnen: und die Totus mundus, welche längst die Zeitung unserer Wunderen Liebe, avanturados, und horribles choses zu wissen begehret, äffen und auf: halten: Hat sich ein unversehenes infortunium zu unserm besten erkläret. Sintemahl mein Signeur Magior Domo nach seiner hoch desiderablen Wiederkunfft, prelatio bei mir, nach gebührender Complimentirung, abgeleget, und mich berichtet: Er hätte unsern verweilen guten Patronium nach den und den tito verwichenen Monden nach Mittage um 3 Uhr angetroffen: und zwar, nach dem etliche Gentil houmini von ihm geschieden, vor welchem er sich ziemlich alterniret: wäre aber gleichwol zu ihm eingetreten, da er ihn dann noch unter vier oder fünff, dem Ansehen nach, treflichen Leuten gefunden: durch deren praesentiam er so gleichsam chasmentiret, daß er nicht ein einiges Wort vorbringen können. So bald ihn aber aus dem accantien seiner Wolredenheit und der nunmehr langgetragenen leporie unser Freund erkennet; hätte er ihn Humblementissime angenommen, demüthig angehöret, und statt der Antwort mit einem grossen Bocale Wein, von Fino de Hungaria bewillkommet, ihn zu sitzen execriret, und, propter Seriam, ad cras beschieden; In dessen hätte er ihm nur müssen belieben lassen zu thun, was dem Wirthe gefallen. Mit welchem anwesende Chevalieers, dann er müste gestehen al fe de Gentil houmine, daß sie mehr denn diesen Tittulos verdienet, in unterschiedenen Redens-Arten weitläufftig discoussiret: und seiner Opinationum nach sollen sie wunderlich geredet haben: bestund darauf, er hätte wohl etwas gar nicht multus nimios verstanden: glaubete doch, es müste von enportanze gewesen seyn, weil sie zuweilen Farouche gesehen, zuweilen gelachet: Er hätte sich in fremde Händel nicht mischen wollen noch sollen, wie er dann von mir nicht apprendiret, weniger darzu instruxiret: Solte es aber zu Weitläufftigkeiten kommen seyn, solte ich mich versichern, daß er sich nicht wolte roubiginiren lassen: Indessen hätte er ihm angelegen gehalten, redlich bescheid zu thun, hätte auch jederzeit denselben, der am eiferigsten geredet, mit einer brindisi besänfftiget, und also guten Frieden befördern und stifften helffen. Nach dem nun auch diese ihren Abschied höchst freundlichst genommen, wäre er zwar zu der Abend-Mahlzeit, von weyland treuem Freunde inficiret worden; derer er auch beygewohnet: Weil ihm aber bereits von der mühseligen Reise, und dem hochwichtigen vorgegangenen Discourssus das Haupt schwer gewesen, wüste er nicht eigentlich zu narriren, was bergedachtem Souppe vorgegangen; ohne daß er ihm die eigentliche reflexion machte, es wäre ein grosser gebratener Hase aufgetragen worden: welches zweiffels ohn nicht so sehr meinem Herren Ambassiadoren, als mir dem Primcali selbst gemeynet gewesen, bin aber mit dem Conspect vergnüget. Weiter wüste er nichts, als daß er vor zwey Stunden devant mydie aus einem sanfften Schlaff auffgewecket, und alsobald zu unserm weyland lieben Patronium geforbert, welcher ihn avec une horrible caprice vermahnet, er solte uns beiderseits in seinem Namen grüssen, uns ermahnen nunmehr klug zu werden: der bagatellen uns zu äussern; und wo nicht auf Gott, doch auf unser Fictatium bey Zeiten zu dencken: Ihn wunderte, daß wir die Thorheiten seiner Jugend von ihm begehreten, in welchem doch nichts, als unsere eigene Schande zu lesen seyn würde. Ho! ho! caspita! und weil mein lieber Getreuer vor Schrecken diese Worte nicht so bald reprehendiren können; hätt er sie ihm so gar en les tablettes, die er als gewesener Quartier-Meister, nach dem der Teuffel längst die rothen Scharlach Hosen mit den silbernen Galaunen geholet, gedictioniret. Der Herr Bruder dencke, wie den redlichen Kerlen bei solchem Respect zu Muthe worden: Weil er aber genöthiget, biß zu der Früh-Mahlzeit zu verharren, auch ihm die Liefer-Gelder indessen zu manciniren begonnen: Hat er sich eilends aus dem Gemache, und zwar in respiration einen Stoicidalischen Mord an sich zu begehen retteriret; Voila, aber was geschiehet: weil ihm das Schrecken in den Afftersarm catologiret: eilet er nach dem Ort, welchen man non avec permission nennen darff: in welchem er, denn, wegen vermeintlicher unglückseliger Ambassade, mehr durch die Nasibus und Oculis, als per derrire geweinet. In dem er sich aber etwas erholet, und nunmehr Stoff zu der Reinigung von ihm desseriret wurd; erblicket er einen Hauffen deschirez collutulez et de gutte pampieres, schwinget sich derowegen mit Freuden auf dieselben: und in dem ersten Grieff erblicket er meinen erschrecklichen Namen:

Jam Te-nos facimus Fortunus eam!

Er greiffet nach demselben, und findet das gantze Concept unserer Liebe und Deversation: ausser daß es percuriam temporis durch die übermüthige non chalance, unsers vorweilen Freundes hin und wieder Schaden gelitten, und was zuvor hätte gesaget werden sollen, in so einen verächtlichen Ort verworffen: in welchem es freylich längst, seinem Belieben und Willen nach, in tausend mal tausend, ich darff nicht schreiben was, vergangen, wenn es nicht Tempum Genium und Fortunum, und die heilige Atropis, trotz aller Neid erhalten: Und dieses heist:

Quam saepe summa medio in culo latent.

Nach gefundenem so grossen Schatz küsset mein Don Cacciadiavolo dreymal den Grund, auf dem es gelegen, verbirget dieses längst gewünschte Kleinod zwischen Fell und Hembde: isset demnach frölich mit dem, der nicht weiß, was vor eine Helenam ihm entführet:

und bringet auf gebogenen Knien zu mir, was' ich dir hier mir entblösstem Haupte stehen condicire:

Ich muß consideren, daß in dem Roriginal aus Unachtsamkeit, wo nicht Neid und Mißgunst des Autoribus die letzte zwey Seiten verfaulet, aus welchen unsers Gegenparts Sempronius Testament abgecopiret gewesen. Ich habe aber dieses nicht sonders geachtet, weil dieser unser steter Feind gewesen, und derowegen die Orte so confect itziger Methodibus nach mit * * * * * bezeichnet.

Gehabe dich wohl, unvergleichlicher Camerade! Stirbest du eher, als ich: so vermache mir doch deine Netze-Winde und deine kurtze Wehre, zu stetswährendem Andencken: Gehe ich voran; so bleib Erbe ex massa von meiner! Partisane, die ich von dem ererbet, der jenem Hertzog zu Eger den Rest gegeben. Hiermit verbleibe ich

Meines unvergleichlichen Camerades, Bruders,
Freundes, und Gevattern

Gegeben dieses Jahr, an
dem Schalttage.

Obligauter biß in das Grab

Darabiridatumtarides Windbrecher,
von Tausend Mord,
auf N. N. N. Erbherr, in und zu Windloch.

In diesem Schertz-Spiel werden eingeführet

als Redende:

Palladius.
Florian. Ein kleiner Ihm aufwartender Edelknabe.
Bonosus.
Cleander.
Dionysius. Sein Diener.
Selene. Eine hochmüthige, doch arme, Adeliche Jungfrau.
Antonia. Mutter der Selene.
Sophia. Eine keusche, doch arme, Adeliche Jungfrau.
Flaccilla. Mutter der Sophien.
Cölestina.
Camilla. Ihre Cammer-Jungfer.
Eudoxia.
Don Daradiridatumtarides. } Zwey weyland reformirte
Don Horribilicribrifax. } Hauptleute.
Don Cacciadiavolo. } Diener des Daradiridat.
Don Diego. }
Harpax. Page des Horribilicribrifax.
Sempronius. Ein alter verdorbener Dorff-Schulmeister von grosser Einbildung.
Isaschar. Ein Jude.
Cyrilla. Eine alte Kuplerin.
Die Pagen der Cölestine.

Als Schweigende:

Das Frauen-Zimmer Cölestinae und Eudoxiae.
Die Pagen Cölestinae.
Die Diener Palladii: Bonosi: Cleandri.

Wehlende Liebhaber.

Schertz-Spiel.

Der Erste Aufzug.

Capidain Darabiridatumtarides Windbrecher von Tausend Mord. Don Cacciadiavolo. Don Diego, seine Diener.

Darab.

Don Diego rücket uns den Mantel zurechte, Don Cacciadiavolo, ich halte, daß das Östliche Theil des Bartes mit der West-Seiten nicht allzuwohl übereinkomme.

Don Cacc.

Großmächtigster Hr. Capiten, es ist kein Wunder! die Haare der linken Seiten sind etwas versenget von den Blitzen seiner Feurschiessenden Augen.

Darab.

Blitz, Feuer, Schwefel, Donner, Salpeter, Bley und etliche viel Millionen Tonnen Pulver sind nicht so mächtig, als die wenigste reflexion, die ich mir über die reverberation meines Unglücks mache. Der grosse Chach Sefi von Persen erzittert, wenn ich auf die Erden trete. Der Türckische Kayser hat mir etlich mahl durch Gesandten eine Offerte von seiner Cron gethan. Der weitberühmte Mogul schätzt seine retrenchemente nicht sicher für mir. Africa habe ich vorlängst meinen Cameraden zur Beute gegeben. Die Printzen in Europa, die etwas mehr courtese halten Freundschafft mit mir, mehr aus Furcht, als wahrer Affection. Und der kleine verleckerte Bärnhäuter, der Rappschnabel, ce bugre, ce larron, ce menteur, ce fils de Putainy, ce traistre, ce faquin, ce brutal, ce bourreau, ce Cupido, darff sich unterstehen seine Schuch an meinen

Lorber-Kräntzen abzuwischen. Ha Ma Deesse! merville de monde adorable beauté! Unüberwindliche Schöne! unvergleichliche Selene! wie lange wolt ihr mich in Courtegarde eurer Ungunst verarrestiret halten?

Don Diego.

Signor mio illustrissimo! Mich wundert nicht wenig, daß ihr das Bollwerck von Selene noch nicht habt miniren können. Die Damosellen dieses Landes erschrecken, wenn sie euch von Spiessen, Schlachten, Köpff-abhauen, Städte-anzünden und dergleichen discuriren hören. Sie meinen, daß ihr todos los Diabolos in der Vorbruch, wie die Schweitzer in dem Hosenlatz, traget. Mich dünckt Palladius richte mit seiner anmuthigen Courtesi weit mehr aus, als wir mit allen unsern Rodomantaden.

Darad. Palladius? Wenn er mir itzund begegnete, wolte ich ihn bey der äussersten Zehe seines lincken Fusses ergreiffen, dreymal um den Hut schläudern, und darnach in die Höhe werffen, daß er mit der Nasen an dem grossen Hundsstern solte kleben bleiben.

Don Cacciad.

Es wäre zu viel, daß er von solchen Rittermäßigen Händen sterben solte. Wenn er uns gleich itzund begegnete, wolte ich ihm bloß in das Gesichte speyen, er würde Zweiffels ohne bald in Asch und Staub verkehret werden.

Darad.

Behüte mich der grosse Vitzliputzli, was ist das? dort! (es erscheinet von ferne eine Katze) sehe ich zwei brennende Fackeln uns entgegen kommen?

Don Cacc.

Holla! ins Gewehr! ins Gewehr! Die Nacht ist niemands Freund.

Darad.

Ey last uns weichen! wir sind aus unserm Vortheil, und möchten verrätherlich überfallen werden. Ich wil nicht von mir sagen lassen, daß ich mich der Finsterniß zu meiner Victorie mißgebrauchet.

Don Cacc.

Bey der Seel des General Wallensteins, sie blasen zu Sturm.

Don Diego.

Ey last uns stehen bleiben! sehet ihr nicht? es ist eine Katze, die also mit den Augen fünckelt.

Don Cacc.

Es mag der Beelzebub wohl elber seyn.

Darad.

Ho! ich bin vor ihm unerschrocken. Der gantze Leib zittert

mir vom Zorn wie eine Gallart. Ich werde gantz zu lauter Hertze und kenne mich schier selber nicht, ich schwitze vor Begierde zu fechten. Voicis le bras qui rompt le cours de destins de tous!

Don Diego.

Des fous! und fähret vor Furcht aus den Hosen.

Darad.

Was sagt Don Diego?

Don Diego.

Ich sage, ihm reissen vor Ungedult zu warten die Hosen entzwey.

Darad.

(Zeucht den Degen aus:) Sa! sa! heran, heran, du seyst auch wer du seyst! je brave le main des parques, ich habe wohl eher alleine dreißig mahl hundert tausend millionen Geister bestanden.

Don Diego.

Minder eine halbe.

Don Cacc.

Wol was Geroff ist dieses?

Der Nachtwächter beginnt zu singen:

„Ihr lieben Leute last euch sagen", und dergleichen.

Darad.

Bey meinen Adelichen Ehren, ich halte doch, es gehen Gespenster um. Was ists vonnöthen, daß wir die Zeit so früh auf der Gassen zubringen. Herein, herein ins Gemach. Wer Unglück sucht, der verdirbet darinnen.

Antonia. Selene.

Antonia.

Liebes Kind, es ist nicht ohn, ich bin deine Mutter, und wil bey dir thun, was einer Ehr=liebenden Frauen und Mutter zustehet. Du bleibest aber auf deinem Kopff, und wilst gutem Rathe nicht folgen. Du weissest, unsere Mittel sind in dem Kriege zerronnen: Wir stecken in Schulden, und so es entdeckt wird, verliehren wir unser übriges Credit. Die Kleider, Perlen und Geschmeide, in welchen du herein gehest, gehören meiner Schwester, welche sie eher wird abzufordern wissen, als uns vielleicht lieb seyn möchte. Du weissest, daß wir über zwey gantze Hemde nicht in unserm Vermögen haben. Wer dich von oben besiehet, solte wol meynen, wir hätten den gantze Spitze=Kram von Brüssel erb=eigen. Wer aber etwas genauer auf uns acht giebet, wird wohl erkennen, daß nicht alles Gold, was gleisset. Du bist nicht die Jüngste: unter den Schönsten wird man dich nicht verliehren: und ich weiß auffs beste, was hin und wieder an dir zu meistern:

Auff Fürsten darffst du nicht hoffen! Das Küh- und Schaf-Fleisch gilt itzt schier mehr, als Jungfern-Fleisch. Drum siehe vor dich, und hilff dir und mir durch eine glückliche Wahl.

Selene.

Frau Mutter! wohl bedacht, hat niemand Schaden bracht. Ich muß mit dem Manne leben, nicht ihr. Es ist bald genommen, aber nicht so leicht davon zu kommen.

Antonia.

Was mangelt Possibonio? Er ist reich, von hohem Ansehen, im blühenden Alter, hat vornehme Freunde, stehet wol zu Hofe, und liebet dich von gantzer Seele.

Selene.

Ha! Frau Mutter, solt ich meine Zeit mit dem wunderlichen Kopffe zubringen? lieber hättet ihr mich in dem ersten Bade ertränckt.

Antonia.

Man wird dir mahlen müssen, was dir trügen solle. Cleander, der dich vor begehret, da er in geringerm Stande, wil dich jetzt nicht, da er gestiegen, durch einen zubrochenen Zaun ansehen. Was werden wir an Palladio zu tadeln haben? Du siehest, wie dessen Glücke zu blühen beginnet.

Selene.

Wohl Frau Mutter! weil es blühet, so mag es reiff werden! Gelehrte; Verkehrte. Ein Gebündlin Bücher, und ein Packetlin Kinder ist ihre gantze Verlassenschafft. Was kan eine Dame von Qualität vor contentament haben bey einem solchen Menschen? Des Morgens um vier, oder auch eher, aus dem Bette, und unter die Bücher, von dannen auf den Hof, in die Kirche oder zu den Krancken. Sie traumen an der Taffel, oder belegen die Teller wohl gar mit Briefen. Den gantzen Tag steckt ihnen der Kopff voll Mäusenester, und (was der Teuffel gar ist) wenn sie um 12 Uhr wiederum zu Bette kommen, so schlagen sie sich mit tollen Gedancken, machen Verse oder schicken die fünff Sinne gar in Ost-Indien. Unsere alte Wasche Magd, die Schwartze Dorabelle, welche lange bey einem Königlichen Rath in Diensten gewesen, hat mich mit Eyd und Thränen versichert, daß eine Bauer-Greta viel besser sich auf den Strohsack befinde, als des gelehrtesten Mannes Frau auf Schwanen-Federn.

Antonia.

Sie sind nicht alle solche Träumer. Unsere Schwägerin Frau Sulpitia hat sich noch niemals beklagt: sie hat die Kasten voll, das Hauß beschicket, die Schüttboden versehen, die Keller sonder Mangel, die Küchen stets leuchtend. Da hergegen Frau Gertrud, die den reichen Wucherer geheyrathet, hunger stirbt, und mehr Maultaschen als Krametsvogel von ihren Mann auffressen muß.

Selene.

Dem sey so! ich wil vor mich von keinem Gelehrten wissen; Ein Land-Juncker stünde mir besser an.

Antonia.

Der seine Hunde lieber siehet, und die grosse Vieh-Magd öffter küsset, als sein redlich Weib: Ich weiß, daß dir das Maul nach dem Narrenfresser, dem Auffschneider, Capitain Lügner, von der Bernhäuterey, stincke.

Selene.

Warum, Frau Mutter, daß sie den redlichen Cavalier verkleinert? ich sehe nicht, warum ich ihm nicht günstig seyn solle; Er vermag bei 30000 contenten, weiß seine Person zu präsentiren, ist bey vornehmen Leuten berühmt und beliebet. Er ....

Antonia.

Er hat dir vielleicht Brief und Siegel über sein Vermögen gegeben.

Selene.

Was solt er vor Ursach haben ein mehrers von sich auszugeben als sich in der That befinden möchte?

Antonia.

Wer auf der Buhler vorgebenes Reichthum trauet, befindet sich in dem Ehestande mit leeren Händen.

Selene.

Nechst, als er uns in den Garten tractiret, war ja der gantze Tisch mit Gold und Silber besetzet. Er streuete Ducaten aus, als wärens Stroh-Thaler: Die Diamanten Hutschnur und das Gehencke sind allein ein zehn oder zwölfftausend Reichsthaler werth.

Antonia.

Tochter, Tochter! ich sehe dein Verderben vor Angen.

Selene.

Frau Mutter! könnet ihr mir nicht helffen, so hindert mich auffs wenigste nicht an meinem Glück. Ihr werdet anderwerts erfahren müssen, was euch nicht lieb ist.

Antonia.

Wehe den Eltern, die ihre Töchterlein zu sehr in der Jugend verzärteln!

Selene.

Wehe den Töchtern, die nicht selber ihr Bestes suchen, und es auf der wunderlichen Mutter Barsorge ankommen lassen.

Flaccilla. Sophia.

Flaccilla.

Ach mein Kind! wenn ich dich entweder nie gebohren hätte, oder wenn du in meiner Schooß gestorben wärest: wie vielem Hertzleid wären wir beide zeitlich entnommen? was nützet aus hohem Geschlecht entsprossen seyn, wenn man nicht nur den Stand nicht führen, sondern auch das Leben nicht erhalten kan?

Sophia.

Frau Mutter! es gehe so hart zu als es wolle; man bleibet dennoch nicht von Gott verlassen.

Flaccilla.

Was wollen wir anfangen? womit wollen wir uns erhalten? alle Mittel sind hinweg: Dein Mannbares Alter erfodert einen Bräutigam: Der Mangel aller Hülffe schneibet dir alle Hoffnung ab: Deine Tugenden sind an diesem Orte ungangbare Müntze: Die grossen Versprechungen, dich zu befördern, werden zu Wasser? Der Princessin, die dich in ihren Hof vor diesem anzunehmen gesinnet, ist bereits eine andere auffgedrungen.

Sophia.

Gott sorget dennoch für uns, und hat mehr als ein Mittel, die Seinigen zu erhalten.

Flaccilla.

Diese Wort füllen den Magen nicht, und tügen weder zu sieden noch zu braten. Wenn du jenem Edelmann wärest etwas besser an die Hand gegangen, oder noch gehen woltest, es stünde bequemer um mich und dich.

Sophia.

Ha! Frau Mutter, lieber das Leben verlohren, als die Ehre: Lieber Hunger gestorben, als die Keuschheit hindan gesetzt.

Flaccilla.

Man muß aus der Noth eine Tugend machen. Solche grosse Worte stehen reichen Damen, nicht verlassenen Kindern, an. Wir haben zwey Tage sonder Kirchen-Gebot gefastet, und wissen noch heute weder Brod noch Zugemüse. Wir haben nichts zu verkauffen, nichts zu versetzen, haben beyde kein gutes Kleid, und alles, was du an dem Leibe trägest, ist mit Nadeln zusammen gestecket, als die Schindeln auf einem Kirchen-Dache mit den Nägeln. Wo du an den Wind kommst, so wehet er dir alle Flecke von der Haut. Was Rath bei diesem Zustand?

Sophia.

Ach, meine Mutter! warum mir nicht eher ein Messer durch die Brüste gestecket, als mich ermahnet von der Tugend abzusetzen? Ist kein ander Mittel zu leben, so lasset uns dienen! düncket euch diß in diesem Ort zu schändlich, so lasset uns einen unbekandten suchen!

Flacilla.

Fleug Vogel sonder Federn! Wo wollen wir uns hinmachen sonder Zehrung? werden wir so bald für Mägde angenommen, wenn wir uns nur anmelden? wer wird nicht dein Gesicht in Verdacht ziehen, und genau nach unserm Zustand forschen? Ich weiß wohl mein Kind, daß ich wider Gott, und Stand, und dich thue, indem ich auf solche Gedancken gerathe, aber der, dem das Wasser biß an die Lippen laufft, muß lernen schwimmen. Hätten wir indessen nur auf einen oder zwey Tage Vorrath, so könten wir versuchen, ob und wie deinem Vorgeben nachzukommen.

Sophia.

Wir haben nichts, als uns selbst zu versetzen oder zu verkauffen.

Flacilla.

Auf dieses Pfand pflegt niemand nichts zu leihen, es verstehet sich zu geschwinde.

Sophia.

Wohlan, ich habe noch etwas, daß ich ausser meiner Ehre wagen kan.

Flacilla.

Du hast vielleicht einen verborgenen Schatz gefunden, und kommst mir für, wie die Goldmacher, die in höchster Armuth von viel Tonnen Goldes zu reden wissen.

Sophia.

Der Schatz ist offenbahr, ob er wohl nicht viel werth. Schneidet mir diese Haare von dem Haupt, und verkaufft sie irgends einer Hof-Damen.

Flacilla.

Der Gewinn von dieser Kauffmannschafft wird so groß nicht seyn.

Sophia.

Geringe Handels-Leute müssen nicht gar zu grossen Gewinn hoffen. Löset mir die Flechten auf! Lasset uns hinein! denn die Noth leidet keinen Auffschub.

Flacilla.

O höchste Tugend! wie unwerth bist du in diesem Armuth, und wie ungeachtet in diesem Elend!

Sempronius.

Αιὼν παντα φέρει. Sed omnia vincit Amor, Omnia, id est, omnes homines, et omnia pecora Campi, et nos cedamus Amori, saget das Wunder der Lateinischen Poeten Virgilius. Wer sollte gegläubet haben, daß ich der ich ein Wunder bin inter eruditos hujus seculi, und nunmehr meine fünff und sechzig Jahr cum summa reputatione erreichet, mich auffs neue sollte per faces atque arcus Cupidinis haben überwinden lassen? Ach Cölestina! ach Cölestina! tu mihi spes voti, tu mihi summus Amor, wenn ich deine Rosenliebliche Wangen betrachte, werde ich verjünget, als ein ander Phönix. Aber quid haec suspiria solus montibus et sylvis? Virgilius Ecloga 2. Warum greiff ich nicht zu Mitteln, und versuche, was zu erhalten. Hasce amoris mei interpretes Epistolas. Cicero ad atticum, habe ich heute früh (Aurora musis amica) mit höchstem Judicio et ingenio zusammen gesetzet, und warte nur auf Gelegenheit, ihr selbiges durch ein bequemes Subject, welches sie kenne, zu überantworten. Hier in der Nähe wohnet eine bequeme Frau, die alte Cyrille, die sich gar gerne zu solchen Legationen gebrauchen läst, et nisi me fallit animus, so ist dieses ihr Haus. Sed eccum, illa ipsa prodit, last uns hören in hoc angulo, was vor excursus sie vorbringen werde.

Die alte **Cyrille. Sempronius.**

Cyrille.

Kätterle, schleuß das Haus wol zu, und wo die Braut kommt, der ich rathen solte, so gib ihr das Wasser, wenn sie die drey Ducaten eingeliefert hat. Wird Don Diego nach mir fragen, so sage, daß ich in seinen Geschafften ausgegangen bin. Es ist itzt alles theur; die Welt ist gar auf die Neige kommen: die Jungfern sind so geitzig, wie der Teuffel, und die junge Gesellen haben lauter nichts in dem Beutel. Es ist gar eine andere Welt, als da ich noch jung war: Die Liebe ist gar gestorben. Nun muß ich gehen und sehen, ob ich heute was verdienen kan. Nu das walte, der es walten kan. Matthes gang ein, Pilatus gang aus, ist eine arme Seele draus. Arme Seele wo kommst du her? Ach das ist ein tröstlich Gebet.

Sempron. Prolixam texit fabulam, interrumpam et alloquar. Bona Dies, bona Dies!

Cyrille.

Aus Regen und Wind, und aus dem feurigen Ring.

Sempron. Bona Dies, Cyrille.

Cyrille. Was sagt Herr Ionipis, o ja die is.

Sempron. Ha! Bestia, verstehest du nicht was ich sage?

Cyrille.

Ja freylich bin ich die beste, es ist in der gantzen Stadt keine so redliche fromme Frau, Herr Criccronigs.

Sempron. Ego appellor *Sempronius*.

Cyrilla.

Ob ich Semmeln oder Honig ha? Ne Herr Grigories, ich verkäuffe nicht mehr Obst und Näscherey.

Sempron.

Ich sage euch nicht von Semmeln und Honig, sondern wünsche euch einen guten Morgen.

Cyrilla.

Dem wird der Engel Uriel nemen sein Horn, und blasen drein Tit titu.

Sempron.

Was murmelt ihr?

Cyrilla.

Ich bete ein tröstlich Gebet vors Feber und böse Wetter.

Sempron. Seponamus ista.

Cyrilla.

Ob ich Seiffe habe müste. Ja freylich, lieber Herr Procreatriis. Die Wäsche kost viel Geld, man muß vor ein Muderhemdlin einen guten Groschen geben.

Sempron.

Ey lasset uns diß beyseite setzen! höret nur, ich sage euch ἀληθῶς, pure.

Cyrilla.

Da soll euch der Teuffel dafür holen, sagt ihr daß ich eine alte Hure bin? das kan mir kein redlicher Mann mit gutem Gewissen nachreden, du alter ungehangener graubärtiger Dieb, du darffst mir nicht viel, ich gäte dir den Bart aus.

Sempron.

Ey, ihr verstehet mich nicht recht, ich rede Griechisch und Lateinisch ἀληθῶς pure.

Cyrilla.

Saget mir nichts mehr von der alten Hure, oder —

Sempron. ἀληθῶς pure, das heist in Warheit, ich weiß doch wohl, daß ihr eine redliche Frau seyd; die gantze Stadt haud negat.

Cyrill.

Daß ich mirs Haupt gebadt, was gehet der gantzen Stadt daran ab.

Sempron. Surdo narro fabulam.

Cyrilla.

Ey Herr, redt doch kein Polnisch mit mir, ich versteh euch

Sempron.

Ich rede nicht Polnisch, ich rede Lateinisch.

Cyrilla.

Ey ihr seyd ein Doctoribus, und ich bin nicht studiret, wozu dienet der Lateinische Unrath?

Sempron.

Quid Gallo margaritam?

Cyrill.

Ja im Keller ist Margrite.

Sempron.

Eine Sau fragt nicht nach Muscaten.

Cyrill.

Muscaten in warm Bier sind gut vor die Mutter-Krankheit.

Sempron. Καλῶς με ὑπεμνήσας.

Cyrille. Ja wenn ich kalt aaß, so nisete ich.

Sempron. Καταγέλας με.

Cyrille. Ja die geele Kuh!

Sempron. Ey nun ad rem tandem.

Cyrille. Redet ich hab es verstanden

Sempron.

Höret Frau Cyrille, ihr könnet mir übermassen beförderlich seyn in einer Sachen, welche ist Grandis momenti.

Cyrille.

Scheltet ihr von goß Elementen? je Herr, es ist grosse bittre Sünde.

Sempron. Grandis momenti. Heist eine Sache von Wichtigkeit. Ἀλλὰ ταῦτα ἐάσωμεν.

Cyrille.

Ja so meent iyr?

Sempron

Nein doch! p!anè non!

Cyrille.

Ich bin keine Nonn.

Sempron.

Höret doch recht zu!

Cyrille.

Ey Herr, so müst ihr reden, daß ich es verstehen kan.

Sempron.

Ihr kennet Jungfrau Cölestinam wohl, nostin?

Cyrille.

Herr, sie wohnt nicht gegen Osten, es ist gerade gegen Mittag.

Sempron.

An dieselbe habe ich einen Brief von Importantz, zu bestellen.

Cyrille.

Habt ihr mit derselben einen Tantz zu bestellen?

Sempron.

Ich sage daß ich ihr Hanc Epistolam, diesen Brief, gerne zustellen wolte.

Cyrille.

Aber ist dieser gestolne Brief vom Tantzen?

Sempron. χιδον. Doch, er ist nicht vom tantzen er ist vom lieben.

Cyrill. Aber wer hat den Brief geschrieben?

Sempron. Ego.

Cyrill. Ich kenne den guten Mann nicht.

Sempron. Σεμπρόνιος πεπόιηκα, das ist, ich in eigner Person.

Cyrilla.

Ihr Gelehrten habt wunderliche Nahmen. Aber stehet in dem Briefe, daß Ihr Cölestinam lieb habt?

Sempron. Divinavit.

Cyrille.

Die Jungfer hält nichts vom König David.

Sempron.

Mein wehrteste Zierde! redet mein bestes, was ihr in meinem Hause begehren werdet, das ist alles euch zu Dienst.

Tua sunt posce.

Cyrille.

Wie sprechet ihr, Pfui Hund, huste? Herr Secronius werdet ihr meine Jahre auf dem Halse haben ihr werdet genung husten.

Sempron.

Ich sage darvon nicht, ich bitte, ihr wollet meine Sache bey Jungfrau Coelestina befördern, und ihr diesen Brieff de manu in manum überantworten.

Cyrill.

Ha, ha, nu merck ich, wo der Haase liegt. Für wen seht ihr mich denn an? vor eine alte Kuppelhure? Solt ihr mir diß anmuthen? was hindert mich, daß ich nicht anfange Zeter zu ruffen, muß ich diß auf meine alte Tage erleben? Ha! a! a! a! a!

Sempron.

Ey Frau Cyrilla was bildet ihr euch ein? Meinet ihr, daß ich

ich solche Sachen fürhabe? aliter catuli olent, aliter sues, sagt Plautus. Ἄλλο χοιρῶν φθέγγεται

Cyrille.

Was? soll ich mich an Hals hängen?

Sempron.

Ey nein doch, ich bin ein ehrlich Mann, und ihr eine ehrliche, Frau, und habe etwas ehrliches für, beschweret euch nicht mir in dieser Sach behülflich zu seyn. Ihr dürffet derowegen in euren Geschäfften nichts versäumen, und schauet, um daß ich euch den Morgen auffgehalten habe, und vielleicht verhindert, so nehmet diese zwey Ducaten, accipe.

Cyrille.

Ach in Warheit Herr Kikilorius, ihr seyd ein lieber redlicher Herr, ihr sorget allein für das liebe Armuth. Euch zu gefallen wil ich gern den Gang auf mich nehmen. Einen andern thäte ichs bey meiner Seelen nicht. Wo habt ihr euren Brieff?

Sempron.

Dieser ists. Wie wolt ihr aber in das Hauß kommen, quis recludet tibi Januam, wer wird euch das Schloß eröffnen?

Cyrille.

Kümmert euch nicht, kümmert euch nicht! last mich nur machen; Frauen-List, über alle List. Ich will Flachs oder Schlener-Leinwand hin zu verkauffen tragen, oder sonst schon was erdencken.

Sempron.

Bringet ihr mir gute Antwort, so sollet ihr einen neuen Rock haben, und solt gekleidet werden a vertice ad talos.

Cyrille.

Vierzig Thaler die sind gut mit zu einem neuen Rock. Nu, nu Herr Senckelhorius, es wird sich wohl schicken; Ich gehe gleich drauf zu.

Sempron.

Drauf verlasse ich mich. Vale basilice, athletice, pancratice, ἔῤῥωσο εὐδαιμόνως, das heist guten Morgen.

Cyrille.

Gott der Herr bewahre euch. Das ist ein gut Glück gewesen. Der Segen hat geholffen: es war doch in einem Wege mit zu Jungfer Sophien. Nu last uns weiter: Die heilige Sanct Margrite, die bitt ich, daß sie mich behüte, für Püffen, Fallen und vor Schlägen, auf allen meinen Wegen. Ach du lieber heiliger Squentz, bewahre mir Hüner und Gäns.

Der Ander Aufftzug.

Horribilicribrifax Donnerkeil, Harpax sein Page.

Was? daß der Kayser Friede gemacht habe, sonder mich um Rath zu fragen? Oh quarta! novella de spiritate il mondo!

Page.

So sagen sie, daß der Kayser Frieden gemacht habe mit dem König in Schwaben.

Horrib.

Mit dem König in Schweden wilst du sagen?

Page.

Ja Schweden oder Schwaben, es ist mir eins.

Horrib.

Friede zu machen sonder mich? a questo modo si! hat er nicht alle seine Victorien mir zu dancken? hab ich nicht den König in Schweden niedergeschossen? bin ich nicht Ursach, daß die Schlacht vor Nördlingen erhalten? habe ich nicht den Sachsen sein Land eingenommen? hab ich nicht in Dennemarck solche Reputation eingelegt? was wär es auff dem weissen Berge gewesen sonder mich? E che fama non m'acquistar, quando contesi col Gran Turca? Pfui! tritt mir aus den Augen, denn ich erzürne mich zu tode, wo ich mich recht erbittere. Vinto dal ira calda e bollente e dallo sdegno arrabiato, so erwische ich den Stephans-Thurm zu Wien bey der Spitzen, und drück ihn so hart darnieder, si forte in terra, daß sich die gantze Welt mit demselben umkehret als eine Kegel-Kaul.

Page.

Ey Signor mio. Wo wolten wir den stehen bleiben?

Horrib.

Non temere! Als wenn sich iemand kümmern dürffte, der bey mir stehet! laß mich darvor sorgen! aber, siehe da, meine Sonne! mein Leben! meine Göttin erscheinet. Signora mia, bella di corpo, bellissima d'animo!

Cölestina. Camilla. Horribilicribrifax. Der Page.

Cölestina.

Ists möglich, Camilla, daß so inbrünstige Liebe, die ich zu ihm trage, müsse vergebens seyn? oder ist er aus allen löblichen Gemüthes-Neigungen der einen nicht fähig, welche man Gegenliebe nennet? Muß ich, die ich vor diesem vielen bin unerbittlich gewesen, nun erfahren, daß ich von dem nicht geachtet werde, den ich höher halte, als mein Leben?

Camilla.

Wenn er seine Gedancken anderswo hingesetzet, wie können wir ihn bewegen, nach uns zu sehen?

Cölestina.

Seine Gedancken anderswo hingesetzet? wird er wohl mehr aufrichtige reinere Liebe finden können, als bey mir?

Camilla.

Warum nicht eben also, wie er gespielet? Solte ich mich wegen eines Menschen so hefftig kräncken, dem ich unwerth, oder der nicht so viel Verstand bey sich hat, als nöthig, eine keusche Gewogenheit zu erkennen?

Cölestina.

O wiewol können wir Rath geben, wenn wir selber gesund seyn!

Camilla.

Still meine Jungfrau! der Hauptmann ist verhanden.

Cölestina.

Ich habe diesen Tag ein gewisses Unglück zu verhoffen, weil mir der Vogel zu erst entgegen kommt.

Horrib.

Noblissima Dea, Curtesissima Nymfa. Ochio del mondo. Durchläuchtigste unter allen schönen; Berühmteste unter den Fürtrefflichsten, Uebernatürlichste an Vollkommenheit, Unüberwindlichste an Tugenden, euer unterthänigster Leibeigner Sclav, der durch die Welt berühmete Capitain Horribilicribrifax von Donnerkeil, Herr auf Blitzen und Erbsaß auf Carthaunen-Knall, präsentiret, nebenst Verwünschung unsterblicher Glückseligkeit, seiner Käyserin bey angehendem Morgen seine zwar wenige, doch jederzeit bereitwilligste Dienste!

Cölest.

Mein Herr Capitain, er muß uns so gewegen nicht seyn, wie er vergiebt, sintemal er uns so bald den Tod wünscht.

Horrib.

Den Tod? La morte? Jo rimango petrificato della meraviglia! Ey da behüte mich der Blitz von diesem glorwürdigsten Degen für dergleichen Gotteslästerung!

Cölest.

Er verwünschte uns eine unsterbliche Glückseligkeit.

Horrib.

Cert o si Nicht anders.

Cölest.

Selbige erlangen wir, wie ich weiß, in dem ewigen Leben. Dazu aber können wir nicht eingehen als durch den Tod.

Horrib.

Meine Schöne ist unüberwindlich so an Scharffsinnigkeit als Schönheit. Quella fu buonissima e sapientissima dimonstratione!

Camilla.

Mein Herr Capitain liebet meine Jungfrau mit diesem Bedinge, daß sie bald sterbe; so würde er Erbe ihrer Güter, und theilete den Raub aus.

Horrib.

Ha Jungfrau Camilla, also mit mir zu spotten? Il vostrò fu un ragione troppo mordente. Sie kennet mein auffrichtig Gemüthe, und weiß, wie feste ich in Liebe gegen meine Englische Cölestinam verbunden stehe. Wenn mich nicht ihre Gegenwart allhier auffhielte, hätten die Venetier längst den Türcken durch mich aus Constantinopel vertrieben.

Cölest.

Mein Herr Capitain, wir entschlagen euch dieses Arrests, des gemeinen Bestens wegen. Wir wollen nicht Ursach seyn, daß so eine schöne Gelegenheit das Christenthum zu befördern hindangesetzt werde.

Horrib.

Fermatevi in cortesia et ascoltatemi per vostro bene, Anima mia! Meine himmlische! wil sie ein Probstück meiner Stärcke sehen, sie sage nur ein Wort, ich wil eine grössere That verrichten, als die Victorie vor Lepante auf der See gewesen.

Cölest.

Hat sich mein Herr Capitain auch bey selben so berühmten Treffen befunden?

Horrib.

Ich war damals des Don Giovanne Austria Luogotenente.

Cölest.

So muß mein Herr eines ziemlichen Alters seyn, weil diese Victori noch vor unser Großväter Zeiten erhalten ist?

Horrib.

Ey, es ist so lange nicht, ich bin noch Assai Giovane e Galant huomo gagliardo, robusto e di buona natura, um sie meinen Engel zu bedienen!

Cölestina.

Mein Herr Capitain, ich bin so grosser Ehren nicht würdig.

Horrib.

Mein Princessin unico specchio di bellezza, Repina de gli astri, miraculo de i cieli, et honor della natura, wil sie Kayserin von Trapezont, Königin von Morenland, Fürstin von Egypten? — —

Camilla.

Churfürstin von neu Zembla, und Gräfin von Nirgendsheim.

Horrib.

Anzi Hertzogin über Persen genennet werden? sie gebiethe! alle diese Cronen sollen inner einem Monat, drey Tagen und zwei Stunden, und vielleicht in questo giorno, zu ihren Füssen liegen.

Cölest.

Mich wundert, Herr Capitain, daß er nicht selbst für sich etliche aus gedachten Königreichen in Besitz genommen!

Horrib.

Ha! l'Honore e l' Avaritia non possono star insieme! Ich bin allein vergnügt mit meinem Glück und Degen, als mit welchem ich alles kan zuwege bringen.

Camilla

Das ist gut, daß man alles kan darmit zuwege bringen: unser Koch weiß sonsten aus Degen keine Pasteten zu machen.

Cölest.

Uns genüget, Herr Capitain, an unseren Stande.

Horrib.

Finalmente: wil meine Göttin sich anbeten? sie wincke nur, sie soll mich stracks mit dem güldenen Rauchfaß für ihr auf den Knieen sehen.

Camilla.

Der Herr Capitain hält meine Jungfrau für eine Heilige auf dem Altar einer Kirchen.

Horrib.

Für eine Heilige in meinem Hertzen, non e cosa piu chiara,

wil sie, daß ich ihr zu Ehren auf der Spitze eines Dachs nach dem Ringe reite?

Cölest.

Ich liebe meines Herr Gefahr nicht.

Horrib.

Wil sie, daß ich einen grimmigen Löwen im vollem Lauff erwische, und ihm in ihrem Angesicht den Hals abreisse. *Così sarà per certo.*

Camilla.

Hasen, Herr Capitain, wären besser.

Cölest.

Einen Löwen, Herr Capitain, solte diß wohl möglich seyn?

Page.

O, mein Herr hat wol grössere Thaten verrichtet; wenn ich erzehlen solte, was er einmal auf der Jagd mit dem König in Persen zuwege bracht; es würde weit anders lauten.

Camilla.

Ey ein schönes Paar zusammen! so Herr, so Knecht!

Cölest.

Lieber, last uns hören, was es für eine Helden-That gewesen.

Horrib.

Ob ich wohl in meiner Gegenwart mich ungern rühmen lasse, auch meine Diener derowegen nicht halte, dennoch weil es mein Engel zu wissen begehret, geb ich die Freyheit dieses zu erzehlen. *Dite pure.*

Page.

Der König hatte die Ehre meinen Capitain neben sich auf die Jagt zu führen. Das Wild wurd angetroffen, die Jäger eileten so hier als dar zusammen, der Perß aber traff auf einen sehr grossen Hirschen. Mein Herr verfolgete denselben nebenst dem Könige. Doch umsönst, weil er zu hurtig auf die Füsse, und die Pferde allbereits zu mude.

Camille.

O Weide-Messer! O Jägerrecht!

Page.

Als der Perß etliche Pfeil vergebens abgehen lassen, ergrimmte mein Capitain, daß er das Jägerhorn von seinem Halse riß, und mit demselben nach dem Hirschen warff.

Camilla.

Damit wird er ihm zweiffelsohn das Geweihe in Stücken zerschmissen haben.

Page.

Gefehlt Jungfrau Camilla! Denn das Horn flog just dem Hirsch zum Hindern hinein, und weil das Wild in vollen Fartzen war, gab es so ein wunderlich Getöne, daß alle Hunde herzu gelauffen kamen, und den Hirschen anhielten, also ward das Wild gefället.

Cölestina und Camilla fangen an zu lachen.

Horrib.

Du ungehobelter Galgenschwengel Cane odioso! Fursante Scimia di Barbaria, solst du deinem Herrn also schimpfen!

Cölest.

Ey Herr Capitain, er erzürne sich nicht.

Horrib.

Wenn ich nicht meines Lebens Einrede gelten liesse, so wolte ich dich, al primo colpo, mit dem Stabe zwölff Ellen tief in diese Mauren jagen, daß nichts von dir hier, ohn der rechte Arm, zu sehen seyn solte, mit welchem du den Hut abziehenköntest, wenn mein Engel etwa vorüber gienge.

Cölest.

Herr Capitain, ich bitte um Verzeihung, daß ich ihm für diesesmahl nicht länger Gesellschaft halten kan.

Horrib.

Meine Schöne wird zum wenigsten mir zulassen sie zu begleiten. So che lo potere fare, per la commodita mia.

Cölest.

Für diesesmahl bitte ich zum höchsten um Entschuldigung.

Horrib.

Adio dann, wenn es ja nicht anders seyn kan, mein Engel, Adio meine Göttin, Adio mein Auffenthalt, Adio mio bene, adio mia gloria, adio donna Celeste! adio!

Palladius. Cölestina Camilla.

Cölest.

Gott Lob, daß wir des verdrüßlichen Menschen loß worden!

Camilla.

Könt auch jemand seines gleichen in dem Traum vorkommen?

Cölest.

Diß ist unerträglich, daß er nicht verstehen wil, daß weder Gunst noch Liebe für ihn zu finden sey.

Cölest.

Tritt zurück! Palladius ist verhanden! O daß nu meine Augen reden könnten.

Camilla.

Es ist doch vergebens! Meine Jungfrau ist bey ihm in so grossem Ansehen, als ich bey dem Printzen von Peru.

Cölest.

Ich hoffe, durch Standhafftigkeit meiner Liebe ihn zu gewinnen.

Palladius.

Indem ich auffhalte und bemühe andern zu rathen, vergesse ich meiner selbst. Herr Possidonius hat mir schier die Zeit gantz zunichte gemacht, welche ich viel lieber mit dieser zugebracht hätte, welche meine Seele gefangen hält. Doch was versäumt ist nicht wieder zu holen! Ich wil nur bald zu ihr mich begeben, ehe mir ein ander Hindernis vorkommen möchte: aber schau, von dem Regen in die Trauffe. Cölestina kommet mir so recht entgegen, als wenn sie bestellet wäre, mir etwas in den Weg zu legen. Was thue ich nun? kehr ich um! diß solte zu rauhe scheinen. Ich wil nun fürüber, und sie mit kurtzen Worten abfertigen. Der Jungfrauen meine Dienst.

Cölest.

Ach mein Herr Palladi, wie ist er so freygebig mit Dienst-Anbietungen, und so fest mit der Lieferung!

Pallad.

Was ich der Jungfrauen versprochen, und verspreche, bin ich stets willig zu leisten, ob mir wol bewust, daß ihr an meinen geringschätzigen Diensten wenig oder gar nichts gelegen.

Cölest.

Die mag sich wol glückselig schätzen, welche seiner Dienste geniessen kan. Ich selbst wolte mir für die höchste Ehre achten, mit derselben umzugehn, so würde ich vielleicht ihrer Glückseligkeit in etwas theilhafftig.

Pallad.

Die Jungfrauen halten für ihre Lust, mit uns ein wenig zu schertzen, und wir für unsere Ehr, von ihnen umgeführet zu werden.

Cölest.

Und mein Herr Palladius für seine Ergetzlichkeit mit uns zu spotten.

Pallad.

Bey mir ist Hertz und Zunge in guter Vertrauligkeit. Sie reden beyde eine Sprache. Ich bitte um Verzeihung, höchstwertheste Jungfrau, daß ich dieselbe in ihren Gedancken verstöhret, und befehle mich in dero stets blühende Gewogenheit.

Cölest.

Ey Herr Palladi, er eile doch nicht so hefftig! befiehlet er sich in meine Gunst, und wil mir seine Gegenwart nicht einen Augenblick vergönnen!

Pallad.

Ich fürchte der Jungfrauen durch mein unnützes Geschwätz beschwerlich zu seyn, und dadurch ihrer Gunst gantz entsetzet zu werden.

Cölest.

Ich wil ihn versichern, daß er die Gunst die ich zu ihm trage nimmermehr verliehren kan! So wenig, als ich diejenige, die er zu mir trägt!

Pallad.

Ich verstehe nicht, was für ein Geheimniß hinter diesen Worten stecke.

Cölest.

Der Herr sage: er wolle es nicht verstehen. Diese Gunst, die ich zu ihm trage, zu verlieren ist mir unmöglich, weil sie zu tieff in mein Hertz eingewurtzelt! Seine gegen mir kan er nicht verlieren, weil er sie noch niemals gehabt.

Pallad.

Wie solte es denn meine Gunst seyn, wenn ich sie niemals gehabt hätte.

Cölest.

Er hat Gunst genug, aber für eine, die derselben nicht würdig ist.

Pallad.

Wenn sie gegenwärtig wäre, wolten wir sie darüber vernehmen: unterdessen erkenne ich noch, daß ich Jungfrau Cölestine Gunst niemals würdig gewesen: nichts weniger wil ich mich bemühen selbige zu verdienen, und verbleibe der Jungfrauen Stetswilligster!

Cölest.

Noch ein Wort Herr Palladi.

Pallad.

Die Jungfrau verzeih, ich seh daß eine Person sie ansprechen wil! Sie fahre wohl.

Cölest.

Wie kaltsinnig zeucht er davon. Ach! Camilla, Camilla, wie schmertzlich ists auf unfruchtbaren Sand säen!

Camilla.

Sie liebe, was sie liebet, und lasse fahren, was nicht bleiben wil.

Die alte Cyrilla.

Deus meus. Der heilige Sanct Andereus! beschere uns ein gutes Jahr, und guten Abgang zu meiner Wahr, Amen. Hodie tibi, cras sibi, Sanct Paulus, Sanct Bartholomeus, die zween Söhne Zebedäus, der heilige Sanct Wenzel, und der Seelige Stenzel, die seyn gut vors kalte Weh, und behüten für Donner und Schnee. Nu, ich bin bey Jungfer Sophien gewest, und habe Vögel gesucht in einem leeren Nest: Die wil nichts von Don Diego wissen und hören, Wenn ich so schöne wär, als sie, ich wolte meine Zeit besser wahrnehmen: es käme doch hernach ein einfältig Schaaf, daß mich unter der Musterung durchgehen liesse. Nun wir wollen sehen, wies bey Coelestinen gehen wird. Sie ist schöne, sie ist reich, sie ist jung, und schoffert allein in ihrem Kopff. Nach dem alten Ceremonigis wird sie wohl nicht sehen, wo nicht sein Geld was zu wege bringt. Doch, die Liebe ist blind, und fält wie die Sonne, so bald auf eine Grase-Mücke, als auf ein liebes Kind. Last sehen! hier wohnt sie: ich wil anklopffen. (Sie klopfft.)

Camilla. Coelestina. Cyrilla. Die Pagen und Gesinde von Coelestina.

Camilla.

Wer klopfft?

Cyrilla.

INRI. Memnentau mauri.

Camilla.

Wer klopfft?

Cyrilla.

Ein gute Freundin, liebe Jungfer.

Camilla.

Verziehet, ich thue auff. Was bringet ihr, Frau Cyrilla?

Cyrilla.

Nicht gar zu viel Jungfer Simille. Ist Jungfer Coelestine nicht anzutreffen?

Camilla.

Habt ihr etwas anzumelden?

Cyrilla.

Ich habe etliche Stücke schöne Spitzen zu verkauffen.

Camilla.

Ich wil sie herausser fordern.

Cyrilla.

Geht, geht, geschwinde geht, liebes Kind! Die heilgen seden Planeten, die trösten uns in allen Nöthen! Haccus, Maccus, Baccus, die heilgen Wort, die bewahren uns in allem Ort!

Coelestin.

Willkommen Frau Cyrilla! was bringet ihr uns guts neues?

Cyrilla.

O liebes Kind! ach eure Mutter war eine fromme redliche Frau! O Gott sey ihrer Seelen gnädig! O was hat sie mir guts gethan! ihr gleicht ihr so eben, als wenn ihr ihr aus den Augen geschnitten wäret. O liebes Kind! liebes Kind! welch eine gute Zeit war damals.

Coelest.

Weinet nicht, weinet nicht, Frau Cyrilla.

Cyrilla.

Seht, es ist nun alles theur, man kauffet ein Stein Flachs um einen Thaler, den man da um achtzehn gute Groschen kriegte.

Coelest.

Man hat mir gesagt, ihr brächtet was zu verkauffen. Wolt ihr uns nicht euren Kram sehen lassen?

Cyrilla.

O ja! gar gerne. Harret nur, ich wil die Brillen auffsetzen. Denn sehet, ich bin etwas übersichtig, und habe triffende Augen) Seht, wie gefallen euch diese Spitzen? es ist recht Brabandisch Gut.

Coelest.

So mäßig! habet ihr nur dieser Gattung?

Cyrilla.

Nein, ich habe noch unterschiedene; das Hertzgen, zwey Hertzgen, das Hertzgen mit dem Pfeil, das Todten-Köpfgen, das Hasen-Zähnichen.

Coelest.

Wie theur die Elle von dieser Gattung?

Cyrilla.

Nicht näher als um fünff Gülden, sechs Groschen.

Coelest.

Und von dieser Art?

Cyrilla.

Diese kostet mit einem Wort, achtzehn Gülden und vierzehn Groschen.

Coelest.

Ey, Frau Cyrilla, ihr seyd viel zu theuer.

Cyrilla.

Die Lilie wil ich euch um zehn Gülden lassen.

Cölest.

Zehn Gülden, und nicht mehr geb ich für die gedoppelten Hertzgen. Die Lilie ist nicht sechse werth.

Cyrilla.

Ey, Jungfer Cölestine, wo wolte ich hin? ich würde zu einer armen Frauen dabey. Gebt eilff Gülden und einen halben für die gedoppelten Hertzgen! So eine reiche Jungfer muß nicht so genau dingen. Unser Herr Gott segnet sie denn wieder mit einem reichen Manne.

Cölest.

Ihr schertzet, Cyrilla. Nun, daß wir zu einem Ende kommen! Eilff Gülden wil ich geben.

Cyrilla.

Gebet noch die fünff Groschen dazu.

Cölest.

Nicht einen Heller mehr.

Cyrilla.

Nun, nun! um eines andernmals willen. Wie viel Elen wolt ihr haben?

Cölest.

Ich wil das gantze Stück behalten. Wie viel hält es?

Cyrilla.

Gleich achtzehn Elen und eine halbe; das macht gerade 203 Gülden, und ein halben. Sehet, ich wils euch in den Fingern her rechnen. Eine Elle ist 11 Gülden. 2 Ellen sind 22 Gülden. 4 Ellen 44 Gülden. 8 Ellen 88 Gülden. 16 Ellen 176 Gülden. Nu die übrigen zwo Ellen seyn wieder 22 Gülden. Die zu den vorigen gerechnet, machet 198. Nu bleibet noch die halbe Elle sechste halbe Gülden. Wenn wir die nu zu der vorigen Summa nehmen, so macht es gar zusammen, wie ich vor sagte, 203 und ein halben Gülden.

Cölest.

Hie habt ihr Geld.

Cyrilla.

Drey, sechs, neun, zwölff, funffzehn. Ist der Ducaten auch wichtig?

Cölest.

Es ist abgewogen Gold.

Cyrilla.

Seht liebes Kind, alte Leute die irren sich leichtlich, achtzehn, ein und zwantzig, vier und zwantzig, sieben und zwantzig, dreißig, das mangelt einer.

Cölest.

Zehlet noch einmahl, ich habe recht gezehlet.

Cyrilla.

Es ist war: Ungrische Gülden soll man zweymahl zehlen. Fünffe, 10. 15. 20. 25. 30. 33. 1 Reißthaler, ein halben Reißthaler, ein Gülden. O Hertzes Kind, habt mirs ja nicht vorübel! ich bin so was vergeßlich: ich muß das Geld in die Tasche schliessen.

Cölest.

Camilla, hole mir die Elle.

Cyrilla.

Meine liebe Jungfrau, weil wir so alleine sind, muß ich euch was erzehlen. Wenn ihr es nur nicht woltet übel oder auffs ärgste auslegen.

Cölest.

Nein gar nicht. Erzehlet frey, was ihr wollet!

Cyrilla.

Als ich heute ausgehen wolte, ist mir ein Herr begegnet, der euch freundlich durch mich grüssen läst.

Cölest.

So weit.

Cyrilla.

Ein feiner reicher Mann, der übermassen in euch verliebet ist.

Cölest.

Wie heist Er?

Cyrilla.

Ihr werdet es wohl aus diesem Briefe sehen.

Cölest.

Wo ist der Brieff?

Cyrilla.

Hier hab ich ihn in dem Aermel stecken. O Hertzes Kind, euch wird wohl mit dem Manne gerathen seyn.

Camilla.

Jungfrau Coelestina, hier bring ich die Elle.

Cyrilla.

Wolt ihr die Spitzen messen?

Cölest.

Camilla ruffe mir stracks den Pagen, und das Gesinde hervor! Ich wil dir alten Kuppelhuren den Rücken mit Prügeln messen lassen: und wenn ich deiner grauen Haare nicht schonete, solten dir die Ohren so weit von einander genagelt werden, daß man sie mit zweyhundert Klafftern Bindfaden nicht solte zusammen knüpffen können.

Camilla.

(Mit dem Gesinde.) Wie ists meine Jungfrau? ist die Maß nicht vollkommen?

Cölest.

Soltest du altes Rabenfell dich unterstehen mit derogleichen Schandbrieffen für mein Gesicht zu treten.

Camilla.

Frau Cyrilla! Heist dieses Spitzen verkaufft?

Cölest.

Schmieret die alte Hexe zum tügen ab, daß andere eine Abscheu nehmen derogleichen zu begehen.

Coelestina gehet davon.

Page.

Wir wollen dem Befehl schon ein Genüge thun. Alte Hexe, was macht der Teuffel?

Cyrilla.

Nu, nu, last mir meine Mütze, ihr werdet mir die Schaub in Stücken reissen. A! meine Tasche, meine Tasche, mein Korb.

Der ander Page.

Schau, das alte Ungeheur hat eine Peruque auffgesetzet.

Cyrilla.

A! gebt mir meine Tasche wieder.

Page.

Still, wir wollen ihr einen Bart von Pech anschmieren.

Cyrilla.

A! meine Tasche! meine Tasche!

Camilla.

Gebet ihr die Tasche, und lasset sie vor den Teuffel lauffen!

Die Pagen schmieren sie um und um mit Koth, und gehen mit Camilla davon. Cyrilla bleibet stehen, wischet die Augen ab, und fahret redent fort:

Ach mein Kopff! mein Bauch! mein Rücken! O mein Schleyer, meine Mütze! mein Körblin ist gar in Stucken. Hab ich auch noch meine Spitzen gar, 1. 2. 3. 4. 5. 8. 12. Stuck, ja das heist Brieffe getragen. Aber schaut, dort kommt Don Diego, der muß mirs wohl bezahlen.

Don Diego. Cyrilla.

Don Diego.

Der Kopff thut mir weh über dem unmäßigen Auffschneiden unseres Capitains, welcher doch in Warheit nicht anders ist, als ein gehelmeter Hase, wer ihn reden höret, meinet er wäre der ander Hercules, oder der grosse Roland. So bald er aber in eine Occasion gerathen, wil er für Furcht gar zutrieffen. Anjetzo weil er sich fertig macht seine Selenisse zu besuchen, hab ich mich von ihm weg gestolen, in Meynung allhier der alten Cyrille zu erwarten. Welche ich nu zu unterschiedenen mahlen abgefertiget Jungfer Sophien zu überreden.

Cyrilla.

(Heulende:) Ja Jungfer Sophien zu überreden.

Don Diego.

Was potz hundert ist dieses? wo seyd ihr so übel angelauffen, Frau Cyrilla.

Cyrilla.

Ich wolte noch wol fragen, sehet nur wie mich eure Sophia abgewürtzet hat!

Don Diego.

Sie weiß wohl, daß besser Würtze an euch verlohren ist.

Cyrill.

Ja, und ihr wolt mich noch darzu auslachen!

Diego.

Wie das Fleisch ist, so ist der Pfeffer! aber ich kan kaum glauben, das Sophia so unbarmhertzig mit euch umgegangen.

Cyrill.

Welcher Teuffel solle es denn gethan haben, hat sie nicht Leute gnug bei sich im Hause, die sich ihrer annehmen?

Diego.

Sie wohnet ja mit ihrer Mutter gantz alleine.

Cyrill.

Was weiß ich wer stets bey ihr stecket, sehet nur ich speye Blut

Sie reuspert sich.

Diego.

Purgiere dich Teuffel, friß Flechtenmacher, scheiß Siebeschneider, wische den Ars an Feuermäuerkehrer.

Cyrill.

Ja, was hab ich nu darvon als Stanck und Undanck.

Diego.

Wer nicht recht spielen kan, dem schläget man die Lauten an dem Kopffe entzwey.

Cyrill.

Das dacht ich.

Diego.

Seyd zufrieden, seyd zufrieden, Mutter Cyrill, und folget mir! ich wil euch schon Satisfaction thun.

Cyrill.

Gehet voran; ich wil euch folgen. Wenn mich iemand sehen wird, muß ich sagen, ich sey gefallen. Der ist fein in dem Walde ein Röslein roth, das hat sen geschaffen der liebe Gott, O trauriges Leben betrübte Zeit! du hast mir genommen alle meine Freud.

Gehet betend ab.

Coelestina. Camilla.

Cölest.

Die thörichte Närrin dorffte sich unterstehen mir dergleichen Brieffe einzuliefern!

Camilla.

Last uns doch sehen, wie und von wem er geschrieben!

Cölest.

Da ist er: leset ihn, Camilla.

Camilla.

Wenn er von Herren Palladio geschrieben wäre, würde Cyrille vielleicht eine bessere Belohnung darvon getragen haben.

Cölest.

Was saget ihr?

Camilla.

Ich verwundere mich, daß die Außschrifft so schön gestellet: Dem himmlischen auf der Erden scheinenden Nord-Stern meiner Sinnen, dem grossen Beeren meines Verstandes, der eintzigen Subtilität und höchstem Enti meiner Metaphysica, der würdigsten Natur in der gantzen Physica, dem höchsten Gut aller Ethicorum, der Beredsamsten Phoebussin dieser Welt, der zehenden Musae, andern Veneri, vierdten Chariti und letzten Parcae meines Verhängnisses, dem Hochedlen Wohlgebohrnen Fräulein Coelestine, meiner glorwürdigsten Gebieterin, ad proprias.

Cölest.

Es blicket wohl an dem Gesang, was es für ein Vogel seyn muß.

Camilla.

Si vales, bene est, ego autem valeo sagt Cicero. Ich hergegen, O ihr einiger Schleiffstein meines Verstandes :::: :::: :::: ::::

Cölest.

Es wird ein Messerschmied oder Glaßschneider seyn, weil er von Schleiffen redet.

Camilla.

Si vales bene est: ego autem non valeo, das ist, ich aegrotire, melancholisire, decumbire, languire, es sind mehr frembde Worte hierinnen, die ich nicht wohl lesen kan.

Cölest.

Vielleicht ist es Türckisch oder Griechisch: last uns das überschlagen.

Camill.

Verstehen wir doch das Lateinische nicht.

Cölest.

Woher könnet ihr aber so wol Lateinisch lesen?

Camill.

Ich habe in meiner Jugend in einem Kloster Seiden stücken gelernet: da hab ich aus Kurtzweil diese Kunst von den Jungfrauen begriffen. Nun sie höre weiter! Ich languire in dem Hospital der Liebe, in welches mich eure grausame Schönheit einsuriret, und wie ein Krancker sich nach nichts sehnet, als nach seinem Artzt, ita ego vehementer opto nur einen Augenblick eurer Clemenz, welchen ihr den Hunden und Katzen nicht mißzugönnen pfleget. Widrigen Falls gehet der Schneider schon zu Wercke, meiner Hoffnung, die nichts hat als Bein und Knochen, ein Kleid zu machen; weil ich gäntzlich entschlossen bin mit dem ersten Schiff, welches Charon wird nach dem Campis Elysiis abgehen zu lassen, mich von hier dahin zu begeben, ubi veteri respondet amore Sichaeus. Dieses, wo euch möglich, verhütet, und seyd gegrüsset von

dem, der die Erde küsset,
auf welcher das Gras gewachsen,
welches der Ochse aufgessen,
aus dessen Leder eure Schuch-
Solen geschnitten
Titus Sempronius,
Caji Filius,
Cornelii Nepos,
Sexti Abnepos.

Cölest.

Ach armseliger Semproni! wilst du vor grossem Alter gar kindisch werden!

Camill.

Ja wohl, armseliger Semproni! warum bist du nicht Pallatius! Was wollen wir aber mit dem Briefe thun?

Cölest.

Stellet ihn unsern Koch zu. Denn weil er so voll feuriger Gedancken, können wir etwas Holtz zu dem Braten ersparen.

Camill.

Ich fürchte fürwar, er würde mit seiner Kälte alles Feur in der gantzen Küchen auslöschen.

Cyrilla. Sempronius.

Sempron.

Δύλησον.

Cyrill.

Nicht die alte Lyse.

Sempron.

Et illa hat meinen Brief angenommen?

Cyrill.

Nicht Camilla, sondern Cölestina selber.

Sempron.

Et quid dixit?

Cyrill.

Sie schloß ihn nicht in die Büchse, sondern steckte ihn in den Schubsack.

Sempron.

Ἐυ, καλῶς, κάλλιστα. Lachrimor prae gaudio.

Cyrill.

Ja kalt ists, und sie lachte dennoch die Haut voll.

Sempron.

Ec quis me felicior?

Cyrill.

In der Ecke ist sie vorgestanden, und hat den Brief alleine gelesen.

Sempron.

Aber was giebt sie Solatii?

Cyrill.

Ja Herr Semororiis, Kohl hat sie die, ihr müst ihr was anders schicken!

Sempron.

Ey, ihr verstehet nicht meum velle.

Cyrill.

Ey Herr, was soll es ihr mit Mäusefellen, es muß Geld oder was dergleichen seyn.

Sempron.

Auro venalia jura.

Cyrill.

Das versteh ich nicht! heist ihr mich eine Hure? meinet ihr, daß ichs ihr nicht geben werde.

Sempron.

Ihr verstehet nicht meinen mentem.

Cyrill.

Was Verstand darff ich zu euren Enten?

Sempron.

Ich frage, was Jungfrau Cölestina mir zur Antwort schicket? Ecquid responsi.

Cyrill.

Ja Herr, ich gewon sie, sie sah zwar erstlich ein wenig sauer. Aber als sie euch nennen hörte, muste sie lächeln, wie sehr sie es auch verbergen wolte.

Sempron.

Sat est.

Cyrill.

Ja ich wil wol satt essen, wenn ihr mir nur was geben woltet.

Sempron.

Ich wil schon geben zu essen und zu trincken sine modo.

Cyrill.

Mein Herr Sbrosemigis, mein Rock darff nicht nach der Mode seyn.

Sempron.

Non intelligis.

Cyrill.

Ich sehs wohl, daß es helle ist, aber wenn der Winter kommt, ist ein gantzer Rock besser als ein zuschnittener.

Sempron.

Kommet kommet sodes.

Cyrill.

Herr, ich esse nicht nur Sodt, es muß auch Fleisch drinnen seyn.

Sempron.

Pruriunt ipsi dentes.

Cyrill.

Sagt ihr, die Hure isset hübsche Enten?

Sempron.

Ey, ich rede Lateinisch, das verstehet ihr nicht. Ich rede wie Marcus Tullius zu Rom.

Cyrill.

Es schmeckt nicht übel auf dem grossen Stuhl, Marck und Rohm.

Sempron.

Ich sage daß ich ῥωμαιςι, Lateinisch rede.

Cyrill.

Ja Rohm isset sie! Herr Vicmonius, ich verstehe es wohl, ich weiß aber nicht, ob ihr mich eine Hure heisset.

Sempron.

Ey nein, ihr seyd ein ehrlich Weib, ich meyne meine Coquam, welche der Teuffel zu reiten pflegt.

Cyrill.

Ja, es ist wahr, daß der Teuffel auf dem Bock zu reiten pflegt. Aber ich habe keine Gemeinschafft darmit.

Sempron.

Conscientia mille Testes.

Cyrill.

Die Pestilentzia unter den Füllen ist nicht die beste.

Sempron.

Ich sage, quod me haud intelligas.

Cyrill.

Da man ein Meisen-Haupt auf dem Teller aß?

Sempron.

Auf deutsch! ihr verstehet mich nicht, haud capis me.

Cyrill.

Haupt Kapis ist mehr als eine Meise.

Sempron.

Ich rede nicht von Essen, nicht von edendo.

Cyrill.

Ja meint ihr den do.

Sempron.

Ihr verstehet den Element, was ich wolle. Ich rede noch von Cölestina, was läst sie mich endlich wissen, quid vult?

Cyrill.

Ja, sie ist euch huld.

Sempron.

Mere?

Cyrill.

Was wolt ihr mehre?

Sempron.

Recht so, non fallis me?

Cyrill.

Ja Herr, ich fiele mehr, als einmal.

Sempron.

Seyd ihr truncken?

Cyrill.

Nein, Herr Secconies, ich bin nicht ertruncken, aber gar tieff in den Dreck gesuncken.

Sempron.

O misera!

Cyrill.

Ja es kam mich sehr an.

Sempron.

Folget, folget, drinnen calesces ad ignem.

Cyrill.

Wenn man kahl ist, låst sichs übel singen.

Sempron.

Die Thür ist offen, folget hernach, wir wollen schon weiter, was zur Sachen dienlich, ponderiren.

Cyrill.

Eyer, Mehl und Butter lassen sich am besten unterrühren.

Daradiridatumtarides. Selenissa. Cacciadiavolo. Diego.

Darab.

Mon Dieu! So giebt sich endlich meine bißher unüberwindliche Schöne auf Gnade und Ungnade ihrem werthen Freunde dem streitbaren und tapffern Daradiridatumtarides Windbrecher von tausend Mord.

Selen.

Ja, mein Herr Capitain, mit diesem Handschlag versprech ich mich auf ewig die Seine zu seyn, trotz allen, den es leid, und die mir diß grosse Glücke mißgönnen.

Darab.

Graces aux Dieux! Vos avez mis mon Ame au plus haut degrez de la felicité. Mit dieser güldenen Ketten, welche mir der unsterbliche Soldat von Pappenheim mit eigenen Händen an den Hals gehangen, als ich zu erst mich auf die Magdeburger Mauren gewagt, verbinde ich mir meine Göttin, welche mir Gott Mars selber mit allen seinen Feuerspeyenden Granaten und Donner-schwangeren Canonen nicht abjagen soll.

Selen.

Ich bitte, mein werthester Bräutigam geruhe, als ein Zeichen meines standhafftigen Gemüths und reinen Hertzens, diesen Demant von mir anzunehmen!

Darab.

Den wil ich nicht verlieren, als mit dieser Faust. Ich glåube, daß Amor selbst seine Pfeile hierauf geschärffet habe. Wer ist auf der gantzen Welt glückseliger, als ich? Don Cacciadiavolo, Don Diego, herfür! wünschet eurem großmächtigsten Capitain Glück J'ay gaigné mon procès! Die Festung die ich bißher so lange belågert, hat parlamentiret, der Accord ist geschlossen, und soll von uns beyden auf künfftig unterzeichnet, auch bald darauf die Citadel in posses genommen werden. Vive l'amour et ma Deesse!

Cacciad. und Diego.

Vive l'amour et sa Deesse!

Cacciad.

Es ist kein Bluts-Tropffen in meinem gantzen Leibe, der sich nicht in lauter kleine Feur Granaten verkehre, und mir durch alle Sinnen und Geister schwerme. Ich wündsche diesem neuen Marti und der andern Veneri unvergleichliches Glück!

Don Diego.

Pallas und Bellona lasse diß treffliche Paar glücklich zusammen kommen, frölich beisammen leben, und langsam von einander geschieden werden.

Darad.

Aus uns werden Kinder gebohren werden, welche die Welt bezwingen, die Hölle stürmen, und den Jupiter aus dem Himmel jagen werden, nicht anders, als wie die Riesen, welche Berge auf Berge gesetzet, durch die Wolcken gedrungen, und biß an die neundte Sphaer Sturm gelauffen sind. Ich kenne mein Geschlecht, und weiß gar wohl, aus was für einer Art wir kommen. Alsbald ich auf diese Welt gebohren bin, hab ich auf der Erden herum gesprungen, ich habe meines Vatern Degen von der Maur herunter gezogen und damit so ritterlich herum geschwermet, daß ich der Hebammen den Kopff, und der Kinder-Magd den Leib entzwey gehauen.

Don Diego.

Es brennet bey zeiten, was eine Nessel werden soll.

Darad.

Muth kommt vor den Jahren bei wackeren Gemüthern. Einen Chevalieur muß man aus dem Bart nicht aestimiren. C'est assez! Last uns herein, Don Diego, daß man die Trompeten bestelle, Don Cacciadiavolo, daß man unsre Hochzeit mit einem Salve verehren lasse!

Don Diego.

Es soll geschehen, Gestrenger Herr! grosser Gott, hier ist Zeit gewesen Hochzeit zu machen. Bey uns ist so viel Schuld, daß ich nicht weiß, die Wäscherin vor ein Hembde zu saubern, zu bezahlen. Wird die Braut ein grosses Heyrath-Gut mit sich bringen, so wirds es hoch von nöthen seyn: wo nicht, so werden wir sämtlich Elend aus Essig essen, mit Mangel betreuffen, und in bittern Wermuth arme Ritter backen.

Der Dritte Auffzug.

Bonosus. Palladius.

Palladius.

Es ist nicht anders, als wie ich erzehlet! Selenissa achtet weder meines Standes, noch seiner Vortrefflichkeit. Sie ist mit dem Großsprecher nunmehr fest: Mich schmertzt nicht mehr, als daß wir, wegen der nichts werthen Unbedachtsamen, solche heimliche Feindschafften und Verbitterungen gegen einander getragen. Er hat die unvergleichliche Ariana verlassen, und ich habe die Sinn- und Tugendreiche Corneliam geringe gehalten, ja schier gezwungen meinen Vetter zu heyrathen, damit ich desto freyer dieser Wanckelmüthigen auffwarten könte.

Bonosus.

Sollte es aber wohl möglich seyn, daß es geschehen?

Pallad.

Des Capitains Diener, welcher mein Landsmann und getreuer Camerade, hat anitzt in meinem Hause den gantzen Zustand entdecket.

Bonosus.

Unbesonnene! thörichte! leichtfertige! undanckbare Selenissa!

Pallad.

Mein Herr, lasst uns nicht auf sie fluchen, ich trage ein hertzliches Mitleiden mit ihr, sie darff keiner Straffe mehr, die durch eine solche Heyrath mehr denn hefftig gestrafft wird.

Bonosus.

Wo ich dem Capitain auf seine Hochzeit nicht einen sondern Schimpff erweise, so müsse die gantze Stadt von meiner Zagheit sagen.

Pallad.

Mein Herr, der hat Schimpffs mehr denn zu viel, dem man keinen Schimpff mehr erweisen kan. Die gantze Welt hält ihn für einen Landlügner. Er steckt in tausend Schulden verkäuffet biß über die Ohren. Selenissa hat auf der Welt nichts! wie kan man beyden mehr Unglücks wünschen?

Bonosus.

Ich kann mich nicht genung verwundern über der thörichten und unbesonnenen Jugend!

Cleander. Bonosus. Palladius.

Cleand.

Recht! Finde ich die Herren und wertheste Freunde hier beysammen! Ich habe Herren Palladium den gantzen Morgen gesucht.

Pallad.

Mein Herr, die Ehre, die er seinem geringsten Diener erweiset, ist zu hoch! und ich bin schuldig ihm auch sonder sein Begehren stets auffzuwarten.

Cleand.

Mein Herr Palladi, die Worte sind unvonnöthen. Ich komme anjetzt auf Befehl ihrer Durchlauchtigkeit, unsers gnädigen Fürsten, ihn auf den Hof zu fordern, da er den Eid, als von ihrer Fürstl. Durchl. selbst erkohrner Marschall, ablegen soll: zu welcher von ihm wohlverdienten Erhöhung ich ihm, was er selbst begehren mag, von Hertzen wünsche.

Bonosus.

Was höre ich, Herr Cleander?

Pallad.

Ich halte mein Herr treibet den Spott mit seinem Diener!

Cleand.

Was solte ich vor Ursach zu spotten haben in so wichtiger Sache. Ich bitte mein Herr wolle bald sich mit auf den Hof begeben, und nach abgelegter Pflicht mir, nebenst andern werthen Freunden, welche sich über dieser seiner neuen Ehre höchlich ergetzen, seine Gegenwart an meiner Taffel gönnen! Mein Herr Bonosus wird, wie ich auffs höchste ihn bitte, kein Bedencken tragen, uns Gesellschaft zu leisten.

Bonosus.

Mein Herr Palladi, ich erfreue mich höchstens über seinem unverhofften, doch wohlverdienten Glücke.

Pallad.

Mein Herr, ich weiß bei diesem Zustand nicht, wie oder wem ich zuförderst zu dancken verpflichtet; diß einige ergetzet mich, daß ich Mittel an die Hand bekommen, ihnen in der That zu erweisen, daß ich ihrer allerhöchst verpflichtester Diener.

Sempronius. Cyrilla.

Sempron.

Amor vinumque nihil moderabile svadent.

Cyrill.

Schwaben in Milch gekocht ist gut.

Sempron.

Nihil ad Rhombum.

Cyrill.

Michel worum drum?

Sempron.

Ἐγὼ σκόροδά σοι λέγω, συ δέ κρόμμυ' ἀποκρίνεις.

Cyrill.

Ja freylich muß man das Korn lesen, wenn es krumm und nicht grüne ist.

Sempron.

Ich rede de plaustris, ihr antwortet de trahis.

Cyrill.

Ihr redet von der Plautze, die ich wegtrag itz?

Sempron.

Ich rede von meinem Cordolio.

Cyrill.

Jo ich hab den Korb voll jo.

Sempron.

Von meiner Cölestina, bey der ihr um Antwort anhalten sollet, wo es in satis.

Cyrill.

Ja ich soll fragen, ob sie Fladen isst?

Sempron.

Der sollet ihr bringen diese margaritas.

Cyrill.

Das soll ich bringen meiner Margritte.

Sempron.

Ihr sollet die Perlen Jungfer Cölestinen geben, sag ich, zu einem Mnemosyno.

Cyrille.

Soll ich sie geben meinem Sohn?

Sempron.

Ey nein doch, ihr sollet sie zustellen Fräulein Cölestinen zum Mnemosyno.

Cyrill.

Ja ich meine so.

Sempron.

Wenn seh ich euch rursus.

Cyrill.

Herr ihr vergesset euch ich heisse nicht Urse.

Sempron.

Ἐρωτάω.

Cyrill.

Ein roth Auge?

Sempron.

Ego quaero, ego interrogo, ego sciscitor, das heist ich frage euch, quando reversura sis?

Cyrill.

Nu seht nur Herr, ihr redet zu geschwinde, und fraget immer ob Anne eine Hure ist.

Sempron.

Ey, was ist mir daran gelegen. Ich frage wenn ihr wieder kommen wollet mit Antwort und guter Verrichtung?

Cyrill.

So bald es möglich.

Sempron.

ὕπαγε εἰς εἰρήνην.

Cyrill.

Ja, ja ich wohne hierinnen.

Cölestina. Camilla.

Cölest.

Nun ist vergebens! meine Hoffnung ist todt! Himmel muß meine getreue Liebe mit einem so traurigen Ausgang belohnet werden!

Camilla.

Gedult und Zeit, werthe Jungfrau, ändert und heilet alles.

Cölest.

Die Wund ist zu groß, und der Schmertz zu hefftig.

Camilla.

Ich glaub es gern, daß nichts verdrießlichers und schändlichers, als wann man treuer Liebe mit Undanck begegnet. Aber was kan euren Verstand besser auf den rechten Weg bringen, als wenn ihr überleget, wie übel er mit euch biß anher gehandelt.

Cölest.

Aber warum schneid ich mir selbst alle Hoffnung ab? liebe Camilla, suche doch noch einmahl Gelegenheit mit ihm zu reden, und ihm meine grosse Gewogenheit zu verstehen zu geben.

Camilla.

Meine Jungfrau, hat er sie nicht mehr geachtet, als er noch im geringerm Stande geschwebet, was wird er jetzund thun, nun er so unversehens so hoch gestiegen? Ehre ändert die Gemüther und macht aus Muth Hochmuth.

Cölest.

Wolte Gott, sie änderte sein Gemüthe, daß er ein wenig besser um sich sehe und betrachtete, wer diese wäre, die er verachtet.

Camilla.

Ach meine Jungfrau! Ihr begehret ein Wunderwerck und eine zu unsern Zeiten unerhörte Sache! kennet ihr Palladii unveränderlichen Vorsatz nicht? Eher wolte ich wilde, ja Felsen bewegen als ihn, wenn er einen Schluß einmahl gefasset.

Cölest.

Mit einem Wort, ich höre nichts mehr als meine Verdammniß in dem Rechtshandel der Liebe.

Camilla.

Es kan hier nicht anders seyn. Euer Richter ist gar zu unbarmhertzig.

Cölest.

Gilt denn keine fernere Beruffung? kein Auffschub? keine Linderung des Urtheils?

Camilla.

Zu oder vor wen wollen wir das ziehen?

Cölest.

Zu Palladio selber: wofern meine Jugend, mein Stand, Vermögen und Tugenden, welche andere, ihrer Einbildung nach, bey mir reichlich antreffen, nicht seiner Gunst würdig; wird ihm doch vielleicht meine unvergleichliche Standhafftigkeit zu Gemüthe dringen.

Camilla.

Ich fürchte gegentheils, er werde unsers Elendes spotten, und uns aus seinem eignem Munde hören lassen, was wir schon ohne diß vernünfftig muthmassen können.

Cölest.

Ich bin bereit nicht nur aus seinem Munde das Urtheil meines Todes anzuhören, sondern wolte wündschen, wenn möglich, von seiner Hand zu sterben; ja ich wolte mir solchen Untergang für die höchste Glückseligkeit und letzte Erfüllung alles meines Wündschens halten.

Camilla.

Ich bin weit anders gesinnet. Aber, ich sehe den Capitain, last uns beyseit, daß er meiner Jungfrauen nicht verdrießlich falle.

Capitain Horribilicribrifax. Harpax.

Horrib.

Hast du es glaubwürdig vernommen?

Harpax.

Mit diesen meinen zweyen Ohren hab ich es gehöret.

Horrib.

Und du hast es gehöret?

Harpax.

Ich hab es gehöret.

Horrib.

Du hast es gehöret?

Harpax.

Ich, ich, ich, ich hab es gehöret.

Horrib.

Mit deinen Ohren?

Harpax.

So wol mit den Ohren als offenem Munde, ja Gehirne und alle fünff Sinnen!

Horrib.

Daß Sempronius sich unterstehet seine Gedancken da einzuquartieren, wo allein der unüberwindliche Horribilicribrifax Winterläger halten soll?

Harpax.

Signor Capitano, wird eure Herrligkeit nicht bey Zeiten darzu thun, so dürfften noch wol andere, als Sempronius ehe eine Feldschlacht all dort liefern, als er an das Winter-Quartier gedencken.

Horrib.

Se mi monta il grillo nella testa sarò huomo da scannar Marte e Morte, e Sempronio, e far si, che di lei non si ragioni mai piu. Welch Bellerophon, Rinocerote, Olivir, Palmerin, Roland, Galmy, Peter mit dem silbernen Schlüssel, Tristrant, Pontus dürffen sich unterstehen nur dergleichen Sache zu gedencken, schweige denn ins Werck zu setzen.

Ich erbasiliske mich gantz und gar, die Haare vermedusiren sich in Schlangen, die Augen erdrachen sich, die Stirne benebelt sich mit Donnerspeienden Wolcken. Die Wangen sind Aetna und Mon Gibello, die Feuerfuncken stieben mir aus dem Munde wie aus dem Heckelberge, der Hals starret wie der Thurm zu Babel, es blitzet mir im Hertzen nicht anders, als wenn tausend Hexen Wetter darinnen gemacht hätten, Jedweder Finger vertheilet sich in noch dreissig andere. Die Füsse schiessen in so viel Wurtzeln aus. Somma ich erzürne mich zu tode. Jo Sputo Archibusi, Pistolle, e fulmini, daß mir nicht einer von den Mordvögeln entgegen gepflogen käme, daß ich meinen Grimm an ihm auslassen könte, mit einem Anblick wolte ich ihn in lauter Asch verkehren nicht anders, als die Granaten, wenn sie in die Heuschober fliegen.

Harpax

Signor Capitano, Signore e Patron mio gloriosissimo, darff ich euch unter die Augen treten?

Horrib.

Wozu dient diese Frage?

Harpax.

Ich fürchte, ihr möchtet mich auch anzünden, ich bin etwas dürre von Hunger.

Horrib.

Sey sonder Sorge! meine Augenstrahlen haben Verstand. Quelli che meco vivono, e che Servono la persona mia ornata di tanti trofei e triomfi, non vivono in periculo.

Harpax.

Nun ist Noth vorhanden: Sempronius kommt selbst selber zu seinem Unglück E. Herrlichkeit in die Hände.

Horribilicribrifax. Sempronius. Harpax.

Sempron.

Omnes homines summa ope niti decet, ne vitam silentio transigant veluti pecora. Salust. de Conjuratione Catilinae. Multa dies variusque labor mutabilis aevi rettulit in melius. Virgil. lib. 9. An. Amavi, amavisti, amavit, amo, der Fuchs ändert die Haare, nicht das Gemüthe, saget das Deutsche Sprichwort. Unter dieser grauen Aschen meines Kopfs, sub hisce canis, liegen noch viel glüende Kohlen der Liebe verborgen.

Horrib.

Er ist verlohren! er hat gelebt! er ist todt.

Harpax.

Ey, Ey, Herr Capitain!

Sempron.

Sed quid sibi vult Pyrgopolynices iste qui ita gladiatorio animo ad nos affectat viam?

Horrib.

Wer bist du?

Sempron.

Wer bist du?

Horrib.

Questa e una domanda impertinente, la quale merita per risposta una pugnata nel cuore.

Sempron.

Du magst wohl ein Bernhäuter in der Haut seyn! hast du redliche Leute nicht lernen grüssen? Saluta libenter, sagt Cato.

Horrib.

Ich werde rasend.

Sempron.

Helleboro opus est homini! er ist toll.

Horrib.

Bisogna ch' io faccia in pezzi, ch' io Fulmini questo ladrone! Sag ihm wer ich sey!

Harpax.

Mein Herr Sempronius thut sehr übel, daß er sich an einem so fürtrefflichen Mann vergreifft! Er ist der Welt berühmte Capitain Horribilicribrifax von Donnerkeil!

Sempron.

Ist er Horribilicribrifax von Donnerkeil so bin ich Sempronius von Wetterleuchten, famâ super aethera notus.

Horrib.

Tun sei un Busalo. Wo ich mich recht erzürne, so haue ich euch in kleine Stücken, daß euch die Ameissen in zweyen Augenblicken wegtragen.

Sempron.

Qui moritur minis, ille pulsabitur bombis. Wer mit Dräuen stirbet, dem läutet man mit Eselsfürtzen aus. *Πολλὰ μεταξὺ πελει κυλικος καὶ χείλεος ἄκρου.* Oder meinet ihr, daß ich in meiner Jugend auf der Universität, nicht auch habe fechten lernen? *πολλῶν ἐγὼ θρίων ψόφους ἀκήκοα!* Huc si quid animi!

Harpar.

Ich verstehe nichts was er wolle. Ich glaube, daß er gesonnen uns zu beschweren.

Horrib.

Ihr habt die unvergleichliche Cölestinam lieb.

Sempron.

Das thu ich zu Trotz, euch, und allen, den es leid ist, quid id ad te?

Horrib.

Ich sage daß ich ihrer Liebe würdiger bin.

Sempron.

Mentiris das heist auf Deutsch, es ist erlogen.

Horrib..

Oh qual'' oltragio! Soll ich dis Wort hören? Was hindert mich, daß ich euch nicht in einen Streich in hundert tausend Stücken zertheile.

Sempron.

Quid me retinet, daß ich nicht mit diesem meinem alten guten Spanischen Degen, mit welchem ich auff so vielen Universitäten den Bachanten Löcher geschlagen, den Häschern Schenckel und Köpff abgehauen, die tollesten Teuffel blutrünstig gemacht, die Steine auf der Gassen zuspalten, dem Rectori Magnifico die Fenster ausgestochen, den Pedellen die Füsse gelähmet, eine solche That verübe, daß die Sonne am Himmel trüber erschwartze, und die Planeten zurücke lauffen, nec dum omnis haebet effecto in corpore Sanguis. Virgil.

Horrib.

Ob ich euch wol mit diesem Degen könte auf andre Meynung bringen, (havend io un giorno nel amfiteatro di verona ucciso di mia mano molto mille gladiatori) wil ich euch doch darthun aus eurer eignen Wissenschafft, daß ich besser sey als ihr, damit ihr sehen sollet, daß ich eben wohl studiret bin, und in Artem Aratoriam Verstend habe. Ihr seyd ein Gelehrter und machet profession von dem Buch, als ich von dem Degen. Ist das nicht wahr?

Sempron.

Rem acu!

Horrib.

Nu wisset ihr ja wohl, daß man das Buch unter dem lincken Arm trägt: und den blossen Degen in der rechten Hand führet, Ergo, gehen die Gelehrten unten und wir oben an.

Sempron.

Καλῶς. Ergo gefehlet. Als wenn man nicht den Degen auf der lincken Seiten trägt, und ein offen Buch in der rechten Hand hielte, als wenn man nicht die Feder oben auf den Hut steckte, welches ich weitläufftiger mit vielen Syllogismis, Enthymematibus, Soritibus, Inductionibus, Elenchis, Mesosyllogismis, Argumentationibus crypticis, Distinctionibus, Divisionibus, Exceptionibus, ausführen könte, nisi res esset liquidissima per se, und klärer als die Sonne in ipso meridie.

Harpax.

Last uns fliehen, mein Herr, er zaubert, er redet der bösen Geister Sprache.

Horrib.

Si me le direte: lo sapero! als wenn ich nicht mit vielen

Sonnetten, Madrigalen, Quatrinnen, Oden, Canzonen, Concerten, Sarabanden, Serenaden, Aubaden, das Widerspiel beweisen könte; doch damit ich euch Schamröthe abzwinge, und beweise, daß ich ein Arator bin, als ihr? so wil ich eine Roration halten, die ich gethan, als Pappenheim Magdeburg einnahm, und man kurtz zuvor in dem Kriegsrath herum fottirete. Habt ihr so viel Muths, so beantwortet mir dieselbe Augenblicks.

Sempron.

Ego sum contentissimus.

Horrib.

Harpax, Du solst unterdessen General Tylli seyn. Setze dich derowegen hier nieder. Bildet euch nun ein, hier sitze General Tylli, und neben ihm Feldmarschall Pappenheim. Hora, diamo principio alla narrativa! Es wurd deliberiret, ob man Magdeburg denselben Morgen antasten, oder verziehen selte, biß unsre Abgeordneteten wieder ins Lager kamen, Don Arias von Tolete, welcher in dem übrigen ein hurtiger Cavalier aber in dergleichen actionem troppo ardito: hatte vor mir geredet, ich richtete mich con la grandezza mia superbissima e con meravigilia e tremore di tutti circonstanti auf diese meine marmörne Schenckel, gab ihm einen unversehenen Blick mit diesen zweien brennenden Carfunkeln, oder gläntzernden Laternen dieses meines fleischlichen Thurms. Die Franzosen nennen es une oelliade.

Harpax.

Ich zittere und bebe über diesem Angesichte!

Horrib.

Nachmals als ich sah, daß ich dem Don Arias ein Schrecken durch alle Beine gejagt; und sich die gantze Compagnie über mir entsetzete, wolte ich die Gemüther etwas sänfftigen, damit sie mich mit desto grösserer Anmuth hören möchten, derowegen Prima d' ogn' altro, bacio le ginochia Ihrer Excellentzen, des Tylli und des Pappenheims, come si conviene. Nachmals, inchinai la testa gegen die umstehenden Herren, und sprach also.

Harpax.

Herr Semproni! ihr habt schon verlohren! Ihr werdet diß nimmermehr nachthun.

Horrib.

Sintemal Ihre Excellentzeste Erzellentze, die Zeit sehr kurtz, indem wir den Feind vor der Stirne haben und eine Stunde, Minute, ja Augenblick uns die Victorie geben oder nehmen kan; diro ancor' io qualche cosa, und wil mit wenigen mein Gemüth entdecken und sagen, daß ob es wohl uns Cavalieren übel anstehe, mehr mit der Zungen, als dem Degen zu reden, und du mein

be-

berühmtes Schwerdt, tu mia spada fulminea, tagliente e fendente! Wenn du eine Zunge hättest, eben diß sagen würdest; nichts desto weniger wil ich sagen, weil mir zu sagen gebühret, und die Reye zu sagen an mich gelanget ist, und wil nicht sagen, daß ich zu beweisen willens, daß ich wohl und viel sagen könte, sondern wil auffs einfältigste vor euch sagen, was mich düncket, das gesaget werden müste, und wil nichts weniger sagen, als was gesaget ist von den berühmtesten Leuten, denn wenn ich etwas anders sagete würde ich sagen wieder Kriegs-manier, nach dessen Gewonheit ich auffgestanden bin, etwas zu sagen. Und so jemand unter dem Häuffen ist, der sich einbildet, daß er mir sagen dürffte, ich solte nicht also sagen, der mache sich herfür und sage es, ich weiß, daß er nicht anders sagen wird, als was ich sagen wil. Ich sage denn was drey Personen aus diesem unzehlichen und unüberwindlichen Heere werden sagen, können sagen, müssen sagen, wollen sagen, und sagen auch sonder ein Wort zu sagen. Die ersten Zwey sind Ihr Excellentzeste Excellentz (und hiermit machte ich einen Reverentz) die Dritte bin ich. Weil mir aber nicht wohl anziemet was zu sagen, schweige ich aus Modestie, und remittire mich im übrigen auf dieselbe, die etwas gesaget haben, und noch sagen werden. Hor su, Finiamo, la qui. Könte man wohl was schöners gesaget haben, Harpax.

Harpax.

Das ist ein schön untereinander gemischetes Gesage! wäre nicht eine Abschrifft darvon zu erlangen?

Horrib.

Mi sara di sommo contento, gar sehr wohl, aber zu einer andern Zeit! jetzund last uns hören, was dieser dargegen zu sagen habe.

Harpax.

Monsieur Sempronius, die Reye, etwas zu sagen, ist nun an euch gelanget.

Sempron.

Ich sage derowegen, quod nihil dictum sit ab eo, quod non sit dictum prius: und bey dieser Gelegenheit etwas zu sagen, wolte ich lieber also gesaget haben: ὑψηλὰν ἀρεταν Ἄνακτος!

Harpax.

Höret Wunder! höret!

Sempron.

Daß man mir nicht in die Rede falle! O ihr durchlauchtigsten und unüberwindlichsten Heroes, welcher unvergleiche Stärcke sich nicht auffhalten lässet, in den alten und gedrängen Gräntzen,

Montium Pyreneorum, Alpium, Atlanticorum, Apenninorum und Sarmaticorum, sondern weit über die Gräntzen, in welchen Calisto nicht auffgehet, sese penetrat, und herum fähret durch den zwölffthürigen Kreiß des Titanis, penetrans die beschwärtzten Aethyopes, streiffet um das Vorgebirge bonae spei, floret durch die wohlriechenden Moluccas, hänget sich an die bepfeffecte Bengala, gehet fürüber bey denen, ihrer Einbildung nach, zwey-äugichten Chinesern, und hält Mittags-Ruh in Japan. Ich der ich nicht bin der andere Marcus Tullius Cicero, der nicht erreichen kan lactisluam eloquentiam Titi Livii, qui non ad spiro ad gravitatem Salustianam, neque assequer Cornelii Taciti divinam Majestatem. Ich, sage ich, der ich gleichwohl diese Discursus vor die trefflichsten halte, ὄντες περὶ μεγίστων τυγχάνοντες ὄντες, καὶ τὰς τε λέγοντας κάλλιςα ἐπιδείκνυσθαι, wil euch mit vielen Worten nicht auffhalten cum alias die Zeit kurtz, et jus sit in armis: Remittire mich also auf die, die biß anher geschwiegen haben, und noch de facto schweigen. Dixi. Was hält Harpax von dieser Oration?

Harpax.

Sie war bey meiner Seele auch schön, ob ich wol kein Wort darvon verstanden hab. Herr Capitain, es muß ein verdrießlich Ding seyn, einen General abzugeben.

Horrib.

Ohime! che parole son queste? Warum?

Harpax.

Warum? solte er doch tolle werden, wenn er nur jedweden Tag solcher zwey Rorationes hören müste.

Horrib.

Tu non m'intendi? Va! Va! Du bist ein Ignorant, und verstehest nicht Zierligkeit der Wolredenheit.

Harpax.

Dem sey, wie ihm wolle.

Sempron.

Aber welches Oration war nu die beste?

Harpax.

Mir ist, als wenn ich bey einer Fürstlichen Taffel sasse, und nicht wüste unter den Gerüchten zu wählen, oder eins mit mir zu werden, welches das Schmackhafftestе. Vertraget euch selbst unter einander. Ich resignire euch die Excellentz mit samt der Tollischafft und dem Generalat.

Sempron.

Ergo ὄῤῥω. σι, Herr Capitain.

Horrib.

Adio Signor Semproni.

Harpax.

Ho, ho, sie kommen ja beyde noch lebend von einander.

Der Jude trägt ein silbern Giesbecken unter dem Arm, und die Kanne in der Hand.

Rabbi Isaschar. Frau Antonia.

Rabbi.

Ey bey meinem Jüdischen Madda! bey meinem Eyde! es ist nicht anders, als ich euch sage! mezzekenim ethbonam!

Antonia.

So wäre ich die elendeste Frau auf dem gantzen Erdboden. Andere reden gleichwol gar anders.

Rabbi.

Lo jaden velo jasinu. Ihr werdet das in der That erfahren, denn ich sage euch nichts als die blosse lautere Warheit! Was hätte ich für Ursach euch zu betriegen? ich weiß ihr seyd eine ehrliche Frau, es ist nicht anders, so wahr, als ich Rabbi bin, und heute gedauscht habe.

Antonia.

Es scheinet aber unglaublich zu seyn.

Rabbi.

Unglaublich? warum unglaublich? es geschehen wohl mehr derogleichen Sachen, und ihr kennet das gemeine Sprichwort: Der Tod, und Heyrath entdecken alle Dinge, wenn es nicht so wäre, man würde malcanderen den gehelen Dag sonders Ersgatt beschiten, spricht der Holländer.

Antonia.

Mein lieber Rabbi, seyd mir doch zu Dienste mit zwey oder drey hundert Reichsthalern, nur auf wenige Tage, gegen genugsames Pfand.

Rabbi.

Ey warum das nicht, liebe Frau? auf ein Jahr und länger, wenn das Chasol Tof und Thuf ist; lasst mich es schauen!

Antonia.

Hier hab ich es. Sehet welch eine treffliche Kette mit Diamanten versetzet.

Rabbi.

Ey Frau Antonia? welch schön Ding ist das! col hefel hefalim!

Antonia.

Es ist ein trefflich Stück, wie ihr selber sehet, nehmts in die Hände, und beseht sie gar wohl.

Rabbi.

Frau Antonia, wir sind gute Freunde; ich habe euch mehrmals gedienet, und thu es noch gern: Hoffe auch ihr werdet mir erlauben, daß ich ein Omer oder zwey mit euch reden möge. Wie viel begehret ihr, daß ich euch auf diese Chach leihe?

Antonia.

Dreyhundert Reichsthaler

Rabbi.

Wolt ihr, daß ich euch mit einem niso sage!

Antonia.

Ey Rabbi Isaschar, machet die Sache nicht schwer! die Kette ist auffs wenigste zwei tausend Ducaten werth.

Rabbi.

Frau Antonia! mit einem Wort, ich wil euch auf diese Kette schilen. ....

Antonia.

Wie viel?

Rabbi.

Fünff Silbergroschen! und ist noch heed ith.

Anton.

Was? fünff Silbergroschen? seyd ihr toll?

Rabbi.

Nein, Frau Antonia, ich bin chachan, aber die Kette ist von Messing, und die Steinicher von Glaß. Das sag ich euch bey meinem Jüdischen Alah!

Anton.

Wie kan es möglich seyn? es hat sie noch vor zwey Stunden der tapfferste Cavalier an seinem Halse getragen!

Rabbi.

Traut meinen Worten, und gebt die Kette dem wieder, von dem ihr sie empfangen habet. Die Kette ist von Messing. Der braveste Cavalier? O es ist to achet geschehen! ihr sind mehr, die dergleichen Ketten tragen!

Anton.

So ist weder Treu noch Glauben in der Welt!

Rabbi.

Von wem habt ihr sie geachazt?

Antonia.

Von Capitain Daradiridatumtarides.

Rabbi.

Hoh? es ist der gröste maschgeh, Bescheisser und Betrüger in der Welt.

Antonia.

Ey Rabbi, bedencket euch! was saget ihr?

Rabbi.

Ich wolte es ihm in die Augen sagen, zu heteln, falsche Siegel nachzumachen, Handschrifften zu verfälschen! Brieffe zu erdichten, ist seines gleichen nicht! Er ist mir acht hundert Cronen schuldig, und schier so viel neschech, und schweret alle Tage, daß ihn der Schet holen möchte. Aber ich sehe weder Zahaff noch Silber, noch Zinse. Das beste wird seyn, daß ich ihn lasse Thapsen, und in da Esur stecken.

Antonia.

Es ist unmöglich!

Rabbi.

Er ist mir nicht allein schuldig; es ist kein Kenaani, kein Kramer, kein Schneider, kein Schuster, kein Hutmacher, der ihn nicht auf seinem megillha oder Buche habe.

Antonia.

Das sey Gott in dem hohen Himmel geklagt!

Rabbi.

Glück zu, Frau Antonia, ich muß baceck und dieses silberne aggan mit der Gießkanne einschliessen. Schaut dieses hat mir auch ein Cavalier, der den Fürsten heut eingeladen, zu Pfande gegeben, gleich als sich die Gäste gewaschen, damit ich ihm Keseph zu Brodt liehe. Wenn sie werden Taffel gehalten haben, hat er mir versprochen das Saltzfaß mit den Tellern und Schüsseln dargegen zu schicken, damit ich ihm das Becken wieder folgen lasse, daß sie sich nach der Mahlzeit wider Thaharu können.

Antonia.

O das Hertz möchte mir für Ungedult in tausend Stücken brechen! O meine Tochter! in was Elend hast du dich und mich durch deine Unbesonnenheit gestürtzet!

Der Vierdte Auffzug.

Bonosus. Palladius. Cleander.

Cleander.

Ich bitte die Herren verschonen meiner mit dergleichen Wort-gepränge; Sintemal ich sie nach Wurden vor diesesmahl nicht habe bewirthen können: Doch verhoffe ich mein guter Wille werde die Taffel, stat der Speisen besetzet haben.

Palladius.

Mein werthester Cleander, ich bleibe ihm ewig verbunden.

Cleander.

Herr Mareschall ich sterbe der Seinige.

Bonosus.

Mein Herr Cleander, ich bitte, er wolle mir befehlen, er soll mich bereitwilligst finden ihm zu dienen.

Cleander.

Mein Herr, ich bin gantz der Seinige. Herr Mareschall, er denck unserm geheim Gespräche etwas nach. Fräulein Eudoria ist eines Liebhabers von sonderbahren Vortreffligkeiten würdig.

Bonosus.

Dem Herrn meine Dienst!

Pallad.

Mein Herr, ich bleibe der Seine.

Cleand.

Ich ersterbe der Herren bereitwilligst- und verpflichtester Diener.

Bonosus. Palladius.

Bonosus.

In Warheit, Herr Mareschall, die Speisen waren überaus köstlich.

Pallad.

Der Stadthalter läst an Magnificentz nichts gebrechen, und verleuret lieber sechs Pfund Blut, als eine scrupel Reputation.

Bonos.

Aber, was sagen wir von Fräulein Eudoria? Mein Herr Mareschall erseuffzet! sie ist wol verwechselt mit Selenen, und gehet ihr an Stande, Schönheit und Geschlechte ein weites voran.

Pallad.

Herr Bonosus schertzet nach seiner Art. Wir wollen zu anderer Zeit davon reden.

Bonos.

Er ist getroffen man merckt es aus allen seinen Geberden.

Pallad.

Sein Diener, mein Herr!

Bonos.

Ein glückseliges Wiedersehen, Mein Herr Mareschall.

Flaccilla. Cleander.

Flacilla.

O werthestes Pfand der keuschesten Seelen, welches, die Ehre der Schönesten zu retten, auffgesetzet wird. O Haar, das höheren Ruhms würdig, als dasjenige, welches die unzüchtigen Liebhaber um die Arme winden! O Haar das zwar mit keinen Perlen, aber doch mit den Thränen der Keuschesten gezieret. O Haar, das keinem Golde der Welt gleich zu schätzen, und doch geringer geachtet wird, als Staub, von denen, die ihres grossen Reichthums sich zu eigenem Verderb mißbrauchen.

Cleand.

Dionysi, nimm den Degen, und folge mit den Pagen. Diodor, vermelde dem Herrn Mareschall, daß ich seiner nebenst einer angenehmen Gesellschafft zu der Abend Collation in meinem Lustgarten gewärtig.

Flacc.

Ach dort kommt der Stadthalter! keiner ist, dem ich meine Waare lieber feil bieten wolte, als ihm, wenn mich nicht meine eusserste Scham, und sein grosser Stand ihn anzureden, verhinderte! Ich weiß doch wol, daß er einem vortrefflichen Fräulein auffwarte, welcher dieses ein angenehm Geschencke seyn würde! gehe ich? stehe ich? was thu ich?

Cleand.

Allezeit Geschäffte. Irre ich oder bringet diese Frau eine Bitt-Schrifft getragen?

Flacc.

Ach er hat mich erblickt!

Cleand.

Und scheuet sich mich anzureden? Woher meine Frau?

Flacc.

Ach gnädiger Herr. . . . .

Cleand.

Redet unerschrecken. Was traget ihr allhier verborgen? Wo kommt ihr mit diesen Haaren her?

Flacc.

Ach gnädiger Herr, sie sind zu verkauffen. Ich bin in dieser Meynung auf den Hof kommen, sie iemands aus dem Frauenzimmer anzubieten.

Cleand.

Trefflicher Handel! ich höre in Ost-Indien nehme man den Weibern Wolle von den Köpffen, und mache Schnuptücher draus. Was wird man bey uns nicht zuletzte mit den Haaren anfangen? last schauen eure Kramerey. Diß ist ein schönes Haar! wo der Baum so anmuthig als die Blätter, wolten wir uns wol in dessen Schatten ergötzen.

Flacc.

Ihr Genaden können ihrer Liebsten mit diesem Geschencke nicht unangenehm seyn.

Cleand.

Wir wissen von keiner Liebe, und da wir unsere Gewogenheit auf eine Person geleget hätten; würde uns ja keine Kahle beliebet haben.

Flaccilla.

Die Vornehmsten unter dem Frauenzimmer pflegen frembde Haare mit einzuflechten.

Cleand.

Die offt an dem Galgen abgefaulet, oder von den Frantzosen ausgefressen.

Flaccilla.

Ich versichere eure Gnaden, daß von diesen Haaren nichts dergleichen zu vermuthen.

Cleand.

Räudige Schaafe lassen die Wolle gerne gehen: und wenn der Fuchs kranck wird, so stäubet ihm der Balg.

Flaccilla.

Ach ::: Ach!

Cleand.

Warum erseufftzet ihr so hefftig? geschichts vielleicht, weil ich euch die Warheit sage?

Flacc.

Ach Ihre Genaden irren in diesem Stück hefftig!

Cleand.

Warum weinet ihr? Wessen sind diese Haare?

Flacc.

Ich bitte, demüthigst, Ihre Genaden wolle meiner verschonen.

Cleand.

Durchaus ich wils wissen! Sind sie vielleicht einer Todten abgeschnitten worden?

Flacc.

Ach Ihr Genaden, die Person ist bey leben, und wol die Keuscheste die in dieser Stadt zu finden.

Cleand.

Sind sie irgend einer geistlichen Jungfrau?

Flacc.

Ach!

Cleand.

Saget sonder Weinen heraus, wessen sind sie?

Flacc.

Ach Ihr Genaden, sie sind :::

Cleand.

Wessen? Nun fort.

Flacc.

Ach! meiner einigen Tochter.

Cleand.

Also! Weil der Vogel nicht gelten will, so verkaufft ihr die Federn! betrübet euch nicht, meine Frau! mich dünckt, ich solle euch irgendswo vor diesem gesehen haben. Wo wohnet ihr?

Flacc.

Ach!

Cleand.

Es muß etwas auf sich haben, daß sie sich nicht meldet. Wie ist euer Name?

Flacc.

Ich bin eurer Genaden Dienerin.

Cleand.

Ich frage nach dem Namen.

Flacc.

Ach eure Genaden, ich heisse Flaccilla.

Cleand.

Und die Tochter?

Flacc.

Sophia?

Cleand.

Ist nicht euer Ehemann Possidippus genennet worden?

Flacc.

Ach ja!

Cleand.

Was treibet euch solchen Handel zu führen?

Flacc.

Die äusserste Noth, mein Leben, und der Tochter Ehre zu retten.

Cleand.

Seyd ihr denn aller Mittel so gantz entblösset? weinet nicht! was begehret ihr für die Haare!

Flacc.

Es wird in Eurer Genaden Belieben gestellet.

Cleand.

Servili, führe sie in das Haus, und lasse ihr ein tutzend Ducaten zustellen. Verlasset euch auf mich! und wo euch was gebricht, so sprechet mich sicher an.

Cleander. Dionysius.

Cleand.

Zurück ihr Diener und Pagen! Dionysi komm hieher! kennest du diese Frau?

Dionys.

Sehr wohl, genädiger Herr, sie ist aus einem der berühmtesten Geschlechter dieses Landes.

Cleand.

Und ihre Tochter.

Dionys.

Die Schöneste und ärmeste, die irgend anzutreffen: aber, die zugleich den Ruhm der Keuschheit hinweg trägt.

Cleand.

Die Jungfern sind alle keusch, weil niemand mit Geschencken oder Fragen auffwartet.

Dionys.

Gnädiger Herr, sie ist so hoch und offt bewehret, daß an ihrer Keuschheit nicht zu zweiffeln. Es hat nicht gemangelt an dergleichen Auffwärtern, die bey ihrem höchsten Armuth ihr Goldes genung gebothen, und dennoch nichts ausgerichtet.

Cleand.

Hab ich sie nicht irgend gesehen?

Dionys.

Sie hält sich trefflich eingezogen. Doch erinnere ich mich, daß sie vor dreyen Tagen in der Kirchen eurer Gnaden recht gegen über gesessen.

Cleand.

Meinest du dieselbe in den weissen Haaren, und schwartzen Kleidern, nach welcher ich bald hernach fragen lassen?

Dionys.

Eben dieselbe.

Cleand.

Wohl, wir wollen sie auch auf die Prüfe setzen: Ich wil dir Geldes genung reichen lassen. Verfüge dich noch heute zu ihr, und versuche ob sie zu bewegen.

Dionys.

Gnädiger Herr, ich versichere Eure Gnaden, daß man mich in das Haus nicht lassen wird: oder, wo ich ja, als eurer Genaden Diener eingelassen werde, und von dergleichen Sachen zu reden anfange, eines gewissen Schimpffs werde gewärtig seyn müssen.

Cleand.

Thu was ich befohlen. Wofern sie so fest auf ihrer Keuschheit hält, so falle das Haus an, nimm sie mit Gewalt heraus, und liefere sie uns auf den Hof. Meine Diener sind starck genung dir beyzustehen.

Dionys.

Gnädiger Herr, dieses Stück siehet etwas weitläufftig aus.

Cleand.

Thue was ich befehle; Du verstehest meine Gedancken nicht. Berichte mich mit ehesten, wie es abgelauffen. In dem Lustgarten werde ich anzutreffen seyn.

Dionys.

Mein Herr hat die Federn gesehen, es scheinet er will den Papagoy selbst haben. Doch ich bin ein Diener! Es stehet zu seiner Verantwortung.

Cölestina. Camilla. Palladius.

Cölestina.

Daß man zwischen ihm und Fräulein Eudoxia eine Heyrath schliessen wolle?

Camilla.

Diß hab ich glaubwürdig vernommen.

Cölest.

Camilla gehe zu meiner Näterin, und sage, daß sie mir meinen angedingeten Sterbekittel verfertige. Eudoxiä hohes Geschlecht und vornehme Freundschafft lässet mich nu nichts anders hoffen.

Camilla.

Werthe Jungfrau, es sind mehr vortreffliche Männer verhanden als Palladius! man findet ja seines gleichen noch! müssen es denn lauter Marschalle seyn?

Cölest.

Was sagest du von dem Marschall? ich liebe nicht seinen Stand, sein Gut, sein Geschlecht, sondern nur ihn allein! ach, daß er der Aermeste auf der gantzen Welt wäre, und ich die grösseste Princeßin, so könt ich ja vielleicht Mittel finden, ihn zu meiner Liebe zu bewegen.

Camilla.

Ich glaube bey meiner Seelen Seeligkeit, und wolte darauf sterben, daß unter allen Jungfrauen in dieser Stadt nicht eine, ja unter eilff Tausenden kaum eine zu finden die dieser Ketzerey zugethan.

Cölest.

Vielleicht ist in dieser Stadt, ja unter eilff Tausenden nicht eine, die verstehe, was rechte Liebe sey. Sie lieben Geld, sie lieben Stand, sie lieben Ehre, und wenn sie sich in ihrem Sinn betrogen finden, so verkehret sich die Feurige Liebe in unauslöschlichen Haß. Ich liebe biß an Palladio, was ihm keine Zeit, keines Fürsten Ungnade, keine Kranckheit, kein Zufall nehmen kan, nemlich seine Tugend.

Camilla.

Ich hasse biß an Palladio, was ihm keine Zeit, kein Unfall, keine Wiederwärtigkeit nehmen wird, nemlich seine hartnäckigte Undanckbarkeit.

Coelest.

O, er kommt selber! was hindert mich, daß ich ihm nicht entgegen gehe?

Camilla.

Last uns in der Thüren stehn! meine Jungfrau wird dennoch Gelegenheit haben ihn anzusprechen.

Pallad.

Das ist eine fremde Sache, die mir der Stadthalter erzehlet von unserm Capitain Darabiridatumtaride, daß er ihm seine Braut mit einer so trefflichen Güldenen Kette verbunden! andere mögen hinführo die Augen besser auffthun! doch ich schätze mich glückselig, nachdem ich Eudorien erblicket, daß ich jener Bande so leicht erlediget worden. Aber, was ist dieses, ich dachte wol es würde an Cölestines Gesichte nicht fehlen! Der Jungfrauen meine Dienste.

Camilla.

Mich verdreust dieses Schauspiel länger anzusehen. Mich jammert der armseligen Cölestinen!

Coelest.

Mein Herr, ich dancke ihm von Hertzen für so werthes Anerbieten, und wündsche zu der neuerlangten Ehre von dem Allerhöchsten ihm beständiges Glück und immerblühendes Wohlergehen!

Pallad.

Der Wundsch ist mir übermassen angenehm, und wäre noch angenehmer, wenn er nicht mit diesem Seufftzen besiegelt wäre.

Coelest.

Ich mag wohl seufftzen. Ja weinen möchte ich, wenn ich bedencke, welch einen werthen Freund ich verlohren.

Pallad.

Die Jungfrau erzehle, wen sie verlohren, daß ich Gelegenheit nehmen könne mein Mitleiden gegen sie zu erweisen.

Cölest.

Mein Herr, ich habe ihn selbst verlohren, sein höherer Stand hat mir ihn geraubet! auch ist es vergebens, daß er mich seines Mitleidens versichert; weil ich es nie damahls von ihm hoffen können, da er noch der vorige Palladius gewesen.

Pallad.

Mein Stand ist mir um keiner anderen Ursachen willen angenehm, als daß ich vermeine, in und durch denselben meiner Werthen mehr und angenehmere Dienste zu leisten.

Coelest.

Wolte Gott, ich könte derselben seiner Werthen auffwarten!

Pallad.

Meine Jungfrau müste ihr denn selbst auffwarten.

Camilla.

O falsche Wort, O verlarvetes Gesicht!

Pallad.

Was sagt Jungfrau Camilla?

Camilla.

Nichts, als daß ihre Genaden in dem Wahn, daß sie Fräulin Eudoxien vor sich haben.

Pallad.

Warum das? verdienet Jungfrau Eudoxia nicht alle Ehrenpflicht?

Cölestina.

Mein Herr, ich muß es gestehen, daß sie die höchste verdiene: weil sie dem gefallen, welchem nichts, als die Vollkommenheit selbst gefallen kan. Ich wündsche nur, daß selbige ihm ewig gefallen möge!

Pallad.

Sie gefällt mir nicht anders, als alle Fräulin von Tugend und Stande, welchen ich schuldig bin mit Darsetzung meines Lebens zu dienen; und Jungfrau Cölestina hat nicht anders von mir zu vermuthen, als eine auffrichtige Gewogenheit.

Cölestina.

O kalte Wort! mein Herr Palladi! ich bitte, er sey auffs wenigste eingedenck, daß Cölestina sich glückselig schätzen würde, wenn mein Herr Gelegenheit finden möchte, sich ihrer Güter und Mittel zu gebrauchen.

Pallad.

Habe ich nicht Ursach mich über Jungfrau Cölestinen zu beklagen, die mir ihre Güter anbeut, und die Gunst versaget, das ist, die Schalen anbietet, und die Frucht vor sich behält.

Cölest.

Man überreichet die Frucht keinem, dem sie nicht angenehm, vornehmlich, wenn sie fur sich selbst unwerth. Solte sich aber Gelegenheit finden, in welcher ich darthun könte, wie hoch Cölestine Palladium ehre, wolte ich kein Bedencken tragen, dieses mein weniges Leben vor das Seine auffzusetzen.

Pallad.

O auffrichtiges Gemüth! Warum laß ich mich länger meine eigene Fantasien verleiten? Wolte Gott, wertheste Jungfrau, mir wäre möglich ihr mit gleicher Liebe und Ehren-Neigungen zu begegnen. Unterdessen gebe ihr ich mich selbst zu einem Pfande der von mir versprochenen Dienste, und bitte sie, sie geruhe zu glauben, daß sie die einige sey, welche durchaus und allein über Palladium gebieten mag. Cölestina weinet.

Camilla.

Mein Herr Palladi, wir haben die hohen Worte des Hofes längst kennen lernen!

Pallad.

Der Hof führe solche Worte, wie er wolle! meine Worte sollen ewig feste bleiben. Ich schliesse mit dieser Faust, mit welcher ich die ihre umfange, die ich inbrünstig küsse.

Cölestin.

Mein Herr Palladi, was werde ich ihm für so werthes Geschenck übergeben können, daß ihm angenehm?

Pallad.

Ich begehre nichts, als ihre mir zuvor versprochene Gewogenheit!

Camilla.

Meine Jungfrau, ich höre Volck ankommen.

Cölest.

Ich bitte, mein Herr Palladi trete etwas mit ab in mein Hauß, in welchem er über alle zu gebieten!

Selenissa. Antonia.

Antonia.

Ich bin das allerelendeste Weib, das auf der Erden lebet!

Selenissa.

Der Auffschneider! der Holuncke! der Cujon! der Berenhäuter! der Landlügner! der Ehrendieb! der Ertzberenhäuter! Ich elende verlassene Jungfrau! was fange ich an?

Antonia.

So gehts, wenn man der Eltern guten Rathe nicht folgen will.

Selen.

Ich will ihm seine falsche Kette um den Hals werffen und den Buben darmit erwürgen.

Antonia.

Ihr werdet beyde zu Landläuffern werden, und ich vor Wehmuth sterben müssen.

Selen.

Ey Frau Mutter! es ist noch Rath, Palladius liebet mich von gantzer Seelen. Er wird kein Mittel unterlassen mich von dem Betrieger loß zu machen: Bonosus ist auch der meine, nehmet nur die Mühe auf euch, und redet ihn an, ich wil Gelegenheit suchen Palladium zu finden. Es sind ja Mittel vor alles Uebel, ausser den Todt.

Anton.

Sol ich gehen, und soll unsre eigne Schande an die grosse Glocke schreiben? Die du vorhin so liederlich verachtet hast, werden nunmehr viel nach dir fragen.

Selen.

Frau Mutter, man muß das eusersste versuchen! Ich wil mich lieber lebend begraben lassen, als mit diesem leichtfertigen Menschen vermählen. O sehet! sehet! das Glück selber spielet mit uns. Herrn Palladii kleiner Page kommet dort hervor, durch diesen kan ich ihm auffs bequemste meine Meynung wissen lassen.

Florianus. Antonia Selenissa.

Florian. Hat beyde Hände voll Zuckerwerck, und taumelt von einer Seiten zu der andern:

A sa! sa! sa! Ich bin sticke wicke voll! daß ist ein frölicher Tag, ich wolte, daß diß Leben hundert Jahr wärte, und dieses der erste Tag seyn solte! Der Herr Mareschall wird Morgen ein trefflich Pancket halten. Deswegen hat er mich nach Hause geschickt, daß ich es bestellen soll, wie ich aber die Thüre heraus gehen wolte, begegnete mir Jungfer Rosinichen, die ließ Confect herauff tragen. Ich küssete sie einmal, und sie füllete mir alle beyde Hosen-Säcke voll Zucker-Näscherey.

Selen.

Was saget er von dem Mareschall? Er wird ja nicht von dem Palladio abgeschafft worden seyn?

Florian.

Sehet aber, was trug sich ferner zu: es blieb bey diesem Glücke nicht, Jungfrau Camilla ruffte mir zurück, und fragte ob ich nicht Durst hätte, und reichte mir eine grosse silberne Kanne von rothem süssen Wein, die schier so groß war, als ich selbst. Ich erbarmete mich darüber, und tranck aus allen meinen Kräfften, biß nicht ein Tropffen mehr darinnen übrig. Hernach lieff ich fort, und sah daß Jungfer Cölestina an statt einer Thür zwey gebauet hatte! nu das gehet auf Hause zu.

Selen.

Florentin, steh stille.

Florian.

Hola! wer ruffet mir.

Selen.

Kennest du mich nicht mehr Florian?

Florian.

O Jungfrau Selenissa, habt ihr doch zwey Häupter und vier Augen bekommen! O sehet doch, wie viel Sonnen! eine, zwey, drey, viere, fünffe.

Selen.

Höre doch Florian, was ich dir sagen will?

Florian.

Guten Morgen! guten Morgen! Frau Antonia!

Antonia.

Es ist ja nicht Morgen, es ist doch schon über Mittag.

Florian.

Jungfer Selenissa, wolt ihr ein Paar überzogne Mandelkernen haben, oder ein Stücke Marzipan, die Lippen werden so süsse darnach werden.

Selen.

Wo hast du so viel Confect bekommen?

Florian.

Wo? bey Jungfrau Cölestinen ist die gantze Taffel voll gesetzet. Wir werden Hochzeit machen: Der Herr Marschall und Jungfrau Cölestina, und ich und Jungfrau Rosinichen.

Selen.

Dienst du nicht mehr Herren Palladio?

Florian.

Warum solte ich nicht mehr bey ihm dienen, sonderlich nun es so stattlich bey uns hergehet, morgen wird er uns allen neue Hosen und Mäntel geben von gelbem Sammet, mit grünen güldenen Posementen.

Antonia.

Was machst du denn bey dem Marschall?

Florian.

Ihr seyd truncken, Frau Selenissa, und auch ihr Jungfer Antonia! wenn ich bey Herrn Palladio bin, so bin ich ja bey dem Marschall; wisset ihr nicht, daß mein Herr ist Marschall worden;

Antonia.

O das erbarme Gott in Ewigkeit! Tochter, Tochter, wir sind verlohren.

Selen.

Frau Mutter, es ist noch nichts nicht verlohren.

Florian.

Jungfrau Selenissa! Auf meines Herren Hochzeit wollen wir mit einander tantzen!

Selen.

Ja, wenn dein Herr wird mit mir Hochzeit haben.

Florian.

Nein, nein! er wird mit Jungfrau Cölestina Hochzeit haben.

Antonia.

Ich rauffe mir die Haare aus dem Kopffe.

Selen.

Wer hat das gesaget?

Florian.

Ich habe es gesaget, mein Herr hat es gesaget, und Jungfer Cölestine hat es gesaget. Ach! er hat Jungfrau Cölestinen eine Schnur Perlen gegeben, sechs Ruten lang, jedwede Perle war so groß, als mein Kopff, und einen grossen güldnen Ring mit einem glänzernden Steinlein, nicht einen solchen Ring, wie ihr mir neulich verehret; Nein, er war mehr als zwölff Silbergroschen werth.

Selenissa.

Was hat ihm Jungfrau Cölestina gegeben?

Florian.

Sie küsset ihn, daß es eine Lust zu sehen war, gab ihm einen Hauffen Rosinen, Feigen, überzogne Mandelkernen, überzogne Ziemement, sie ließ die Musicanten holen, und steckte ihm an den kleinen Finger ein so gläntzend Steinlein, mit einem Ringe, daß ich mich drüber verwundern muste.

„Ich muß heimgehen, heimgehen, lasset mich heimgehen, daß ich bald wieder kommen kan; Ich höre so gerne singe Christophen zu, der hat ein krummes Eisen von Messing, das stecket er in den Hals, und zeucht es immer auf und nieder, biß seine Gedärme zu schnurren beginnen."

(Diese Worte singet er.)

Selen.

Wilst du nicht deinem Herrn ein kleines Brieflein bringen, welches ihm ein guter Freund geschicket.

Florian.

Gar gerne. Gebet mir den Brief her.

Selen.

Lauff nach Hause; Wenn du wirst vorüber gehen, so klopffe hier an: ich wil den Brief suchen.

Florian.

Guten Tag denn, Jungfrau Antonia, guten Morgen, Frau Selenissa!

Antonia.

O Tochter! Tochter! welch ein Glücke hast du muthwillig verschertzet?

Cyrilla. Daradiridatumtarides. Sempronius.

Cyrilla.

Quibus, quabus! sanctus Haccabus. Surgite mortis; fenitur sic judis. Ach Jusuph du lieber Mann, bist mein Compan. Pater nisters gratibis plenis.

Darad.

Unsre Erden-eindrückende Schenckel, les porte corps de moy mesme, werden nunmehr den hettlichten Himmel meiner irrdischen Juno niedertreten sollen. Weil wir aber es an nothwendigen Speisen nicht müssen ermangeln lassen; wollen wir unterdessen diesen Ring zu Pfande setzen, biß wir Gelegenheit haben, selbigen wieder an uns zu bringen. Mein Diego hat die alte Crrille, la diablesse des femmes, hieher bestellet, die wollen wir nun erwarten, denn wenn sie zu uns in das Haus kommen solte, würde es nur Argwohn verursachen.

Cyrilla.

Der Kackelthen Drumtraris hat mich auf diesen Ort erbitten lassen, er wird vielleicht, weil er Hochzeit machet, meiner Hülffe vonnöthen haben!

Darab.

Dort kommet sie hergeschlichen.

Cyrilla.

Da kommet er gegangen, Casper, Baltzer, Melcher zart, Herodis hatte einen langen Bart, sie liegen zu Cöllen am Rheine.

Darab.

Bon jour, Bon jour, Madame Cyrille.

Cyrilla.

Was saget ihr, o Hure, o Hure, Mame Zyrille! och Herr! och Herr Gott! heissen mich doch nun alle Leute eine Hure, sie thun mir groß Unrecht! ich halte Cätherie hat irgend was gesagt.

Darab.

Je vous recontre heuresement.

Cyrilla.

Seyd ihr contra Band.

Darab.

Quoy.

Cyrilla.

Hoy! hoy!

Darab.

Comment vous estes vous porté.

Cyrilla.

Schreyet ihr über mich Mord und Weh? O mein Lebenlang habe ich kein Kind umgebracht!

Darab.

Quel Diable.

Cyrilla.

Daß ich sie sabele.

Darab.

Ihr verstehet den Teuffel.

Cyrilla.

Ach Herr, ich verstehe mich nicht mit dem Teuffel. Ach! in principiis (sie macht ein Creutze) ero verbibus, was erlebet man auf seine alte Tage nicht?

Darad.

Ihr verstehet mich nicht recht, Frau Cyrill. Ich hab mit euch zu reden. Entendez vous.

Cyrilla.

Tand zu der Kuh. Herr eine gute melcke Kuh ist kein

Darad.

Ey mit dem Narrenpossen. Ecoutez, ecoutez, Frau C

Cyrilla.

Ja Herr, ich bin heut in den Koth gefallen, die schel Jungen die Brodtschüler haben mich hinein gestossen.

Darad.

Ich darff nöthig Geld.

Cyrilla.

Das sagt die gantze Welt.

Darad.

Könnet ihr mir nicht auf diesen Ring etwas zuwege bringen Doch ihr müstet ihn in einen Ort tragen, daß er nicht erkennet wird.

Cyrilla.

Das will ich gar gerne thun. Aber Herr Muscetariis, wenn wolt ihr das Geld haben?

Darad.

Noch heute vor Abends, si cela est dedans la sphere d'activite de vostre cognoissance.

Cyrilla.

Es ist ein schweres gehacke, rothe Eyer in die Mohnsantzen Doch will ich sehen, was ich kan zuwege bringen.

Darad.

Kommet fein zeitlich wider, und lasset mich durch Don Diego wissen, was ihr verrichtet. Adieu.

Cyrilla.

Nu der liebe Gott bewahre euch. Das sagen die sieben Siegel, das alle Fische werden brüllen, die Engel werden weinen, und werffen sich mit Steinen, die Wege werden schwimmen, die Wasser werden glimmen, die Gräßlein werden zannen, und alle hoche Tannen. Da kommet her Fecephoniis, dem werde ich den Ring geben, und werde sprechen, daß ihm Jungfrau Cölestina dieses Liebes-Pfand geschicket. Die Perlen will ich vor mein Gätterlein behalten, und den Kackelthen will ich anderwerts, wo ich kan, forthelffen.

Sempron.

Ut nox longa quibus mentitur amica diesque. Horatius in Satyr. Tot sunt in amore dolores. Virgilius in Eclog. Wo ch Cyrille so lange auffhalten, suspicatur animus nescio nali, videone illam? sie ist es selbst.

Cyrilla.

m Himmel, im Himmel, sind Freuden so viel, da tantzen ngelchen und haben ihr Spiel.

Sempron.

xpectata venis!

Cyrilla.

Fragt ihr, ob Speck zu Wehn ist? O ich bin mein Lebenlang nicht dorte gewesen.

Sempron.

Διὰ τι ὗτο βραδέως ἥκεις.

Cyrilla.

Nein, der Tod hat mich nicht geküsset.

Sempron.

Non assequeris divinas ratiocinationes meas, nec satis apte respondes ad quaesita.

Cyrilla.

O Herr, ihr redet gar zu geschwinde. Ich weiß nicht, ob es Böhmisch oder Polnisch sey.

Sempron.

Loquar ergo tardius.

Cyrilla.

Woher irgend ein Marder ist?

Sempron.

Antwortet pure.

Cyrilla.

Beym heilgen Creutze, ich leid es in die Länge nicht! Laß mich mit der Hure ungestichelt, bin ich eine, so bin ichs vor mich! Was ist euch daran gelegen? mir geschicht unrecht! ich bin so reine, als ich von Mutterleibe geboren worden bin! alle Leute heissen mich heute eine Hure. Cätterle, Cätterle muß geschwatzet haben.

Sempron.

Bildet euch doch nicht dergleichen Gedancken ein, absit injuria!

Cyrilla.

Nun sehet, ihr heisset mich eine Pfaffenhure, und ich soll immer schweigen.

Sempron.

Ey nein doch, ich rede Ciceroniane, und ihr verstehet es nicht.

Cyrilla.

Ich verstehe genung, daß ihr mich stichelt, und ausholippert.

Sempron.

Ich frage, quid respondet Coelestina?

Cyrilla.

Ja, ja, sie ist verwundet Cölestina, sie lässet euch einen freundlichen guten Tag vermelden.

Sempron.

Evax.

Cyrilla.

Mein Herr, es ist kein Kickskacks. Sie nahm die Perlen, und hieng sie an ihren Hals. Ach sie thät so freundlich das liebe Kind!

Sempron.

Deus sum!

Cyrilla.

Sie gab sie nicht Matthesen um: sie behielt sie selber.

Sempron.

Quid me beatius?

Cyrilla.

Sie sagte nichts von Pilatzius!

Sempron.

Aber, num quid addidit?

Cyrilla.

Ob sie Vieh hütt?

Sempron.

Thut sie mir sonst kein praesent?

Cyrilla.

Ja Herr, sie küsset euch die Händ, und schicket euch diesen Rinck; Sie lässet euch darneben einen guten Abend sagen, und andeuten, daß ihr auf den Abend um neune sie besuchen sollet in dem Hintergarten.

Sempron.

Τμὴν ὦ ὑμεναί, ὦ ὑμήν.

Cyrilla.

Simen wird nicht auf die Zeit zu Hause seyn.

Sempron.

Ich werde rasend prae laetitia atque gaudio.

Cyrilla, (macht ein Creutz).

Je behüte Gott, Herr Ficfonys! ich hab es lange gedacht, daß er nicht muß klug seyn, weil er so seltzame Worte im Reden gebraucht.

Sempron.

Ich bin nicht unsinnig, sondern es ist eine Art also zu reden bey den Lateinern.

Cyrilla.

Nu wollet ihr denn auf den Abend kommen?

Sempron.

Ασμένος ποιήσω.

Cyrilla.

Nicht zu Herr Asman, sondern zu Jungfer Cölestinen.

Sempron.

Sic, sic, sic, sic, sic, sic, sic, sic, sic, sic.

Cyrilla.

Je Herr ist doch keine Ziege dar!

Sempron.

Ich wil schon da seyn mellae.

Cyrilla.

Herr sie wird euch keine Merlin geben.

Sempron.

Unterdessen wil ich gehen, und auf diesen Ring hoc amoris pignus, hanc fidei arrham, dreyßig Tausend Epigrammata, siebenhundert Sonneten, Septenarius est numerus mysticus, und hundert Oden machen.

Cyrilla.

Ich will auf den Abend mich in den Garten verstecken, daß Herr Sephonius glaubt, ich sey Cölestine, und kriegt er mich einmal, so muß er mich behalten sein Lebenlang.

Sophia. Flaccilla. Dionysius. Palladii Gesinde mit blossen Degen um ihn her.

Dionysius hat die Jungfrau auf den Arm. Flaccilla laufft hinter ihnen her.

Sophia.

Gewalt, Gewalt! O rettet! rettet! kommet mir zu Hülffe, die ihr Ehre und Keuschheit achtet.

Flaccilla.

Kommt mir zu Hülffe, rettet! rettet!

Dionys.

Fort ihr Brüder, fort! fort! gebet Feuer wo iemand kommet.

Sophia.

O Himmel! ist denn keine Hülffe mehr verhanden!

Horribilicribrifax. Harpax.

Horrib.

Ich höre Gewalt ruffen! sind die Pistolen richtig?

Harpax.

Recht wohl, gestrenger Herr!

Horrib.

Solte einer sich unterstehen eine Gewalt dar zu verüben, wo der grosse Horribilicribrifax (Essend io persona d'altissimo affare) zugegen, da müste der Himmel drüber brechen, und die Erden in lauter Staub verkehret werden. Kommet, wir wollen folgen. Questa e di cosa decente al esser mio.

Harpar.

Ich folge. Wo Noth verhanden, wird mein Herr gewiß der fertigste zu dem Lauff seyn, und ich der nechste hinter ihm!

Der Fünffte Auffzug.

Florianus. Selenissa. Antonia.

Antonia.

Bey Bonoso ist nichts mehr, wie du siehest, zu suchen, er verachtet, und nicht sonder Ursach, diese, die vorhin seiner nicht geachtet.

Selenissa.

Es ist daran nichts gelegen, wenn Palladius noch unser ist.

Antonia.

Ich fürchte, wir werden bey Palladio ankommen, wie wir verdienet! ich sehe nichts, als unser höchstes Unglück in bester Vollkommenheit.

Selenissa.

Auffs wenigste hoffe ich Antwort auf mein Schreiben zu erhalten. Mich dünckt, ich sehe den kleinen Florian daher gelauffen kommen.

Florian singend:

Lustig ihr Brüder: lasset uns leben!
Lesbia meine Freud hat sich ergeben!
Wer mich wil neiden, der müsse zuspringen!
Lustig ihr Brüder, es wil mir gelingen!

Hola! (er jauchtzet etliche mahl nach einander, nachmals fähret er fort:) Guten Morgen, guten Morgen, Jungfer Selenissa.

Selenissa.

Es ist nunmehr Abend, nicht morgen.

Florian.

Um welche Zeit des Abends wird es Abend.

Antonia.

Wenn die Sonne wil untergehen.

Florian.

O warum geht die Sonne nicht alle Abend dreymahl unter, so gienge ich mit meinem Herren iedwedern Abend dreymahl zu Gaste.

Selenissa.

Was machst du mit der Fackel?

Florian.

Ich will sehen, ob gut Wetter ist, Jungfrau Selenissa, um welche Zeit des Abends schlägt es sechse?

Anton.

Wenn es vier Viertel nach fünffen geschlagen hat.

Selenissa.

Bringest du mir keinen Brieff, mein Kind?

Florian.

Bin ich euer Kind? so seyd ihr meine Mutter! warum habt ihr mich denn keinmal geküsset?

Selenissa.

Wo du mir einen guten Brieff bringst, so wil ich dich zweymahl küssen!

Florian.

O ich habe einen schönen Brieff mie rothem Lack zugesiegelt. In meines Herren Schreibekammer liegen etliche tausend Brieff; wo ihr mich für jedweden küssen wollet, will ich euch morgen beyde Hosen Säcke und mein Hembe voll bringen, aber für die grossen an welchen die schönen Siegel hangen, müsset ihr mich viermahl küssen.

Selenissa.

Hast du denn ietzunder keinen Brieff bey dir?

Florian.

Ja, ja, mein Herr hat mir einen gegeben.

Selenissa.

Laß mich den Brieff sehen!

Florian.

Ihr müsset mir zuvor Tranckgeld geben.

Selenissa.

Du solt auf meiner Hochzeit mit mir tantzen.

Florian.

Nein ich tanze nur mit meiner Rosinen! Diß ist der Brieff.

Antonia.

Es ist seine eigne Hand.

Florian.

Guten Tag, guten Tag! ich muß fort! Morgen um zwey zu Mittage wenn Mitternacht ist, wil ich wiederkommen, und mehr Brieffe mitbringen.

Antonia.

Laß schauen, was hat er geschrieben.

Selenissa.

O ich bin des Todes!

Florian.

Lustig ihr Himmel, ich habe gewonnen
Sie, die Durchlauchtigste unter der Sonnen;
Lustig ihr Sternen, ich werde sie haben:
Welche die Götter und Geister begaben.

Gehet singend hinein.

Selenissa. (lieset den Brieff:

Wehlende und unbesonnene Jungfrau, die Zeit ist nunmehr aus, in welcher ich meiner Vernunfft beraubt, euch einig zu Gebote gestanden. Itzt erkenne ich meine Thorheit, und schertze mit euer Unbedachtsamkeit. Die allerkeuscheste und vollkommenste Seele Cölestina hält mich auf ewig geburden, und wünschet euch Glück zu eurer Hochzeit mit dem elenden Auffschneider, welchen ihr euch allein zu stetem Schimpffe, wackern Gemüthern vorgezogen. Gehabt euch wohl mit ihm, und bleibet von mir, weil ihr meines Grusses nicht bedürffend, ewig gesegnet!

Selenissa fällt nieder, und wird ohnmächtig.

Antonia.

Dieses Unglück hab ich vor langer Zeit, als gegenwärtig gesehn. Selene! Selene!

Sie ziehet die Tochter hinein.

Daradiridatumtarides. Don Diego.

Darad.

O rage! O desespoir! Das müssen siebzehn hundert Tausend Franzosen walten, daß meine Braut so arm, und ich nichts, als lauter Betteley bey ihr zu gewarten: das wäre ein Fressen für Capitain Daradiridatumdarides.

Don Diego.

Was ich sage, hab ich aus glaubwürdigen Bericht.

Darab.

Da hat pour dire le vraii, ein Teuffel den andern beschissen, wer wil sie nun beyde wischen? Ha funeste object! bey der Seele des großvaters von Machomet, die Ertzbestien ziehen auf! als lanter Princessen! es bleibt bei Tausenden nicht! man kommt auf hundert Tausend. Wenn man aber es bey dem Lichte besiehet, und man mit einander verkoppelt, so sind es ohngefähr zwey Papiere, die Le Grand Diable des Juristes selber nicht zu Gelde machen können; und kaum so viel kahle Marck baares Geldes, daß man Arswische darvon auffs Scheißhauß, und Schwefel-Lichter in die Küchen kauffen kan. Doch, point du bruit, sie hat noch etwas von goldnen Ketten und Perlen, das muß hebräisch lernen, dir in Vertrauen entdecket, Fendions le vent morgen weil sie noch schläfft! was nicht mitgehen wil, das nehmen wir, und sehen, ob unsere Klepper noch das Thor finden können. Wir müssen anders unser Glück suchen! faisons, selon le lieu, et le temps.

Selenissa. Antonia. Daradiridatumdarides.

Selenissa.

Mit dem Klepper zu dem Thor hinaus? da soll dir der Teuffel ehe den Hals brechen, ehe es dazu kommet. Ich will ihn anreden.

Darabir.

Voila, dort kommt meine Reiche.

Selenissa.

Finde ich meinen Bräutigam so hier allein!

Darabir.

Nenni, sondern vergesellet mit seinem unüberwindlichen Gedancken, avec un coeur d' un Mars. Was machet meine Werthe hier vor der Thüren?

Selenissa.

Sie muß sehr unwerth seyn, weil ihr Geschencke so gering geachtet, daß es nicht an seinem Finger mehr Platz haben kan.

Darabir.

Mort de ma vie, es gilt hier eins ums ander! weil sie unsre Kette nicht würdiget an ihren Hals zu hencken, stehet uns auch der Rinck nicht an.

Selenissa.

Wir sind nirmals gewohnet, Ketten von Messing zu tragen.

Darabir.

Cocquette arrogante! Habt ihr doch keine beßre zu bezahlen. Ich wil lieber Messing, das mein eigen ist, als geliehen Gold! oder habt ihr mich wegen des Geldes genommen? Ich halte diese Ketten höher, als aller närrischen Jungfern Tocken-Kram! hab ich sie euch für golden gegeben? Ich habe sie dem Könige in China, als ich für dreyen Jahren mit den Tartarn eingefallen, und ihr General gewesen, mit meinen eignen Händen von dem Halse gerissen. Und daselbst schätzet man Messing weit über Gold.

Selenissa.

Ander Land andre Sitten! wenn ich ihm zu arm, hätte er eine mögen in China heyrathen, die etliche Königreiche besessen hätte.

Darab.

C'est assetz. Je cherche vous. Andere kann ich jeden Augenblick haben. Als wenn mir nicht die Königin von Monopotapa noch gestern durch einen eignen Curir ihr Königreich hätte anbieten lassen, mit dem Bedinge, daß ich sie heyrathen solle!

Anton.

Er heyrathe sie denn nach seinem Willen, und lasse mich und mein Kind unbetrogen.

Darab.

Was? wolt ihr mir die Heyrath auffkündigen? Outrage pour l'outrage! Da soll euch der Donnerknall von Carthaunen dafür erschlagen! euch zu Trotz müsst ihr mich haben, und wenn ich euch gleich nicht haben wolte, so wil ich dennoch euch anitzo behalten; damit ihr sehet, daß es nicht in eurer, sondern in meiner Macht stehe mit euch zu handeln, zu thun und zu lassen, zu schalten und zu walten. Ich mag euch verschencken, verkauffen, verstechen, verjagen, verschicken, verwechseln, verbeuten, ihr seyd avec tous ces deffauts, nicht anders, als leibeigen; darnach habt euch zurichten, denn das ist unser endlicher, ernster, und ungnädigster Wille. Er gehet darvon.

Selenissa.

Ich will mein Leben daran setzen, und nicht ruhen, biß ich seiner loß worden, oder ihn von dem Platze gebracht. Ich will den Capiten Horribilicribrifax auf ein paar Worte zu mir bitten lassen. Der wird mir schon zu diesem Stück beförderlich seyn.

Cölestina. Palladius. Camilla.

Cölest.

Nunmehr befinde ich mich in dem Besitz höchster Glückseligkeit, nun ich seiner treuen Gegen-Liebe versichert.

Pallad.

Welche in und um uns brennen und würcken soll, biß unsre Leiber in Aschen verkehret.

Cölest.

Auch unter der Aschen der erblichenen Leichen soll sie noch glimmen, und unser auffgerichtete Grab-Zeichen sollen nichts anders seyn, als Denckmahle, der schlaffenden Liebe, biß wir auf den Tag der grossen Vereinigung in Vollkommenheit der Liebe auffs neue ewig mit einander vermählet werden.

Pallad.

Es ist nunmehr Zeit, den Herren Stadthalter zu ersuchen. Wo sind die Diener?

Cölest.

Camilla komm und folge.

Cyrilla mit schönen Kleidern angezogen und auffgeflochtenen Haaren.

Cyrilla.

Verwundert euch nicht, daß ich so schöne bin, die Kleider hab ich bey einer Jüdin geborget, um Herren Virephonigis eine Nase zu machen. Jungfer Cölestina ist nicht daheime, das weiß ich wol. Deswegen kan ich mich desto besser in ihrem Lust-Garten verstecken. Wo ich ihn diesen Abend recht betrüge, muß er mich sein Leben lang behalten! Da kommt der Monden. Sey mir gnädig du neues Licht, für das Fieber und auch die Gicht. u. d. g.

Selenissa. Horribilicribrifax. Harpax.

Horrib.

Sie zweiffelt nicht, er ist todt! es ist unmöglich, daß er leben kan, wenn sie sich meines Degens, mit welchen io rompe esserciti, e fracasso armate, metto spavento al Cielo, al mare et al inferno, darzu gebrauchen wolte. Ja mit einem Anblick kan ich ihn von der Erden heben. Solte mich eine Jungfrau um etwas ansprechen, daß ich ihr versagen könte!

Selenissa.

Er muß entweder todt seyn, oder ich muß bey ihm nicht leben, und solte ich gleich des andern Tages den Kopff lassen! lieber einmahl muthig und hurtig gestorben, als sein Lebenlang in Jammer und Elend gestecket.

Horrib.

Veramente pensiero nobilissimo. Und warum verzogen? Die Jungfrau glaube sicher, das Werck ist sonder alle Gefahr.

Selenissa.

Wenn ihn nur niemand meldet.

Horrib.

Was? mein gantzes Verlangen ist d' esser cognosciuto! Denn es ist vornehmlich daran gelegen, daß man wisse, wer die That verrichte. Denn die gemeine Kundschafft von meiner Großmüthigkeit hebet alle Gefahr auf. So bald, als die tödtlichen Wunden an den Leichen gesehen werden, schleust man, daß sie von keines andern Hand, als von der meinen herrühren. Sobald als sie vor die Meinigen erkennet worden, es ist kein Mensch, welcher klagen, kein Zeuge, der etwas ablegen, kein Notario, der etwas schreiben, kein Advocato, der den Proceß formiren, kein Stadt-Diener der angreiffen, kein Richter der examiniren, kein Obrigkeit die urtheilen, kein Scharffrichter der exequiren dörffte.

Harpax.

Es ist nicht anders, als wie er erzehlet. Ich weiß mich noch wohl zu erinnern, daß er, nachdem er einen niedergestossen, sich aus einem sondern capricio selber bey dem Richter für den Thäter angegeben habe. Der Richter aber, damit er nicht in Gefahr geriethe, gab für, als wenn er den Capiten keinen Glauben zustellete, damit er seiner nur mit Ehren loß werden konte.

Selenissa.

Es ist unglaublich.

Harpax.

Noch ein andermahl gab er sich für einen Bandito aus, und ließ sich zu dem Galgen führen. Es war zu Venedig auf Sanct Marcus Platz. Als er nun die Leiter mit dem Hencker hinauff gestiegen, rieß er die Stricke entzwey, sprang über das Volck in ein Schiff, und ließ den Hencker selbst angeknüpfft.

Horrib.

Cane cativo! furfante senza ingegno! Must du dergleichen Stücke von mir erzehlen, als wenn es sonst an Heldenthaten mangelte, die ich verrichtet habe. Nun zu der Sachen! signora mia belissima, sie entschliesse sich, auff welche Art sie ihn wil hinrichten lassen. Will sie, daß ich ihn mit dem Arm ne l'aria in die Lufft schmeisse, daß er sich in dem Elementarischen Feuer anzünde? will sie, daß ich ihn mit einem zornigen Anblick in einem Felsen verwandeln? will sie, daß er von dem Schnauben meiner Nasen, als Schnee zurschmeltzen müsse? will sie, daß ich ihn per le treccie auffhebe und zu Boden werffe, daß er in die Sechs und dreissig mahl hundert tausens Stücke zerspringe, wie Glaß?

Selenissa.

O ich komme von mir selber über diesem Erzehlen! Der Herr Capiten mache es auffs kürtzte, und schiesse ihm ein Pistol durch den Kopff.

Horrib.

Die Jungfrau verzeihe mir, ich gebrauche mich keiner vortheilhaften und bärenhäuterischen Waffen, de latri et assassini, wenn ich etwas verrichten will. Will sie daß ich ihm einen Nasenstüber gebe, daß ihm Stirne, Gehirne, Augen, Nase, Maul, Wangen, so untereinander gemenget werden, daß er sich sein Lebenlang nicht mehr kenne?

Selenissa.

Ich stelle alles in des Herren Capitens Belieben, wenn ich nur seiner loß werde.

Horrib.

Or su! finiamola qui, es soll schon gehen, wie es gut ist.

Selenissa.

Ich stelle mich und meine Ehre in seine Hände. Der Herr Capitain bleibe gesegnet.

Sempronius.

Nox erat et coelo fulgebat luna sereno, inter minora sidera. Horatius Speluncam Dido, Dux et Trojanus eandem deveniunt, Virgilus Lib. 2 Aeneidos. *Κωμάσδω ποτι ταν Ἀμαρυλλιδα* Theocritus. Das heist, Herr Sempronius wird zu Jungfer Cölestina gehen. Quas volvit fortuna vices? Statius lib 10. Thebaidos. Wer hätte dis heute Morgen geglaubt? Aber es heist: Kein verzagtes Hertz krieget eine schöne Dame. Non per dormire poteris ad alta venire! sed per studere poteris ad alta sedere. Nun, das geht drauf hin! Casta fave Lucina! Sparge marite nuces, hilaris, tibi ducitur uxor! Virgilius in Eclogis.

Bonosus.

Die Resolution ist gefasset. Herr Palladius ist fest mit Cölestinen, und ich, durch Zuthuung des Stadthalters, mit Euboria. Man erwartet meiner, wie ich vernehme, bey dem Herren Cleander. Derowegen ist es Zeit, daß ich mich nicht länger auffhalte, sondern mit ehesten dahin verfüge.

Daradiridatumdarides. Horribilicribrifax.

Horrib.

Und wenn du mir biß in dem Himmel entwichest, und schon auf dem lincken Fuß des grossen Beeren sessest, so wollte ich dich doch mit dem rechten Spornleder erwischen, und mit zweyen Fingern in den Berg Aetna werffen.

Darad.

Garde vous Follastreau! meinest du, daß ich vor dir gewichen? und wenn du des grossen Carols Bruder, der grosse Roland selbst, und mehr Thaten verrichtet hättest, als Scanderbeck, ja in die Haut von Tamerlanes gekrochen wärest, soltest du mir doch keine Furcht einjagen.

Horrib.

Ich? ich wil dir keine Furcht einjagen, sondern dich in zwey und siebenzig mal hundert tausend Stücke zersplittern, daß du in einer See, von deinem eigenen Blut, ersticken sollest. Jo ho vinto l'inferno e tutti i Diavoli.

Darad.

Ich wil mehr Stücker von dir hauen, als Sternen itzund an dem Himmel stehen, und wil dich also tractiren, daß das Blut von dir fliessen soll, biß die oberste Spitze des Kirchthurms darinnen versuncken.

Horrib.

Per non lasciar piu oltre passar questa superba arroganza, will ich die gantze Belägerung von Troja mit dir spielen.

Darad.

Und ich die Zerstörung von Constantinopel.

Horrib.

Jo spiro morte e furore, doch lasse ich dir so viel Zeit, befiehle deine Seele Gott, und bete ein Vater unser!

Darad.

Sprich einen Englischen Gruß und hiermit stirb.

Horrib.

Du wirst zum wenigsten die Reputation in deinem Tode haben, daß du von dessen unüberwindlichen Faust gestorben, der den König in Schweden niedergeschossen.

Darad.

Tröste dich mit dem, daß du durch dessen Hand hingerichtet wirst, der dem Tylli und Pappenheim den Rest gegeben.

Horrib.

So hab ich mein Schwerdt ausgezogen in der Schlacht vor Lützen.

Darad.

Morbleu, me voyla en colere! mort de ma vie! je suis faché par ma foy. So hab ich zur Wehre gegriffen in dem Treffen vor Nördlingen.

Horrib.

Eine solche positur machte ich in der letzten Niederlage vor Leipzig.

Da-

So lieff ich in dem Waal-Graben als man Glogau hat einbekommen.

Horrib.

Ha! ha! Ist er nicht questo Capitano, mit dem ich Kugeln wechselte bey der Gula?

Darab.

O! ist er nicht derjenige Signeur mit dem ich Brüderschafft machte zu Schlichtigheim?

Horrib.

Ha mon Signeur, mon Frere!

Darab.

Ha Fratello mio illustrissimo!

Horrib.

Behüte Gott, welch ein Unglück hätte bald geschehen sollen.

Darab.

Welch ein Blutvergiessen! massacre et strage, wenn wir einander nicht erkennet hätten!

Horrib.

Magnifici et Cortesi Heroi können leicht unwissend zusammen gerathen.

Darab.

Les beaux Esprits, lernen einander durch dergleichen rencontre erkennen.

Dionysius. Daradiridatumtarides. Horribilicribrifax.

Dionysius.

Welche Berenhäuter rasen hier für unsere Thüren? wisset ihr Holuncken nicht, daß man des Herren Stadthalters Pallast anders zu respectiren pfleget. Trollet euch von hier, oder ich lege euch beyden einen frischen Prügel um die Ohren.

Horrib.

Jo rimango petri ficato dalla maraviglia. Soll Capitain Horribilicribrifax diß leiden?

Darab.

Soll Capitain von Donnerkeil sich also despectiren lassen?

Horrib.

Jo mi levo il pugnale dal lato, der Herr Bruder leide es nicht!

Darab.

Me Voila, der Herr Bruder greiffe zu der Wehre, ich folge.

Horrib.

Commintiate di gratia. Ich lasse dem Herren Bruder die Ehre des ersten Angriffs.

Darad.

Mein Herr Bruder, ich verdiene die Ehre nicht, er gehe voran. C'est trop discourir: Commencez.

Horrib.

Ey der Herr Bruder fahre fort, er lasse sich nicht auffhalten. La necessita vuole.

Dyonis.

Heran, Ertzberenhäuter, ich will euch die Haut sonder Seiffen und Balsam einschmieren.

Horrib.

Ha! Patrone mio questa supercheria è molta ingiusta.

Darad.

O Monsieur, bey dem Element, er siehet mich vor einen Unrechten an.

Horrib.

Ey Signore mio gratioso, ich bin Signor Horribilicribrifax.

Dionysius nimmt beyden die Degen und schlägt sie darmit um die Köpffe.

Dyonis.

Auffschneider, Lügner, Berenhäuter, Bengel, Baurenschinder, Ertznarren, Cujonen.

Darad.

Ey ey Monsieur, basta questo pour istesso, es ist genung, der Kopff blutet mir.

Horrib.

Ey ey Signor, ich wuste nicht daß der Stadthalter hier wohnete.

Dionys.

Packet euch, oder ich wil euch also zurichten, daß man euch mit Mistwagen soll von dem Platze führen.

Sempronius. Cyrilla.

Sempron.

Οἴμοι παρανοίας ὡς ἡμαρτόμεν ἄρα. Porro Quirites! Deum atque hominum fidem egonè ita sum deceptus.

Cyrill.

Ja es heist nun Zepffe, es heist, hast du mich, so behalte mich.

Sempron.

Impura meretrix.

Cyrill.

Ja die Hure ist fix, wer hat mich darzu gemacht, als ihr? Ihr müst mich nun wieder redlich machen, oder der Hencker soll euch holen!

Sempron.

Αττα πατατὰ

Cyrill.

Ey da! da!

Sempron.

Me miserum.

Cyrill.

Sehre hin, sehre her.

Sempron.

Was rath nun! Quid facio.

Cyrill.

Ein Patzen, do, Nein, ich lasse mich so nicht abweisen.

Sempron.

Est alias dives vetula.

Cyrill.

Heist ihr mich die beste Fettel?

Sempron.

O du Hure!

Cyrill.

O du Schelm?

Sempron.

O du Kuppelhure! lena foeda!

Cyrill.

We Magdalenen? Du Ehbrecher!

Sempron.

Du Mägdehändlerin!

Cyrill.

Du Susannen-Bube?

Sempron.

Du Teuffelsfettel?

Cyrill.

Du Teufelsbanner!

Sempron.

Du Pileweissin!

Cyrill.

Du Hexenmeister!

Sempron.

Du Pulverhure!

Cyrill.

Du Bley Schelme!

Sempron

Du Etcetra!

Cyrill.

Ja Zeter über dich!

Sempron.

Du Furia!

Cyrill.

Du Hurenjäger!

Sempron.

Du Erinnys.

Cyrill.

Ja darinn ists.

Sempron.

Ich wil dir die Haare ausreissen.

Cyrill.

Ich wil dir den Bart ausrauffen.

Sempron.

Ich wil dir die Nase abbeissen.

Cyrill.

Ich wil dir die Augen auskratzen.

Sempron.

Der Hencker soll dir den Rücken mit Ruthen abputzen.

Cyrill.

Der Hencker soll dir die Spinneweben mit Besen abkehren, und den Bart mit dem breiten Messer scheren.

Sie fallen übereinander und schlagen einander zum guten Liegen ab

Sempron.

O mein Bart!

Cyrill.

O mein Haar.

Sempron.

O mein Auge.

Cyrill.

O mein einig Zahn! Vertragen wir uns lieber in der Güte mit einander!

Sempron.

Je meinethalben! was haben wir auch sonsten vor?

Cyrill.

Ich kan trefflich gebrand Wasser machen, und Zähn-Pulver verkauffen, und habe ein schön Stücklein Heller vor mich bracht.

Sempron.

Wolan, unsre Güter mögen gemein seyn! ihr müst mich aber hübsch halten, weil ich ein Gelehrter bin.

Cyrill.

Ich will euch alle Morgen eine warme Suppen kochen.

Sempron.

Hättet ihr das alsobald gesaget, so hätte es so vieler Weitläufftigkeiten nicht bedürffet.

Cyrill.

So gebet mir denn eure Hand drauff!

Sempron.

So sind wir vertragen. Sic erat in fatis!

Cyrill.

Ja, in der Stadt ists. Kommt mit mir in mein Haus, ich will einen Notarigus holen lassen, der unsern Eh-Contract auffsetzet, und uns, vor die Gebühr, ein in nominus macht.

Cleander. Bonosus. Eudoxia. Palladius. Cölestina. Flaccilla. Sophia.

Cleand.

Ich bitte, sie treten etwas hinter die Tapete, und hören unseren Reden mit Gedult zu! Dionysi ruffe die Jungfrau mit der Mutter herein.

Sophia.

Wenn ich auffs wenigste die Freyheit zu sterben, erhalten kan, schätze ich mich glückselig, daß, indem ich die Angst meines Lebens beschliesse, auch der Ehren die unbefleckte Seiden meiner Keuschheit mit den Purpur dieses Blutes zu färben, und, dadurch meine Auffrichtigkeit zu bezeugen, fähig worden.

Cleand.

Ist dieses eure Tochter, meine Frau, welcher Schöne und Keuschheit ihr so sehr gerühmet?

Sophia fället vor ihm auf die Knie.

Sophia.

Die Unglückselige Schönheit, gnädiger Herr, ist biß eintzige, was mir, doch zu meinem Unglück, die Natur verliehen. Wenn sie mich und die Reinigkeit meines Gemüthes in Gefahr setzen soll, wünsche ich eher die weissen Brüste mit meinem eignem Blute zu erröthen, als ein durch Unehr beflecktes Gesicht, vor Euer Genaden auffzuheben. Ich bitte, in diesem Schrancken, in welchem mich Elend, Armuth und Gewalt dringet und herum treibet, Eure Genaden wolle mir dieses eintzige erhalten und beschützen helffen, was mir noch die euserste und reckt Eiserne Noth nicht abzwingen können, oder mit leidend gedulden, daß ich vor seinen Füssen dem geängsteten Geiste den Weg durch diese Brüste öffne.

Cleand.

Meinet ihr, daß wir euren falschen Thränen und verstelleten Geberden so viel Glauben geben? Wir kennen der Weibes Personen Art, und wissen, wie heilig sie sich stellen, wenn sie ihre Waare hoch ausbringen wollen.

Sophia.

Himmel, ende nun meine armselige Tage! bin ich noch länger auf dieser Welt zu leben begierig, wenn ich Namen und Ehre verlohren.

Cleand.

Namen und Ehre sind eine Hand voll Wind, und werden nicht gerühmet, als nur Scheines halber.

Sophia.

O Gott! ist es nicht genung, daß ich bey allen in Argwohn gerathen bin; durch diese gewaltsame Hinwegführung? Muß noch meine Unschuld von dem in Zweiffel gezogen werden, welcher von allen für den kräfftigsten Beschützer elender und verlassener Waysen gehalten wird? Gute Nacht Himmel! sey zum letzten mahl gegrüsset Erde! verziehe ich weiter?

Sie holet aus mit einem blossen Messer, Cleander fället ihr in die Armen: die andern kommen alle herzu gelauffen.

Cleand.

Genung meine Wertheste! Ihre Keuschheit hat wie ein lauteres Gold durch eine so hefftige Anfechtunge bewähret werden müssen. Sie ist in diesen Hof nicht durch Verlust der Ehren gedrungen, sondern durch ihre Tugend eingeführet, damit dieselbe, nach so langen Verdienst, prächtiger gekrönet würde. Diese Haarlocken sind es, welche uns gefangen: Doch die Keuschheit Sophiä hat diese Bande fester zusammen gezogen, welche eine heilige Ehe zwischen Mir und Ihr unaufflößlich verknüpffen soll. Dionysi, Thorsander, Pompei, Ptolomäe, bringet Kleider, Perlen und Demante, um meine Schönste also auszukleiden, wie ihre Tugend und unser Stand erfordert, ob sie wohl mehr gezieret wird durch diese abgeschnittene Haare als durch alles Reichthum dieser Welt.

Cölest.

Werthe Jungfrau Sophia, Ich wünsche zu dieser unverhofften Ehe und Ehre ihr so viel Glücks, als dero keusche Tugend verdienet, und schätze mich glückselig, in dem ich heute ihre Kundschafft erhalte, von ihr, als dem vollkommenen Spiegel aller Zucht, zu lernen, was uns allen anstehet.

Sophia. Wird von den Jungfrauen auffs prächtigste gekleidet. Indessen wünschen die andern einander allerseits Glücke.

Cleand.

Dionysius, welcher diesem unsern Vorsatz bey sich die Hand geboten, soll, nicht sonder Lohn, dieser Freude beywohnen, wenn Jungfrau Cölestina ihre Camillam ihm vermählen wil, werden wir Mittel finden, sie beyde bester massen zu befördern; Und damit Horribilicribrifax und Daradiridatumdarides nicht alleine bey der allgemeinen Freude sich mit Schlägen, wie uns erzehlet, behelffen dürffen, wollen wir dem Daradiridatumdaride, doch mehr aus Mitleiden gegen die unglückselige Selenissam, das Commando über die Guarnison in dem nechsten Flecken, dem Horribilicribrifax aber, eine Corporalschafft Dragoner in der Vorstadt vertrauen. Lasset die Personen alle auf den Hof fordern, und unterdessen die Heerpaucken und Drompeten erschallen!

Die Personen gehen alle ab, biß auf Florentin.

Florentin.

Hochzeiten über Hochzeiten! was werde ich Marcepan bekommen! Laß schauen, ich muß zehlen, wie viel es Heyrathen setze! Ich und Rosina, das ist die Erste; mein Herr und Cölestina, das ist die Ander; Camilla und Dionysius, das ist die Dritte. Bonosus und Eudoxia, das ist die Vierdte; der ungeheure Capitain mit dem Namen von sieben Meilen, und Selenissa, werden die Fünffte halten; Ja wohl, es mangelt mir noch eine, ey ja! ja! der Stadthalter mit der fremden Jungfrau, das ist die Sechste. Wenn doch sieben wehren, so hätten wir eine gantze Woche voll Hochzeit! wohlan! Capitain Horribilicribrifax mag unsre grosse, dicke, derbe, alte, vierschrötige, ungehobelte, trieffäugichte, spitznäsichte, schlüsseltragende Schleusserin nehmen, so ist die Reihe vollkommen. Ihr Herren, Jungfrauen und Frauen, wo euch Sophiä großmüthige Keuschheit, und Cölestinen beständige Anmuth, zuforderst aber Florentini (und der bin ich) hoher Verstand gefallen so kommet alle mit auf die Hochzeit, jener grosse weitmäulichte Baur der dort hinten stehet, mag wol zu Hause bleiben. Er möchte uns den Wein gar aussauffen, und alles aufffressen, daß die Braut selbst hungerig zu Bette gehen müste.

Der Auffzug wird beschlossen unter Trompeten und Heerpaucken mit einem Tantz, in welchem alle Personen, wie auch Sempronius mit seiner Cyrilla erscheinen.

ABSURDA COMICA.

Oder

Herr Peter Squentz.

Schimpff=Spiel.

Großgünstiger Hochgeehrter Leser.

Der nunmehr in Deutschland nicht unbekandte, und seiner Meynung nach Hochberühmte Herr Peter Squentz wird dir hiermit übergeben. Ob seine Anschläge gleich nicht alle so spitzig, als er sich selber düncken läst, sind doch selbte bißher auf unterschiedenen Schau=Plätzen nicht ohne sondere Beliebung und Erlustigung der Zuseher angenommen und belachtet worden; Warum denn hier und dar Gemüther gefunden, welche sich vor gar seinen Vater auszugeben weder Scheu noch Bedencken getragen. Worinnen er weit glückseliger gewesen, als nicht wenig Kinder dieser Zeit, die auch leibliche Eltern, wenn sie vornehmlich etwas zu frühe ankommen, vor die Ihrigen nicht erkennen wollen: Damit er aber nicht länger Fremden seinen Ursprung zu dancken habe, so wisse, daß der um gantz Deutschland wohlverdienete, und in allerhand Sprachen und Mathematischen Wissenschafften ausgeübete Mann, Daniel Schwenter, selbigen zum ersten zu Altdorff auf den Schau=Platz geführet, von dannen er je länger je weiter gezogen, biß er endlich meinem liebsten Freunde begegnet, welcher ihn besser ausgerüstet, mit neuen Personen vermehret, und nebens einem seiner Trauerspiele aller Augen und Urtheil vorstellen lassen. Weil er aber hernach, als selbter mit wichtigern Sachen bemühet, von ihm gantz in Vergessen gestellet: Habe ich mich erkühnet, ihn Herrn Peter Squentz aus gedachten meines Freundes Bibliothec abzufordern, und durch öffentlichen Druck dir, Großgünstiger und Hochgeehrter Leser, zu übersenden, wirst du ihn mit deiner Begnügung auffnehmen, so erwarte mit chesten den unvergleichlichen Horribilicribrifaxn, von dessen Pinsel abgemahlet, dem Herr Peter Sequentz die letzte Striche seiner Vollkommenheit zu dancken, und bleib hiermit gewogen deinem stets Dienstergebenen

Philip-Gregorio Riesentod.

Spielende Personen.

Herr Peter Squentz, Schreiber und Schulmeister zu Rumpels-Kirchen, Prologus und Epilogus.
Pickelhäring, des Königes lustiger Rath, Piramus,
Meister Krix, über und über, Schmied, der Monde.
Meister Bulla Butäin, Blasebalckmacher, die Wand.
Meister Klipperling, Tischler, der Löwe.
Meister Lollinger, Leinweber und Meister-Sänger, der Brunn.
Meister Klotz-George, Spulenmacher, Thisbe.

Zusehende Personen.

Theodorus, der König.
Serenus, der Printz.
Cassandra, die Königin.
Violandra, Princeßin.
Eubulus, der Marschalck.

ABSURDA COMICA.

Oder

Herr Peter Squentz.

Erster Auffzug.

Peter Squentz. Pickelhäring. Meister Kricks über und über. Meister Bulla-Butän. Meister Klipperling, Meister Klotz-George.

P. Squentz.

Edler, Wohledler, Hochedler, Wohledelgeborner Herr Pickelhäring, von Pickelhäringsheim und Saltznasen.

Pickelhäring.

Der bin ich.

P. Squentz.

Arbeitsamer und Armmächtiger Mester Kricks, über und über, Schmied.

M. Kricks über.

Der bin ich.

P. Sq.

Tugendsamer, auffgeblasener und windbrechender Mester Bullabutän, Blasebalckenmacher.

Bullabutän.

Der bin ich.

P. Sq.

Ehrwürdiger, durchschneidender und gleichmachender Mester Klipperling, Wohlbestellter Schreiner des weitberühmten Dorffes Rumpels-Kirchen.

M. Klipperl.

Der bin ich.

P. Sq.

Wolgelahrter, vielgeschwinder und hellstimmiger Mester Lollinger, Leinweber und Mester-Sänger.

Loll.

Der bin ich.

P. Sq.

Treufleissiger, Wolwürckender, Tuchhaffter Mester Klotz-George, Spulenmacher.

M. Klotz-George.

Der bin ich.

P. Sq.

Verschraubet euch durch Zuthuung eurer Füsse und Niederlassung der hindersten Oberschenckel, auf herumgesetzte Stühle, schliesset die Repositoria eures Gehirnes auf, verschliesset die Mäuler mit dem Schloß des Stillschweigens, setzt eure 7 Sinnen in die Falten, Herr Peter Squentz (cum titulis plenissimis) hat etwas nachdenckliches anzumelden.

P. H.

Ja, ja, Herr Peter Squentz ist ein tieffsinniger Mann, er hat einen Anschlägigen Kopff, wenn er die Treppen hinunterfällt, er hat so einen ansehnlichen Bart, als wenn er König von Neu-Zembia wäre, es ist nur zu bejammern daß es nicht wahr ist.

P. Sq.

Nachdem ich zweiffels ohn durch Zuthuung der alten Phöbussin und ihrer Tochter der großmäulichen Frau Fama Bericht erlanget, daß Ihr Majest. unser Gestrenger Juncker König ein grosser Liebhaber von allerley lustigen Tragödien und prächtigen Comödien sey, als bin ich willens, durch Zuthuung euer Geschicklichkeit eine jämmerlich schöne Comödi zu tragiren, in Hoffnung, nicht nur Ehre und Ruhm einzulegen, sondern auch eine gute Verehrung für uns alle, und mich in specie, zu erhalten.

B. B.

Das ist erschrecklich wacker! ich spiele mit, und solte ich 6 Wochen nicht arbeiten.

P. H.

Es wird über alle massen schöne stehen! wer wolte nicht sagen, daß unser König treffliche Leute in seinem Dorffe hätte.

M. K. über u. über.

Was wollen wir aber vor eine tröstliche Comödi tragiren?

P. Sq.

Von Piramus und Thisbe.

M. Kl. G.

Das ist übermassen trefflich, man kan allerhand schöne Lehre, Trost und Vermahnung draus nehmen, aber das ärgeste ist, ich weiß die Historie noch nicht, geliebt es nicht E. Herrligkeit dieselbte zu erzehlen.

P. Sq.

Gar gerne. Der Heil. alte Kirchen-Lehrer Ovidius schreibet in seinem schönen Buch Memorium phosis, das Piramus die Thisbe zu einem Brunnen bestellet habe, inmittelst sey ein abscheulicher häßlicher Löwe kommen, vor welchem sie aus Furcht entlauffen, und ihren Mantel hinterlassen, darauf der Löwe Jungen ausgehecket; als er aber weggegangen, findet Piramus die blutige Schaube, und meinet der Löwe habe Thisben gefressen, darum ersticht er sich aus Verzweiffelung, Thisbe kommt wieder und findet Piramum todt, derowegen ersticht sie sich ihm zu Trotz.

P. H.

Und stirbet?

P. Sq.

Und stirbet.

P. H.

Das ist tröstlich, es wird übermassen schön zu sehen seyn; aber saget Herr P. Sq. Hat der Löwe auch viel zu reden?

P. Sq.

Nein, der Löwe muß nur brüllen.

P. H.

Ey so wil ich der Löwe seyn, denn ich lerne nicht gerne viel auswendig.

P. Sq.

Ey Nein! Mons. Pickelhäring muß ein Hauptperson agiren.

P. H.

Habe ich denn Kopffs genug zu einer Hauptperson?

P. Sq.

Ja freylich. Weil aber vornehmlich ein tapfferer ernsthaffter und ansehnlicher Mann erfordert wird zum Prologo und Epilogo, so wil ich dieselbe auff mich nehmen, und der Vorreder und Nachreder des Spieles, das ist, Anfang und das Ende seyn.

M. Kr. über u. über.

In Wahrheit. Denn weil ihr das Spiel macht, so ist billich, daß ihr auch den Anfang und das Ende dran setzet.

M. Klip.

Wer soll denn den Löwen nu tragiren? Ich halte er stünde mir am besten an, weil er nicht viel zu reden hat.

M. Kricks.

Ja mich dünckt aber, es solte zu schrecklich lauten, wenn ein grimmiger Löwe hereingesprungen käme, und gar kein Wort sagte. das Frauenzimmer würde sich zu hefftig entsetzen.

M. Klotz=G.

Ich halte es auch dafür. Sonderlich wäre rathsam wegen schwangerer Weiber, daß ihr nur bald anfänglich sagtet, ihr wäret kein rechter Löwe, sondern nur Meister Klipperl. der Schreiner.

P. H.

Und zum Wahrzeichen lasset das Schurtzfell durch die Löwen-Haut hervorschlenckern.

M. Loll.

Wie bringen wir aber die Löwen-Haut zuwege? Ich habe mein Lebtage hören sagen, ein Löwe sehe nicht viel anders aus als eine Katze. Wäre es nun rathsam, daß man so viel Katzen schinden liesse, und überzüge euch nackend mit den noch blutigen Fellen, daß sie desto fester anklebeten?

M. Kr. über u. über.

Eben recht. Es wäre ein schöner Handel, sind wir nicht mehrentheils Zunfftmäßige Leute? würden wir nicht wegen des Katzenschindens unredlich werden.

M. B. B.

Es ist nicht anders. Darzu habe ich gesehen, daß die Löwen alle gelbe gemachet werden, aber meine Lebetage keine gelbe Katze gefunden.

P. Sq.

Ich habe einen andern Einfall. Wir werden doch die Comödi bey Lichte tragiren. Nun hat mich mein Gevatter, Mester Ditloff Ochsenfuß, welcher unser Rathhaus gemahlet, vor diesem berichtet, daß Grüne bey Lichte gelbe scheine. Mein Weib aber hat einen alten Rock von Früß, den wil ich euch an statt einer Löwen-Haut umbinden.

M. Kr.

Das ist das beste so zu erdencken, nur er muß der Rede nicht vergessen.

M. Kl. G.

Kümmert euch nicht darum lieber Schwager, Herr Peter Squentz ist ein gescheidener Mann, er wird dem Löwen wol zu reden machen.

Mester Klipperl.

Kümmert euch nicht, kümmert euch nicht, ich wil so lieblich brüllen, daß der König und die Königin sagen sollen, mein liebes Löwichen brülle noch einmal.

M. P. Sq.

Lasset euch unterdessen die Nägel fein lang wachsen, und den Bart nicht abscheren, so sehet ihr einem Löwen desto ähnlicher, nun ist einer difficultet abgeholffen; aber hier wil mir das Wasser des Verstandes schier die Mühlräder des Gehirnes nicht mehr treiben, der Kirchen-Lehrer Ovidius schreibet, daß der Monden geschienen habe, nun wissen wir nicht, ob der Monde auch scheinen werde, wenn wir das Spiel tragiren werden.

P. H.

Das ist, beym Element, eine schwere Sache.

M. Kricks.

Dem ist leicht zu helffen, wir müssen im Calender sehen, ob der Mond denselben Tag scheinen wird.

M. Kl. G.

Ja, wenn wir nur einen hätten.

M. Loll.

Hier habe ich einen, den habe ich von meines Groß-Vatern Muhme ererbet, er ist wol 100 Jahr alt, und derowegen schier der beste. Ey Juncker Pickelh. verstehet ihr euch auffs Calendermachen, so sehet doch, ob der Monde scheinen wird.

P. H.

Je, solte ich das nicht können. Lustig, lustig ihr Herren, der Mond wird gewiß scheinen, wenn wir spielen werden.

M. Kricks.

Ja ich habe aber mein Lebetag gehöret, wenn man schön Wetter im Calender findet, so regnets.

M. Kl. G.

Drum haben unsere lieben alten gesaget; du leugest wie ein Calendermacher.

P. Sq.

Ey das ist nichts, der Mond muß darbey seyn, wenn wir die Comödi spielen, sonst wird das Ding zu Wasser, das ist, die Comödi wird zunichte.

M. Kricks.

Hört was mir eingefallen ist, ich wil mir einen Pusch um den Leib binden, und ein Licht in einer Laterne tragen, und den Monden tragiren, was düncket euch zu der Sachen?

P. H.

Beym Velten das wird gehen, aber der Monde muß in der Höhe stehen. Wie hier zu rathen?

P. Sq.

Es solte nicht übel abgehen, wenn man den Monden in einem grossen Korb setzte, und denselben mit einem Stricke auf und ab liesse.

Meist.

Meist. Kricks.

Ja! wenn der Strick zurisse, so fiele ich herunter, und bräche Hals und Bein. Besser ist es, ich stecke die Laterne auf eine halbe Picken, daß das Licht um etwas in die Hohe kommet.

P. Sq.

Nec ita male. Nur das Licht in der Laterne muß nicht zu lang seyn, denn wenn sich Thisbe ersticht, muß der Mond seinen Schein verliehren, das ist versinstert werden, Und das muß man abbilden mit Verleschung des Lichtes. Aber ad rem. Wie werden wir es mit der Wand machen?

M. Klipperl.

Ein Wand auffzubauen für dem Könige, das wird sich nicht schicken.

P. H.

Was haben wir viel mit der Wand zu thun?

P. Sq.

Ey ja doch, Piramus und Thisbe müssen mit einander durch das Loch in der Wand reden.

M. Klipperl.

Mich düncket, es wäre am besten, man beschmierete einen um und um mit Leimwellern, und steckte ihn auf die Bühne, er müste sagen daß er die Wand wäre, wenn nun Piramus reden soll, müste er ihme zum Maule, das ist zum Loch, hineinreden. Wenn nun Thisbe was sagen wolte, müste er das Maul nach der Thisbe kehren.

P. Sq.

Nihil ad Rhombum. Das ist: nichts zur Sache. Thisbe muß dem Piramus den Liebes-Pfeil durch das Loch ausziehen, wie wollen wir das zuwege bringen?

P. H.

Lasset uns dennoch eine Papierne Wand machen, und ein Loch dadurch bohren.

M. B. B.

Ja, die Wand kan aber nicht reden.

M. Kricks.

Das ist auch wahr.

M. B. B.

Ich wil mir eine Papierne Wand an einen Blindrähmen machen, und weil ich noch keine Person habe, so wil ich mit der Wand auf den Platz kommen und sagen, daß ich die Wand sey.

P. Sq.

Apposite, das wird sich schicken, wie eine Härings-Nase auf

einen Schwaben-Ermel, Juncker Pickel-Häring ihr müsset Piramus seyn.

P. H.

Wirnen Most? was ist das für ein Kerl?

P. Sq.

Es ist die vornehmste Person im Spiel, ein Chevalieur, Soldat und Liebhaber.

M. Kl. G.

Ja Pickel-Häring ist die fürnehmste Person im Spiel, er muß das Spiel zieren, wie die Bratwurst das Sauerkraut.

P. H.

Ein Soldat und Buhler, so muß ich lachen und sauer sehen.

P. Sq.

Aber nicht beydes auf einmahl.

P. H.

Das ist gut! denn ich kann nicht zugleich lachen und weinen, wie Jehan Potage. Es stehet auch einer so vornehmen Person, wie ich bin, nicht an, sondern ist Närrisch nicht Fürstlich. Nur bitte ich euch um Gottes Willen, machet mir nicht viel Lateinisch in meinem Titul, die Wörter sind mir zu Sauderwellisch, und wir verwirren das gantze Spiel. Denn ich weiß, ich werde sie nicht behalten.

P. Sq.

Es wird sich wohl schicken. Ja nun wil mir das Hertze gar in die Hosen fallen.

M. Kl. G.

Ey warum? Ehrenvester Herr Peter Squentz.

P. Sq.

Wir müssen eine Thisbe haben, wo wollen wir die her nehmen?

M. Loll.

Das kan Klotz-George am besten agiren, er hat, als er noch ein Knappe war, die Susanna gespielet, er machte ihm die Augen mit Speichel naß, und sah so barmhertzig aus, daß alle alte Weiber weinen musten.

P. Sq.

Ja und das gehet nun nicht an, er hat einen grossen Bart.

P. H.

Ohne Schaden: Er mag ihm das Maul mit einem Stücke Specke schmieren, so siehet er desto glätter aus ums Mundstück, und kan mit einem schmutzigen Tüschen zum Fenster auskucken.

M. Kricks.

Freylich, nehmet die Personen an zu gutem Glück, man weiß doch wohl, daß ihr die rechte Thisbe nicht seyd.

Bullabutäin.

Ihr müsset fein klein, klein, klein reden.

M. Kl. G.

Also?

P. Sq.

Noch kleiner

M. Kl. G.

Nun nun, ich wils wol machen, ich wil so klein und lieblich reden, daß der König und die Königin an mir den Narren fressen sollen.

M. Loll.

Was soll denn ich seyn?

P. Sq.

Beym Element, wir hätten schier das nöthigste vergessen, ihr müsset der Brunn seyn.

M. Loll.

Was? der Brunn?

P. Sq.

Der Brunn.

M. Loll.

Der Brunn? des muß ich lachen, ich bin ja einem Brunn nicht ähnlich.

P. Sq.

Ey ja, verstehet eine Wasser-Kunst.

P. H.

Freylich, seyd ihr euer Lebenlang nicht zu Dantzig gewesen, oder Augspurg, die Maister-Sänger reisen doch sonst zimlich weit, habt ihr nicht gehöret, daß der Kayser zu Augspurg auf einem Brunn stehet, und zu Dantzig Clinctunus.

M. Loll.

Aber wie soll ich Wasser von mir sprützen?

P. H.

Seyd ihr so alt und wisset das nicht? ihr müsset vornen.

P. Sq.

Holla! Holla! Wir müssens Erbar machen für dem Frauenzimmer. Ihr müsset eine Gießkanne in der Hand haben.

P. H.

Recht, recht! so mahlet man das Wasser unter den 9 Freyen-Künsten.

P. Sq.

Und müsst auch Wasser in dem Mund haben und mit um euch sprützen.

M. Kl. G.

Wie wird er aber reden können?

P. Sq.

Gar wol, wenn er einen Verß geredet hat, so muß er einmal sprützen. Nun zu dem Titul dieses Spieles, wie sollen wir es heissen, eine Comödi oder Tragödie.

M. Loll.

Der alte berühmte deutsche Poet und Meister-Sänger Hans Saxe schreibet, wenn ein Spiel traurig ausgehet, so ist es eine Tragödie, weil sich nun hier 2 erstechen, so gehet es traurig aus, Ergo.

P. H.

Contra. Das Spiel wird lustig ausgehen, denn die Todten werden wieder lebendig, setzen sich zusammen, und trincken einen guten Rausch, so ist es denn eine Comödie.

P. Sq.

Ja es ist noch in weitem Feld. Wir wissen noch nicht ob wir bestehen werden, vielleicht machen wir eine Sau und kriegen gar nichts, darum ist es am besten, ich folge meinem Kopff und gebe ihm den Titul ein schön Spiel, lustig und traurig, zu tragiren und zu sehen.

M. Loll.

Noch eines. Wenn wir das Spiel tragiren werden, wollen wir dem Könige ein Register übergeben, darauf allerhand Comödien verzeichnet, und diese zum letzten setzen, daß er auslesen mag, was er sehen will. Ich weiß, er wird doch keine begehren als die letzte, unterdessen werden wir für geschickte und hochgelehrte Leute gehalten werden.

P. Sq.

Gut gut! ihr Herren lernet fleissig, morgen mache ich die Comödi fertig, so krieget ihr die Zedel übermorgen, ich will unterdessen M. Lollingern den Meister-Sänger zu mir nehmen, der wird mir schon helffen einrathen, wie ich die Endungen der Sylben wol zusammen bringe, unterdessen seyd Gott befohlen.

P. H.

Ehren, Wolehren und Hochehrenvester, tieffgelehrter, spitzfindiger Herr P. Squentz grossen Danck, eine gute Nacht.

Die andern nehmen alle mit allerhand Cerimonien von einander ihren Abschied, Pickelhäring aber und Peter Squentz nöthigen einander voranzugehen, so bald aber Squentz voran treten wil, zeucht ihn Pickelhäring zurück, und laufft selbst voran.

Der Ander Auffzug.

Theodorus. Cassandra. Violandra. Serenus. Eubudus. P. Squentz.

Theodorus.

Wir erfreuen uns höchst, das wir den nunmehr vergangenen Reichs-Tag glücklich geendet, auch anwesende Abgesandten mit guter Vergnügung abgefertiget, mit was Kurtzweil Herr Marschalck passiren wir vorstehenden Abend?

Eub.

Durchläuchtigster König, es hat sich verwichene Tage ein Seichtgelehrter Dorff-Schulmeister nebens etlichen seines gleichen bey mir angemeldet, welcher willens vor ihrer Majestät eine kurtzweilige Comödi zu agiren, weil ich denn dieselbe sehr annehmlich befunden, indem ich den Versuch beygewohnet; habe ich die gantze Gesellschafft auff diesen Abend herbeschieden, und zweiffele nicht, Ihre Majestät werden sich ob der guten Leute Einfalt und wunderlichen Erfindungen nicht wenig erlustigen.

Cassandra.

Wir sehen sehr gerne Comödi und Tragödien. Was Inhalts des Spieles lassen sie anmelden.

Eub.

Durchläuchtigste Princessin sie haben mir ein groß Register voll überreichet, aus welchen Ihrer Majestäten frey stehet auszulesen, was sie am angenehmsten düncket.

Seren.

Leset uns doch die Verzeichnis.

Eub.

Ein schön Spiel von der Verstörung Jerusalem. Die Belägerung von Trojá. Die Comödia von der Susanna. Die Com. von Sodom und Gomorrha. Die Trag. von Ritter Petern mit dem Silbernen Schlüssel. Vom Ritter Pontus. Von der Melusina. Von Artus und dem Ost-Wind. Von Carolus quinque. Die Comödie von Julius unus. Vom Hertzog und dem Teufel. Ein schön Spiel lustig und traurig, kurtz und lang, schrecklich und erfreulich, von Piramus und Thisbe, hat hinten und fern nichts, niemahls vor tragiret und noch nie gedrucket, durch Peter Squentz, Schulmeistern daselbst.

Seren.

Es scheinet die guten Schlucker können keine als die letzte, darum sie denn solche sonderlich ausgestrichen, ruffet nur den Principal selber herein, ich muß mich was mit ihm unterreden.

Eub.

Durchläuchtigster Fürst, es ist ein schlechter guter Mann, er wird sich zweiffels ohn entsetzen, und damit kommen wir um die Comödi und verhoffte Lust.

Seren.

Forbert ihn herein, wir wollen schon wissen mit ihm umzugehen.

Eub.

Dieses ist die bewuste Person, Durchläuchtigster Fürst.

Seren.

Seyd ihr der Author der Comödi?

P. Sq.

Ja mit züchten zu melden Juncker König.

Theodor.

Von wannen seyd ihr?

P. Sq.

Tugendsamer Herr König ich bin ein Ober-Länder.

Theodor.

Was habt ihr studiret.

P. Sq.

Ich bin ein Universalem, das ist in allen Wissenschafften erfahren.

Theodor.

Wo haltet ihr euch auf?

P. Sq.

Vor diesem bin ich wolbestellter Glockenzieher des Spittelglöckleins gewesen, weil ich mich aber über diese massen auf die Music des Glockengeklanges verstanden, bin ich nunmehr zu Rumpel-Kirchen wolbestellter Handlanger des Wortes Gottes, das ist Schreiber und Schulmeister auch Expectant des Pfarr-Amts, wenn die andern alle werden gestorben seyn.

Theodor.

Seyd ihr denn auch tüchtig darzu.

P. Sq.

Ja freylich, in der gantzen Welt sind 4 Theil, Europa, Asia, Africa und America, unter diesen ist Europa das vornehmste, in Europa sind unterschiedene Königreich, als Spanien, Portugall,

Franckreich, Deutschland, Moschkau, Engelland, Schottland, Dennemarck und Pohlen, unter allen aber ist Oberland das vornehmste, weil es über Niederland, Oberland wird getheilet in Groß und Klein Oberland.

Groß-Oberland hat den Vorzug, dannenhero heist es auch groß. In Groß-Oberland sind unterschiedene Creyser, als der Riesische, Gryllische, Würmische mit ihren vornehmsten Städten, als Fortzenheim, Narrenburg, Weißfischhausen, Kälberfürt, Mägdeflecken. Diese letztere ist die trefflichste, denn die Mägdlein oder Jungfern haben wieder den Vorzug, denn sie gehen voran. Zu Mägdeflecken giebt es unterschiedene Gassen, als die Lange, die Breite, die Enge, die Rechte, die Krumme, die Roßmarien-Gassen. Die Graupen-Gasse. Die Kerbe-Gasse. Die Lilien-Gasse, welche andere mit Verlaub aus Haß und Neid die Dreck-Gasse nennen, unter allen ist die Lilien-Gasse die trefflichste, denn auf derselben wohneten vor Zeiten viel vornehme gelehrte Leute, als Meister Girge Hackenbanck, Matz Strohschneider, Meister Bullabután, Meister Kricks über und über, und Meister Klipperling, unter allen aber war ich der vornehmste. Ergo kan es nicht fehlen ich bin der vornehmste Mann in der gantzen Welt, das ist in Europa, Asia, Africa und America, ist mir niemand gleich.

Theodor.

Wir nehmen mit höchster Verwunderung an, was ihr vorbringet, und erfreuen uns, daß wir so statliche und treffliche Leute in unserm Lande haben.

Seren.

Aus so vielen Comödien, die ihr zu agiren willens, begehren Ihre Majestät die erste zu sehen, von der Verstörung Jerusalem.

P. Sq.

O potz tausend selten.

Seren.

Was sagt ihr darzu? nun wie stehet ihr so, was krümmet ihr lange im Kopffe?

P. Sq.

Die wolten wir wol tragiren, aber ihr müst uns zuvor Jerusalem lassen bauen, da wolten wir es zustören und einnehmen.

Seren.

Wie stehets denn mit der Belägerung von Troja?

P. Sq.

Es ist ein Ding.

Seren.

Und was mache denn die schöne Susanna?

P. Sq.

Wir wolten die wol tragiren, aber es würde übel stehen vor dem Frauenzimmer, wann sich die Susanna nackend baden sollte.

Seren.

Was sagt ihr denn zu Sodom und Gomorrha?

P. Sq.

Die wolten wir wol tragiren; aber es würde viel Feuerwerck dazu gehören, wir möchten vielleicht den Teuffel gar anzünden.

Seren.

Was sol man denn mit Ritter Petern machen?

P. Sq.

Die wolten wir wol tragiren, aber ihr müsset noch 14 Tage darauff harren.

Seren.

Wie stehets denn mit Ritter Pontus?

P. Sq.

Die wollen wir wohl tragiren, aber Ritter Pontus ist uns daraus gestorben.

Seren.

Können wir die Melusinen sehen?

P. Sq.

Das hat Meister Lollinger wider mein Wissen und Willen dazu gesetzet, den lasse ichs verantworten.

Seren.

Sol denn Artus und der Ostwind mit einander fechten?

P. Sq.

Die wolten wir wol tragiren, aber der, der den Ostwind tragiret, ist jetzt zu Schlieren-Schlaff nach Wolle gezogen, könnet ihr Gedult haben, biß er wieder kommt, so wollen wir sehen, wie wir das Spiel zu wege bringen.

Seren.

Was ist denn Carolus quinque vor einer gewesen?

P. Sq.

Er ist seines Nahmens der Erste gewesen, Julius unus der Andere, aber zu dem ersten mangeln uns die Kleider, und in der andern Comödi ist zu viel Lateinisch. Es würde dem Gestrengen Frauenzimmer nur verdrüßlich fallen.

Seren.

Könnet ihr denn den Hertzog und den Teuffel einführen?

P. Sq.

Das könten wir wol thun, aber es würde erschrecklich seyn, wenn der Teuffel kommen solte, die kleinen Kinder würden so drüber weinen, daß man sein eigen Wort nicht vernehmen könte.

Seren.

Nun ich sehe, ihr seyd sehr wol ausgerüstet es mangelt nun nichts mehr als die letzte von Piramus und Thisbe.

P. Sq.

Die wollen wir euch den Augenblick hermachen.

Seren.

Ihre Majestät verstehen den Titul nicht wohl, könt ihr aus denselben nicht etwas erklären?

P. Sq.

Das kann ich besser als der Cantzler.

Theodor.

Bey Gott P. Sq. düncket sich keine Sau zu seyn.

P. Sq.

Ein schön Spiel, schön wegen der Materie, schön wegen der Comödianten, und schön wegen der Zuhörer, lustig und traurig, lustig ists, weil es von Liebes-Sachen handelt, traurig, weil zwey Mörde drinnen geschehen, kurtz und lang, kurtz wird es euch seyn, die ihr zu sehen, uns aber lang, weil wir es auswendig lernen müssen. Schrecklich und erfreulich, schrecklich weil ein grosser Löwe, so groß als ein Affe, drinnen ist, dahero es auch wohl Affentheuerlich heissen mag. Erfreulich, weil wir von Ihr Gestr. eine gute Verehrung gewärtig sind; hat hinten und forn nichts, ihr sehet wie die Comedi gebunden ist, sie hat vornen nichts und hinten auch nichts. Niemals vor tragieret und noch nie gedrucket. Ich bin erst vor 3 Tagen mit fertig worden, derowegen ist nicht glaublich, daß sie zuvor tragiret oder gedruckt sey.

Theodor.

Sie wird ja aber inkünfftig gedrucket werden.

P. Sq.

Ja freilich, und ich wil sie Ihrer Majestät dediciren, durch P. Sq. der bin ich, Schulmeister daselbst, das ist zu Rumpels-Kirchen.

Cassandra.

Wer wolte das errathen?

P. Sq.

Wer es nicht kan, dem steht es frey, daß er es bleiben lasse. Ich richte mich nach dem Cantzley Stylo. Neulich bekam ich einen Brieff, der war unterschrieben datum Kunrathsheim durch Peter Aschern, Stadtschreibern daselbst. Bin ich nicht so gut als er?

Seren.

Ihr habt euch sehr wol verantwortet, Herr Marschalck man lasse sie indessen tractiren. Nach vollendeter Abendmalzeit stellet euch mit euren Gehülffen auffs fertigste ein.

P. Sq.

Ja, ja Juncker König, Ja.

Seren.

Bey Gott Herr Marschalck, ihr habet stattliche Kurtzweil angerichtet, wo die Tragödi so anmutig wie sich der Anfang anlässet, wird unter den Zusehern niemand eines Schnupftuches zu Abtruckung der Thränen bedürffen.

Cassandra.

Es wäre denn daß sie im Lachen hervor bringen.

Eubud.

Ihre Majestät werden Wunder sehen und hören, ich hätte selbst nimmermehr vermeinet, daß so vortreffliche Geschicklichkeit in Herrn Peter Squentz vergraben.

Der Dritte Auffzug.

Die Personen alle.

Theodorus.

Unsere Comödianten verziehen ziemlich lange.

Cassandra.

Gut Ding wil Zeit haben.

Serenus.

Ich zweiffele, daß bey ihnen das erste, derowegen halten sie sich an das letzte, vielleicht wird aus der Tragödi von Piramo und Thisbe der Carolus quinque oder Julius unus.

Violandra.

Herr P. Sq. schiene sonst ziemlich leichte! Wo ihm die andern nicht Gegenwage halten, dürffte ihn der Westwind so weit hinweg-

Eubul.

Mich bedaucht sie kommen. Ich höre ein Gepolter vor der Thür.

Seren.

Es ist nicht anders, Herr Peter Squentz beginnet sich zu reuschpern.

Violand.

Die Morgenröthe bricht an, die Sonne wird bald auffgehen.

Theodor.

Man schaue und wundere sich. Wenn man des Wolffes gedencket so kömmt er. Was will der alte Lappe mit dem höltzernen Ober-Rocken?

Eubul.

Den träget er an statt des Scepters, weil er sich zum Vorredner des Traur-Spiels auffgeworffen.

Seren.

Es ist kein Kinderwerck, wenn alte Leute zu Narren werden.

Peter Squentz beginnet nach gethaner altfränckischen Ehrerbietung sein traurig Lust-Spiel.

P. Sq.

Ich wündsche euch alle gute Nacht.
Diese Spiel habe ich Herr Peter Sq. Schulmeister und Schreiber zu Rumpels-Kirchen selber gemacht.

Seren.

Der Vers hat schrecklich viel Füsse.

P. Sq.

So kann er desto besser gehen. Ihr werden noch mehr dergleichen folgen: nun stille! und macht mich nicht mehr Irre.
Doch mangelts wol um einen Birnenstiel.
Fünff Actos hat das schöne Spiel.
Daran hab ich drey selber erdicht,
Die andern hat M. Lollinger der Leinweber in die Falten gericht.
Ist ein Meister Sänger und kein OX.
Versteht sich wohl auff Equifox.
Wir haben gesessen manche liebe Nacht,
Eh' wir die fröliche Tragödi zuwege bracht.
Nun was des Spiels Summiren summarum sey,
Sag' ich euch hier mit grossem Geschrey.

Hierauf verstummt er und kratzt sich im Kopff.

Cassandra.

Vor diesem Geschrey kann man noch wohl bleiben.

P. Sq.

(Nach langem Stillschweigen.) Je, du diebischer Kopff! hast du den Dreck denn gar müssen vergessen! Nun das ist die erste Sau, der Comödianten sind 7. Wenn jedweder eine macht, so haben wir ein halb Dutzend weniger zwo. Ey hertzer lieber Herr König, habet mir doch nichts für übel, ich habe es zu Hause schlappermentsch wohl gekönt, ich wils mit meinem Weibe und allen Mitgesellen bezeugen. Ey. Ey. Ey. Ey.

Er suchet eine lange Weile den Zettel als er ihn zuletzt in dem lincken Ermel funden, da setzt er die Brille auf und siehet auffs Papier, darnach fähret er fort.

Ein kühner Degen heist Piramus.
Der tragiret den ersten Actus.
Die Liebe der rundichte schäbichte Hund,
Hat ihm seine 5 Sinnen verwundt,
Er klaget über die liebliche Pein,
Und wolte so gerne erlöset seyn.
Die Thisbe find sich bey der Wand,
Und redet durch das Loch mit Verstand.

Serenus.

Hilff Gott, das sind treffliche Vers.

Cassandra.

Nach Art der alten Pritschmeister Reymen.

Theodorus.

Wenn sie besser wären, würden wir so sehr nicht drüber lachen

P. Sq.

Thisbe zeucht aus in schneller Eyl
Dem Piramus seinen Liebes-Pfeil,
Und klaget ihm daß ihr die Lieb.
Gekrochen in den Bauch so trüb.
Als sie geschlaffen unter dem Baume faul,
Und auffgelassen ihr grosses Maul,
Piramus verspricht ihr zu helffen,
Sagt sie solte nicht so gelffen,
Bestellet sie zu einem Brunnen,
Bey dem Mondenschein, nicht bey der Sonnen.
Als sie dahin sich nun begeben,
Kommet ein grimmiger Löwe eben.
Sie erschrickt und läst den Mantel fallen
Indem thut Piramus auch herwallen,
Und weil sich der Löw auf den Mantel gestreckt,
Und Junge droben ausgeheckt,

Findet er den blutigen Mantel,
Daß macht ihm gar einen bösen Handel,
Er meinet der Löwe habe Thisben gefressen,
Darum wil er nicht mehr Brod essen,
Er ersticht sich und bleibet todt,
Genade, ihm der liebe Gott.
Thisbe läst sich dadurch betriegen,
Denn als sie ihn findet todt liegen,
Fällt sie in sein Schwerdt auch,
Und ersticht sich in ihren Bauch.
Ihr dürfft euch aber nicht entsetzen,
Wenn Thisbe sich so wird verletzen,
Sie ersticht sich nicht, es ist nur Schimpff,
Wir wollen schon brauchen Glimpff.
Auch last euch gar nicht diß betrüben
Wenn der schreckliche grimmende brüllende Löw wird einher schieben.
Im übrigen sag ich euch diß fürwahr,
Es soll nicht fehlen um ein Haar,
Wo ihr das Lachen nicht werdet lassen,
So werd ich euch schlagen auff die Taschen:
Ich sag euch das, ihr Alten und Jungen
Ich werd euch schlagen auff die Zungen.
Speyet aus und räuschpert euch zuvor,
Und gebet uns denn ein liebreiches Ohr.
Ihr werdet hier schöne Sachen fassen,
Wenn ihr euch nur wollt lehren lassen:
Nun mangelts nur an diesem allein,
Daß ich euch weise die Comedianten mein.
Kommt heraus liebe Commödianten,
Die liebe Zeit ist nun verhanden,
Daß wir unsere schöne Gedicht,
Mit der Zeit bringen an das Licht.
Nun gehet dreymahl auff und nieder
Stellt euch an diese Seite wieder.
Nun tretet noch einmal herum,
Meister Mondschein ey gehet nicht so krum,
Meister Bullabutän, kommet zur Hand
Und vertrit in dem Spiel die Wand,
Denn kommt Piramus unverdrossen
Auch Thisbe macht ihm Wunder-Possen.
M. Kricks über und über ist der Mond,
Er scheint und leucht im höheren Thon

Der Löwe aber stehet noch in jener Ecken,
Damit ihr ja nicht dürfft erschrecken,
Er wird aber zu rechter Zeit wol kommen
Eh' ihr es meint, hört ihr ihn nicht schon brummen?
Meister Lollinger wird Brunnen seyn,
Schaut nur wie fein er geht herein!
Nun tretet wieder an euren Ort
Und sprecht hernach wol aus alle Wort,
Ich hab itzt nicht mehr zu verrichten,
Als, daß ich sitze in diesem Winckel tichten,
Und gebe wohl acht in meinem Büchelein,
Ob sie das Spiel tragiren fein.

Peter Sq. setzet sich auf einen Schemmel, nimmt die Brülle, setzet sie auf die Nasen, als er aber sein Exemplar ansehen wil, stösset ein Hofdiener an den Schemmel, daß Peter Sq. über und über fällt, als er auffgestanden, spricht er wider den König.

P. Sq.

Herr König, es giebet leider viel Narren auff eurem Hofe.

Eubub.

Gott Lob! da kommt die Wand

Cassandra.

Treffliche Erfindungen!

Serenus.

Last uns hören, ob diese Wand auch reden werde?

M. Bullabut.

Ihr Herren höret mir zu mit offnen Ohren,
Ich bin von ehrlichen Leuten gezeuget.
Mein Groß-Vater ward gefangen und gebunden
Und wie man saget so ist er abgezogen,
Mein Vater war der Bettler König,
Er hat mir warhafftig gelassen nicht gar viel,
Meiner Mutter hat es wol gelückt,
Daß man sie hat nach Fischen gesand.
Ich habe in meinen jungen Jahren
Warhafftig sehr viel und mancherley gelernet,
Meine Schwester hat eine schöne Stirn
Und darauf einen Flecken wie ein Apfel.
Es wollte sie schier keiner nehmen,
Ich darff mich meines Geschlechts nicht verdriessen.
Als ich nun herum lieff wie ein Pracher,
Thät man mich zu einem Blasebalck-Erfinder,
Als ich da gelernet in meiner Jugend,
Weißheit, Verstand und grosse Kunst.

Hat mich Herr P. Squentz tüchtig erkant,
Daß ich sol seyn in diesem Spiel die Maure,
Nun steh' ich hier auff diesem Plan,
Ihr dürfft nicht so ansehen mich,
Ich bin die Maur das solt ihr wissen,
Und solt es euch allen mit einander leid seyn.

Piramus gehet etliche mahl stillschweigend auf und nieder, endlich fraget er P. Squentzen,

Piram.

Was soll ich mehr sagen?

P. Sq.

Das ist die ander Sau.

Piram.

Das ist die ander Sau. Aber nein, es stehet nicht so in meinem Zedel.

P. Sq.

Gleich wie — —

Pir.

Ja, ja, ja, ja, Gleich wie, Gleich wie, Gleich wie die Küh-
Blum auff dem Acker
Verwelckt, die früh gestanden wacker,
So trucknet aus der Liebesschmertz
Der Menschen ihr gar junges Hertz.
O Wasser! O Wasser! ich brenn, ich brenn!
Daß ich mich selber nicht mehr kenn,
Ja Cupido, du Beerenhäuter,
Du hast verderbt einen guten Reuter,
O süsse Liebe, wie bistu so bitter,
Du sihest aus wie ein Moßkewiter,
Ey Ey wie krübelt mir der Leib!
Nach einem schönen jungen Weib!
Die Thisbe ist, die mich so plaget,
Nach der meine arme Seele fraget,
Ich weine Thränen aus wie Flüsse,
Wie ungeheure Wassergüsse,
Und kann sie doch nicht sprechen an,
Die Wand hat mir den Bossen gethan
Du lose Gotts verfluchte Wand.
Ich wolte daß du wärst verbrandt.
Du leichtfertige diebische Wand
Warum bist du nicht in Stücken gerandt.

Violandr.

Das muß eine fromme Wand seyn, daß sie sich gar nichts zu verantworten begehret.

M. Bullab.

Ja ich habe nichts mehr auf meinem Zedel, darff auch nichts mehr sagen, ich wolt es ihm sonst auch wohl unter die Nasen reiben.

Pir.

Du lose ehrvergessene Wand.
Du schelmische, diebische, leichtfertige Wand.

M. Bullab.

Ey Pickelhäring, das ist wider Ehr und Redlichkeit, es stehet auch in dem Spiel nicht, du kanst es aus deinem Zedel nicht beweisen. Ich bin ein zunftmäßiger Mann. Mache, daß es zu erleiden ist, oder ich schlage dir die Wand um deine ungewaschene Gusche.

Piramus.

Du rotziger Blasebalckenmacherischer Dieb! Solst du mich dutzen? weist du nicht, daß ich ein Königlicher Diener bin? Schau, das gehöret einen solchen Holuncken.

Pickelhäring schläget Bullabutän an den Hals, Bullabutän schläget ihm hergegen die Wand um den Kopff, sie kriegen einander bey den Haaren und zerren sich hurtig auf dem Schauplatz herum, worüber die Wand schier gantz in Stücken gehet. Peter Squentz suchet sie zu scheiden.

P. Sq.

Das müsse Gott im Himmel erbarmen! das ist die 3te Sau. Je, schämet ihr euch denn nicht für dem Könige? Meinet ihr, daß er eine Hundsfutte ist? höret auff in aller Hencker Namen, höret auff, höret auff, sage ich. Stellet euch in die Ordnung, sehet ihr nicht daß Thisbe herein kömmt.

Bullabutän tritt mit der zerrissenen Wand wieder an seinen Ort.

Thisbe.

Wo sol ich hin, wo komm ich her?
Ich sinne bey mir die Länge und quer
Mein gantzes Hertz im Leibe bricht,
Vertunckelt ist mein Angesicht,
Die Liebe hat mich gantz besessen
Und wil mir Lung und Leber fressen,
Ich weiß nicht, wie sie mir den Bauch
Gemacht so bucklicht und so rauch!
Ach Piramus du edles Kraut
Wie hast du mir mein Hertz zuhaut,
Ach! Ach! könnt ich doch bey dir seyn
Mein hertzes liebes Schätzelein
Ach, daß ich einmal bey dir wär!
Ja wenn die lose Wand nicht wär.

Cassandra.

Itzt wird es wieder über die arme Wand gehen.

Se-

Seren.

Ich möchte die Wand nicht seyn in diesem Spiel.

Thisbe.

Doch schau, was seh ich hier vor mir,
Ein Loch so groß als eine Thür.
Du liebe holdselige Wand!
Gebenedeyet sey die Hand,
Die ein solch Loch durch dich that drehen.
O könt ich doch nun Piramum sehen!
Doch schau! doch schau! er kommt gegangen
Mit einem Degen gleich einer Stangen,
Ich höre seine Sporne klingen,
Die Musik thut so lieblich singen,
Ach seht sein schönes kleines Maul,
Das grüselt wie ein Acker-Gaul.

Piramus.

Potz! hör ich da nicht Thisben sprechen?
Ich muß das Loch noch grösser brechen.

P. Sq.

Brecht den Teuffel eure Mutter, es ist ja vor zustossen und zubrochen genug.

Piram.

Liebste Thisbe sehet ihr mich nicht:

Thisbe.

O ja! du Königliches Angesicht.

Piram.

Wie gehts doch, mein tausend Schatz:

Thisbe.

Sehr wohl nun hier auf diesem Platz.

Piram.

Ach aber ach! ich bin so kranck.

Thisbe.

So legt euch nieder auff die Banck.

Piram.

Ach Thisbe helfft eh' ich verderb,
Und gar vor lauter Liebe sterb!

Thisbe.

Was schadt euch doch, wo thuts euch weh:

Piram.

Ich bin so heiß als Mertzen-Schnee.
Die Liebe macht mir wunderliche Possen,
Sie hat mich gar ins Hertz geschossen.

Ach ziehet mir aus den harten Pfeil,
Sonst sterb ich in geschwinder Eyl.

Thisbe.

Wol! wol! tretet nur für das Loch
Und hebt den Hindern wacker hoch,
Das ist ein Pfeil sich, lieber, sich.

Piram.

Ey! ey! ey! ey! wie schmertzt es mich!

Thisbe.

Gedult! Er wird bald hausen seyn.
Seyd ihr nun heil mein Zucker-Mündelein.
Sich lieber Pfeil bistu zu stoltz
Und reuchst doch wie Cypressen-Holtz

Piram.

Ich fühle warlich nicht viel Schmertzen;
Ey blaset auff die Wunde sonder Schertzen.

Thisbe.

Wie ist euch nun genung gethan?

Piram.

Ey setzt noch einen Kuß daran.

Thisbe.

Nun wol, ich hab es auch verricht.

Piram.

Nun fühl ich weiter Schmertzen nicht.

Thisbe.

Wer aber heilet meine Pein?

Piram.

Ich, ich mein Turteltäubelein.

Thisbe.

Ich habe geschlaffen mit offnem Mund
Und Cupido der schlimme Hund
Ist mir gekrochen in den Leib.
Ach weh! mir armen jungem Weib!

Seren.

Ich meinte es wäre eine Jungfrau?

P. Sq.

Es ist generaliter, das ist in lata significatione geredet.

Piram.

Gib dich zufrieden meine Seel,
Sobald der Mond aus seiner Höl'
Wird mit blutgelbem Angesicht
Auffpfeiffen sein durchläuchtig Licht,
So wollen wir beim Brunnen allein

Zusammen kommen und reden fein,
Ich wil euch euren Schmertz vertreiben,
Ihr sollet meine Liebste bleiben.

Thisbe.

Beym Brunnen hinter jenem End?

Piram.

Bey Nachbar Kuntzen Hoffgewend.

Thisbe.

Gott geb' euch unterdessen gute Nacht.

Piram.

Mein halbes Hertz im Leibe lacht.

Thisbe gehet wieder zurücke und spricht:

Ey Piramus, last euch nicht verdrüssen,
Daß ich euch anfänglich nicht konte grüssen.

Piram.

Verzeiht mir auch hertzliebe Magd,
Daß ich euch keinen guten Tag gesagt.

Thisbe kommt noch einmal zurücke.

Was mach ich indessen mit dem Pfeil:

Piram.

Steckt ihn in Schmeer in schneller Eyl.
So geschwillet nicht die Wunde mein.

Thisbe kehret wiederum.

Wie lange muß er drinnen seyn:
Ists gnug ein Tag zwey oder vier:

Piram.

Drey ist genug, das glaubet mir.

Thisbe.

Nun guten Abend biß auff die Nacht:

Piram.

Schlafft Liebste, biß ihr aufferwacht.

Eine Person siehet eine ziemliche Weile durch das Loch nach der andern, biß sich Piramus zum ersten verleuret.

Bullab.

Ade ich zieh' nun auch dahin.
Gott lob daß ich bestanden bin.
Ade, Ade zu guter Nacht;
Nehmt unterdessen nur in acht.
Ich bitte den König mit seinen Knaben
Er wolte mir nichts für übel haben.

Serenus.

Blasebalckmacher, hüte du dich, daß du darinnen nicht Händel mit dem Piramus anfangest, die Comödianten irre machest,

chest, und das Spiel verderbest, sonst wird der Thurm nach dir schnappen.

Bullab.

Ich habe nichts mehr zu sagen, Herr Peter Squentz hat nichts mehr auf meinen Zedel gemachet.

Bullabutän tritt ab, Meister Kricks kommt gegangen

Cassandra.

Behüt uns Gott, was sol dieses bedeuten?

P. Sq.

Tugendsame Frau Königin, dieser ist der Monde.

Theodor.

Ist dieser der Monde! und siehet so finster aus?

P. Sq.

Ja Herr, er ist noch nicht in dem ersten Viertel.

Theodor.

So wollte ich wünschen den Voll-Mond zu sehen, sage mir doch mein lieber Monde, warum hast du keine grössere Kertzen in die Laterne gestecket?

M. Kricks über und über.

Das Spiel ist kurtz, darum muß das Licht auch kurtz seyn, denn wenn sich Thisbe ersticht, muß das Licht ausgehen, denn das bedeutet, daß der Monde seinen Schein verlohren; das ist verfinstert worden.

Seren.

Wir sind aber berichtet, der Mond könne nicht verfinstert werden, er sey denn gantz voll.

M. Kr. über und über.

Das mag Herr Peter Squentz verantworten, denn diesem hat es also beliebet.

P. Sq.

Ja ein Narr kan mehr fragen, als hundert weise Leute antworten.

Violand.

Dafern dieser Mond verfinstert wird, wird es ein erschrecklich Schauspiel seyn.

M. Kr. über und über.

Freylich, aber haltet die Fressen zu, und höret was ich sagen werde.

Itzund komm ich herein gehuncken,
Ach lieben Leut ich bin nicht truncken,
Ich bin gebohren von Constant,
Tinopel ist mein Vaterland,
Ich fürchte es werd mir immer gehn,

Wie meinem Vater ist geschehn.
Derselbe hatte böse Füsse,
Und biß nicht gerne harte Nüsse.
Die Augen werden mir so tunckel
Sie sehen aus wie zwey Carfunkel,
Ich schmiede wacker frühe und spat
Und sage, Gott gib guten Rath,
Ich schmiede schlage tapffer zu,
Was ich thu muß mein Knecht auch thu,
Nun nehm ich an ein neuen Orden,
Und bin der heilige Mondschein worden,
Bey diesem Glantz sol Thisbe sich,
Erstechen dencket nur an mich,
So schein, so schein du lieber Mon,
Der frische Brunn kommt einher gohn.

M. Loll. Brunn. Fängt an zu singen.

Ich bin der lebendige Brunnen,
Pur, Pur, pur.
Ich habe Wasser gewonnen,
Im Winter und im Sommer,
Habt doch nur keinen Kummer,
Im Sommer und im Winter,
Ich habe Wasser vorn und hinter.
Purre, purre, purre,
Ich habe so gelauffen
Pur, pur, pur, pur, pur,
Es möchten alle ersauffen
Ihr könnt hier alle trincken,
Habt ihr nur gute Schincken,
Ihr könnt euch alle laben
Ihr sollet Wasser gnug haben
Pyr, pyr, pyr, pyr, pyr, pyr.
Aus meinen Cristallen Röhren
Per, per, per,
Könt ihr Wasser lauffen hören,
Ihr könnt Wasser hören springen
Nach meinem süssen singen,
Wie ich singe nach den Noten
So fallen die Wasser-Knoten.
Per per, per, per, per, per.
So lauff du helles Wasser
Lyri, lyri, lyri, lyri, lyri,
Ich bin fürwar kein Prasser.

Der Wassermann im Himmel
Macht kein so groß Getümmel.
Die Wasser-Lüß auff Erden
Mag nicht so schöne werden.
Lyri, lyri, lyri, lyri, lyri.

Theodor.

Diesen Wassermann solten billich alle Calendermacher ad vivum in ihre Wetterbücher setzen lassen.

Seren.

Ihr Liebden? der Herr Vater kan ihm pension an präsentiren, vielleicht läst er sich in unsern Lustgarten verdingen.

Cassand.

Was ist das vor ein Thier in der grünen Decke?

P. Sq.

Das ist der grimmige Löwe.

Eub.

Ey, man hätte ihm billich einen Zettel sollen anhefften, daß er zu nennen wäre gewesen.

M. Kl. G.

Ihr lieben Leut erschrecket nicht.
Ob ich gleich habe ein Löwen Gesicht,
Ich bin kein rechter Löw bey traun,
Ob ich gleich habe lange Klaun. (monstrat manus)
Ich bin nur Klipperling der Schreiner,
Ey lieber glaubts ich bin sonst keiner.
Hie ist mein Schurtzfell und mein Hubel.
Macht doch nicht einen solchen Trubel. (monstrat praecinctorium)
Ich bin ja doch ein armer Schinder,
Ich habe das Haus voll kleine Kinder,
Die mir mit ihren Brodtaschen
Das Geld in zwölff Leib vernaschen;
Die grosse Noth hat mich hieher getrieben,
Es wär sonst wohl unterwegen blieben,
Drum hoff ich unser Herr König
Der werd itzund angreiffen sich.
Und uns armen Comödianten,
Dafern wir nicht bestehn mit Schanden
Eine kleine Verehrung geben,
Deßwegen tragir' ich den Löwen.

Theodor.

Der Löwe kan bey Gott seine Nothdurfft wol melden, wir hören in dieser Comedi, was unser lebenlang weder vor Gesichte noch Ohren kommen; sage Löwe hast du noch viel zu reden?

M. Kl. G.

Nein, ich muß nur brüllen.

Thisbe.

Gott Lob, die süsse Nacht ist nun kommen!
O hätt' ich doch nun meinen Piramus vernommen,
Wo find ich ihn: wo ist er hin:
Nach ihm steht all mein Hertz und Sinn.
Ey Piramus mein Auffenthalt,
Ey bleib nicht lange! komm nur bald,
Bey diesem Brunnen wird erscheinen,
Noch eher als man wird vermeinen,
Ich wil mich hier was niedersetzen,
Und mich mit stiller Ruh ergetzen.
Hilff Gott, was seh ich hier vor mir,
Ein grimmer Löw, ein böses Thier!

Der Löwe fänget an zu mauen wie eine Katze.

Thisbe.

Hier bleib ich nicht es ist Zeit zu lauffen!
O Himmel, ich fall über den Hauffen,
O lieber Löwe, laß mich leben!
Ich wil dir gerne meine Schaube geben.

Sie wil die Schaube wegwerffen, kan aber nicht, weil sie zu feste angebunden, als sie endlich die Bänder zurissen, schlägt sie den Löwen um den Kopff, und laufft davon schreyend.

O weh, O weh! wie bang ist mir,
O hätt ich nur ein Trüncklein Bier
Mein mattes Hertz damit zu laben,
Mir ist als wer ich schon begraben.

Thisbe entlaufft, der Löwe stehet auff, nimmt die grüne Decke gleich einem Mantel um die Achsel, und die Schaube in die Hand und tritt neben den Monden.

M. Kricks.

Löwe, du möchtest nun wol hinein gehen. Weist du nicht, daß Herr Peter Squentz gesaget, es stehe seltzam und Bärenhäuterisch, wenn die Comödianten auf der Bühne stehen, selber zusehen, und Affen feil haben wollen!

M. Klipperl.

Nein, schau! was ist dir daran gelegen? Dir zu Trotz wil ich hier stehen.

M. Kr. über und über.

Du hast ein Maul, man möchte es mit Saudreck füllen. Gehe vor den Hencker hinein, oder ich wil dir Beine machen.

M. Klipperl.

Du lahmer Frantzösischer Schmied! Du wilst mir Beine machen, ich sehe der Comödi so gerne zu, als du oder ein anderer, Trotz dir gesaget!

M. Koll.

Haltet, haltet stille! ihr werdet mich umstossen, und mir das Wasser verschütten!

M. Kricks.

Was ist daran gelegen?

Der Mond schlägt dem Löwen die Laterne um den Kopff, der Löwe erwischet den Monden bey den Haaren, in diesem Getümmel werffen sie den Brunnen um, und zerbrechen ihm den Krug, der Brunn schläget beyden die Schärben um die Ohren, P. Squentz wil Friede machen, wird aber von allen dreyen darnieder gerissen, und bekommt sein theil Schläge auch darvon.

M. Koll.

Ey es ist schade um meinen schönen Topff, er kostet mich 8 weisse Groschen und 3 Heller.

P. Sq.

Friede, Friede, Pax vobis! schämet ihr euch nicht! haltet inn, haltet inn, Meister Mondenschein lasset gehen, Meister Brunn stehet auf. Haltet inn, sage ich, wer nicht auffhöret soll keinen Heller bekommen. Schämet euch vor ehrlichen Leuten. Meister Löwe von hier! von hier. Meister Mondenschein tretet wieder in die Ordnung, Thisbe holet einen andern Krug heraus. Meister Mondenschein lauffet geschwinde, und zündet das Licht wieder an: das war eine erschreckliche Sau!

Seren.

Der Mond hat den Löwen ziemlich beleuchtet, ich halte er werde morgen braun und blau aussehen.

Eubud.

Der Monde ist in dem Zeichen des Löwen gewesen, und wird vielleicht auch nicht leer ausgegangen seyn.

Violand.

Es ist eine erschreckliche Monden-Finsterniß in dem Löwen gewesen. Wir möchten wissen was sie bedeuten würde.

P. Sq.

Was soll sie bedeuten? Den Teuffel den Elenden! und gute Schläge.

Theod.

Wir stunden in Meynung, der Löwe würde auf der Thisben Mantel junge Löwen gebähren, wird dieses nicht auch zu sehen seyn?

P. Sq.

Meister Klipperling vermeinte, er hätte keine junge Löwen in dem Leibe, derowegen könte er auch keine aushecken.

Theodor.

Wie ists Herr Squentz. Wo bleiben die Personen? Wird niemand mehr hervor kommen?

P. Sq.

Ho! Piramus! Piramus! Piramus! ho! machet doch fort, wir müssen den König nicht warten lassen wie einen Narren.

Thisbe.

Piramus ist nicht hier. Er ist hinunter gegangen, und hat nur einmal trincken wollen. Darzu rieß es ihn so sehr im Leibe.

P. Sq.

Das wird wieder eine rechte Sau werden. Ey hertzer lieber Herr König, habt mirs doch nicht vor übel, ihr sehet ja, daß es meine Schuld nicht sey; herein Piramus, daß euch der Geyer wieder hinaus führe.

Piram.

Diß ist die fröliche Stund,
Darvon ich Thisbe deinen Mund
Recht küssen sol hinten und vorn,
Ich mein' sie sitzt bey jenem Born!
Wie werd ich dich mein Schatz umfangen
Nach dem mich lange thät verlangen,
Ist sie nicht hier bey diesem Born
Was hab' ich mich so viel verworn!
Eh diese Stund ankommen ist,
Nun wil ich kürtzlich sonder List
Sie fassen in den zarten Arm
Und drücken, daß ihr Hertz wird warm.
Wie ist daß nicht ihr Mantel hier,
Was gilts sie ist noch gar allhier:
O lieber Gott was sol das seyn!
Der Mantel blutet wie ein Schwein,
Daß man itzt abgestochen hat,
Helfft lieben Freunde, was nun Rath:
Ein grimmes Thier hat sie erbissen,
Mir ist als hätt' ich in die Hosen gesch=,
Du grimmes, böses wildes Thier,
Hättest du nur Dreck gefressen dafür,
So wer dirs Maul nicht fedrig worden,
Ey! Ey! das ist ein böser Orden,
Ey was werd ich nun erdencken!
Ich werde mich für Angst erhencken,
Ey nein, der Strick ist viel zu theur,
Der Hanff ist nicht gerahten heur,

O hätt ich meinen Degen bey mir
Mein Bauch den wolt ich geben dir,
Die Liebe hat mich so besessen,
Daß ich mein Schwerdt daheim vergessen.
Ich mag doch länger nicht hie bleiben,
Ich werde mich gewiß entleiben,
Ich lauffe mit dem Kopffe wider die Wand
Oder ersteche mich mit der Hand.

Er laufft und fällt über seinen Degen.

Nein lieber sich was sol das seyn,
Hab ich doch hier das Schwerdte mein.
Allons! nun ists mit mir gethan
Mein lieber Hals du must daran.
Es ist warlich schad um mich,
Frisch auff mein Hertz und dich erstich.

Er zeucht den Degen aus, wendet sich gegen den Zusehern und spricht:

Erschrecket nicht lieben Leute, ich ersteche mich nicht recht, es ist nur Spiel, wer es nicht sehen kan, der gehe hinaus oder mache die Augen zu, biß ich die schreckliche That verrichtet habe.

Nun gesegne dich Gott trincken und essen,
Ihr Birnen und ihr Aepffel, ich muß euer vergessen;
Ade Ade all alt und jung,
Der Todt thut nach mir einen Sprung.
Gesegn' euch Gott klein und groß
Der Todt gibt mir itzt einen Stoß.

Er ziehlet eine lange Weile mit dem Degen, hernach wendet er sich zu den Zuhörern und spricht:

Ey Lieber fürchtet doch euch nicht so, es hat nichts zu bedeuten. Seht, ich wil mich nur mit dem Knopffe erstechen.

Hernach macht er das Wambst auf, setzet den Knopff an die Brust, die Spitze an die Bühne, fällt nieder, stehet hernach wieder auff, laufft um das gantze Theatrum herum und fanget an.

Nun hab ich mich gethan vom Brod,
Seht Lieber seht, ich bin stein tod,
Ach wird Thisbe mich beklagen,
Ey Lieber, lassts ihr doch nicht sagen.
Ade mein Leben hat ein End
Hie fall ich auff Bauch, Kopff und Händ.

Er fället wieder nieder, heulet eine lange Weile, verkehret die Augen im Kopffe, und schweiget endlich, der Monden leschet sein Licht aus.

Theodor.

Das ist ein erschrecklicher Tod, wer ihn nur recht beweinen könte.

Thisbe.

Sage Mond, wo ist dein güldner Schein hinkommen,
Wie hast du so sehr abgenommen:
Vorhin warest du lieblich und klar,
Itzt bist du finster gantz und gar.
Wo werd ich den Piramus finden:
Ich seh' ihn noch nicht dort dahinden,
Ich habe mich so müde gelauffen,
Mich dürst so; möcht ich nur eins sauffen.
Ich wil ihn suchen in dem Graß
Dort bey dem Brunn; was ist das:

Sie fällt über Piramum, stehet auf und besiehet ihn.

Hilff Gott! es ist mein Piramus.
Ich wil ihm stehlen einen Kuß,
Dieweil er schläfft in dieser Ecken
Und sich ins grüne Graß thut strecken,
So kan ich sagen unverholen
Daß ich ihm einen Schmätzerling abgestohlen.

Sie küsset ihn, Piramus schnappet nach ihr mit dem Maul.

Thisbe.

Schaut Lieber wie ist er so kalt,
Und hat so eine bleiche Gestalt;
Schaut wie ihm hangt der Hals und Kopff
Ach er ist todt der arme Tropff!
Ey lieber, er hat sich erstochen
Fürwar ich hab es wol gerochen.
Ach, ach, ach, ach, was fang ich an!
Ach Thisbe was hast du gethan.
Die Haar wil ich ausrauffen mir,

Sie greifft unter die Armen. (ridet.)

Und dich beweinen für und für,
O Piramus du edler Ritter,
Du allerschönster Muscowitter,
Ey Piramus bist du denn todt:
Ey sage mir doch für der letzten Noth,
Nur noch ein einiges Wörtlein.

Piram.

Ich habe nichts mehr in meinem Zebelein.

Violand.

Das gehet noch wol hin, wenn die Todten reden können.

P. Sq.

Bey S. Stentzel, Piramus ihr seyd ja todt, schämet euch für dem Teuffel! ihr müßt nichts sagen, sondern stille liegen wie eine todte Sau.

Piram.

Ja, ja, ja ich wils schon machen!

Thisbe.

Was mach ich denn nu auff der Welt:
Ich achte nun kein Gut und Geld.
Ich werde mich wol auch erstechen
Oder mir ja den Hals entzwey brechen.
O hätt ich nur den Pfeil allhie,
Ich stäche mir denn in die Knie,
Doch er ist weit daheim in Schmeer
Schaut, hier liegt Piramus Gewehr.
Gute Nacht liebes Mütterlein
Es muß einmal gestorben seyn;
Gute Nacht lieber alter Vater,
Ihr allerschönster grauer Kater.
Mein Piramus ich folge dir
Wir bleiben beysammen für und für,
Abe mein liebes Mäuselein,
Ich steche mich in mein Hertzhäuselein.

Sie sticht sich mit dem Degen unter den Rock, wirfft hernach den Degen weg, und fällt auff Piramum, spricht:

Schaut alle, nun bin ich verschieden
Und lieg' allhier und schlaff' im Frieden.

Piram.

Ey Thisbe, es schickt sich nicht also, die Weiber müssen unten liegen.

Cassand.

Erbärmlicher Zufall; ich habe gelacht, daß mir die Augen übergehen.

Violand.

Wer wird denn die Todten begraben?

Piram.

Wenn die Comödianten abgegangen sind, wil ich Thisben selber weg tragen.

Der Mond und Brunnen gehen stille davon, Piramus stehet auff, Thisbe springet ihm auff die Achseln, Piramus trägt sie mit hinweg.

P. Sq.

Vorhin war ich ein Prologus,
Jetzund bin ich der Epilogus.
Hiemit endt sich die schöne Comödie,
Oder wie mans heist die Tragödie,
Daraus ihr alle solt nehmen an
Lehr, Trost und Warnung jederman.

Lernet hier, wie gut es sey
Daß man von Liebe bleibe frey.
Lernet auch, wenn ihr habt eine Wund
So zieht den Pfeil hinaus zur stund,
Und stecket ihn in eine Pechmeste,
So heilt es bald, ihr lieben Gäste.
Das ist fürwar eine schöne Lehr.
Ey lieber sagt, was wolt ihr mehr:
Doch tröstet euch daß es sey schön,
Wenn man die Todten sih̄t auffstehn,
Ihr Jungfrauen nehmet diß in acht,
Und diese Warnuug wol betracht;
Daß wenn ihr im Graß schlaffen wollt,
Ihr nicht den Mund auffmachen sollt,
So kreucht die Lieb' euch nicht in Hals,
Die Liebe die verderbet all's.
Weiter sol sich auch niemand wundern,
Das Wand, Löw, und auch Brunn besondern,
In diesem Spiel haben geredt,
Mit wolbedacht man dieses thät,
Der Kirchen-Lehrer Aesopus spricht
Daß ein Topff zu dem Topff sich gericht
Und ihm Gesellschafft angetragen
Aber der eine wolts nicht wagen,
Auch narriret der Löw den Schafen
Und thut sie um Muthwillen straffen;
Derhalben kan es gar wol seyn,
Daß hier redet, Löw und Brunnen fein:
Daß wir es so gerichtet haben,
Daß ein Todter den andern begraben,
Dasselbe ist geschehen mit Fleiß,
Mercket hievon was ich weiß,
Ein Christe trug einen todten Juden,
Den sie ihn auff die Schulter luden,
Und als er nun gieng seinen Weg
Kam er zu einem engen Steg,
Beym selben stund ein tieffer Brunn,
Der Christ war heiß vom Jud und Sonn,
Drum wolt er trincken frisches Wasser,
Aber der Jude, der lose Prasser,
Ueberwug und zog so fein,
Den Christen mit im Brunnen nein,
So hat der Todte Jude begraben,

Den lebendigen Christen-Knaben,
Drum glaubt daß man es wol erlebt,
Daß ein Todter den andern begräbt,
Es sey Winter, Sommer oder Lentz,
Wündscht euch zu guter Nacht der Schulmeister und Kirchschreiber zu Rumpels-Kirchen Herr Peter Squentz.
Telos, Amen, dixi, finis, Ende.

Theodor.

So hat nun diese Tragödie ein Ende.

P. Sq.

Ja Woledelgeborner Herr König, und mangelt nichts mehr als das Tranck-Geld.

Theodor.

Wie wenn wir es mit demselbten Actu machten, wie ihr mit der Geburt der jungen Löwen? das ist, denselbten gar ausliessen.

P. Sq.

Ey das müste der Teuffel haben! Ey Herr König, was narret ihr euch viel? Ich weiß wol, ihr könnets nicht lassen, ihr werdet uns ja was geben müssen?

Theodor.

Herr Sq., wir sehen daß euch bißweilen Witz gebricht.

P. Sq.

Vester Juncker König, Geld auch.

Theodor.

Nun wir wollen sehen, wie der Sachen zu rathen. Lasset uns hören, wie viel Säu ihr gemacht in euer Tragödie.

P. Sq.

Herr König ich weiß nicht wie viel ihr gezehlet habet: Ich kam mit der Rechnung biß auf zehen.

Theodor.

Was kostet eine Sau so groß als ihr in eurem Dorffe?

P. Sq.

Eine Sau? Eine Sau so groß als ich? die kostet, laß schauen, wie viel giebet man vor eine Sau? 12 auch 15 Gülden.

Theodor.

Nun saget mir: zehnmal 12, wie viel macht das Gülden?

P. Sq.

Bald, bald, verziehet, ich wil es in die Regul detri setzen, eine Sau um 15 Gülden, wie hoch kommen zehen Säue?

Er schreibet mit Kreide auff die Bühne, hernach fanget er an:

auff den Füssen kommen sie.

Seren.

Es fehlet nicht um ein Haar, lehret ihr den eure Schüler nicht rechnen?

P. Sq.

Ja freylich Wolweiser Juncker, vor wen sehet ihr mich an?

Seren.

Was haltet ihr denn vor eine Weise?

P. Sq.

Wenn sie können 1 mal 1 ist eins, und 2 mal 2 ist sieben, so gebe ich ihnen ausgelernet, und mache sie zu Rechemeistern, so gut als Seckerwitz und Adam Riese.

Seren.

Diß mögen vortreffliche Leute werden.

P. Sq.

So schlimm als kein Rentmeister.

Theodor.

Wol wol! Marschalck, man befehle dem Schatzmeister, daß man den Comödianten so vielmal 15 Gülden gebe, als sie Säue gemacht.

P. Sq.

Grossen Danck, grossen Danck lieber Herr König, hätten wir dieses gewüst, wir wolten mehr Säu gemacht haben. Doch ich höre wol, wir bekommen nur Tranckgeld für die Säu, und für die Comödi nichts. Aber es schadet nicht. Wir sind hiermit wohl vergnüget. Gute Nacht Herr König. Gute Nacht Frau Königin: Gute Nacht Juncker, gute Nacht Jungfer, gute Nacht ihr Herren alle mit einander, nehmet vor dieses mahl mit unsern Säuen vorgut, auf ein andermahl wollen wir derer mehr machen, und so grosse, als der grösseste Bauer, der unter dem gantzen Hauffen gewesen.

Theodor.

Kurtzweils gnug vor diesen Abend, wir sind müder vom Lachen, als vom Zusehen. Daß man die Fackeln anzünde, und uns in das Zimmer begleite.

Dan. Casp. von Lohenstein.

Geboren 1638, gestorben 1683.

Daniel Caspers
von
Lohenstein
IBRAHIM BASSA.
Trauer-Spiel.

Spielende Personen.

Soliman. Türckischer Käyser.
Roxolane. Seine Gemahlin.
Ibrahim. Türckischer Groß-Vitzier.
Isabella. Dessen Gemahlin eine Fürstin von Monaco.
Rusthan, Achmat } Zwey Bassen.
Hali Bassa über das das Meer und Schiffs-Flotte.
Mufti. Obrister Priester bey den Türcken.
Mustaphens Gespenst.
Asien.
Die gefangenen Christen.
Reyen der Vernunfft, der Begierde, und des Menschen.
Reyen der Sarazenischen Pfaffen.
Reyhen der Sinnen und des Schlaffs.
Reyen der Sanger.
Etliche Bassen
Die Janitscharen
Die Hencker und Stummen

Der Schau-Platz ist zu Constantinopel, die Burg zu den Sieben-Thürmen.

Das Trauer-Spiel beginnet des Morgens. und endet sich um Mitternacht.

Ibrahim Bassa.

Trauer-Spiel.

Asien wird in Gestalt einer Frauen von den Lastern angefesselt auf den Schau-Platz gestellet.

Weh! weh! mir Asien! ach! weh
Weh mir! ach! wo ich mich vermaledeyen;
Wo ich bey dieser Schwermuths-See,
Bey so viel Ach selbst mein bethränt Gesicht verspeyen;
Wo ich mich selbst mit Heul'n und Zetter-Ruffen,
Durch strengen Urtheils-Spruch verdammen kan,
So nimm dis lechzend Ach, bestürtzter Abgrund an!
Bestürtzter Abgrund! O die Glieder trieffen
Voll Angst-Schweiß! Ach des Ach's! der laue Brunn der dürren Adern schwellt
Den Jäscht der Purpur-Fluth! Mein Blut-Schaum schreibt mein Elend in den Sand!
Entthrönte Königin! entzepterte Beherrscherin der Welt!
Gestürtztes Asien! aus Ichts in Nichts und Staub verstobnes Land!
Ja wohl aus Ichts, als mein gekröntes Haupt,
Ein Haupt so viel gekrönter Häupter war;
Als ich noch mit Siegs-Palmen war belaubt,
Und aller Welt Gesetze reichte dar:
Als noch gesenckt zu diesen Füssen
Europens Haupt und Africa mein Zepter musten küssen:
Als mein Gebot wie Stahl und Gluth durchdrang,
Und Länder zwang.
Ach! aber ach! so hoch als ich beim Tugend-Gipffel
In Goldgestückten Kleidern stand;

So tieff hat sich das Spiel verwandt.
So starb mein Ruhm! so schlägt die Zeit die grünen Wipffel
Von den bejahrten Zedern ab.
Man schmückt mich ja noch wohl mit diesem Purpur-Rocke
Mit Infeln, Kron und Königs-Stab
Hals, Achseln, Händ und Haupt; wo man mit solchem Schmucke
Mich nicht nur spöttlich schminck, und äfft und geheih't
Doch auch gesetzt: daß dis Beschönungs-Kleid.
Mich nicht beschimpfft:
So trag' ichs doch nur zu Vermummung meiner Flecke,
Zur Brand- und Schandmahls-Schminck, und meiner Schalckheits-Decke
Wiewohl ich weiß: daß man die Nase rümpfft
Und Mäuler auf mich flennet,
Ich weiß nicht, wie? wohl nennet.
Und prächt'gen Schmuck, der aussen gleisst und schimmert,
Daß der Sere von den Wipffeln seidne Wolle drüselt ab;
Daß der Tyrer Schnecken-Farbe, Gangens Schaum-Schwolst Perlen hab;
Der Inde Gold; des bin ich nicht bekümmert.
Wird wer den Aussen-Glantz beym innern Glieder-Koth besehen,
Der wird mich viel verächtlicher noch schmähen.
Mich schmertzt's und ich beschmertz es auch mit diesem langen Seuffzer-Galme,
Wenn wie ich mich aus einem Traum und Qualme
Auf mich, als ich noch in der Blüthe war, besinn,
War ich nicht Asien, die gröst' und ältst' und schönste meiner Schwestern?
Hat Neid und Geifersucht mich für der Themis Richt-Stuhl können lästern?
Der Menschen Anherr hielt mich erblich inn'.
Hat alles All, den Ost und West, und Süd und Nord nicht schlüssen,
Mich selbst nicht offt mit seinem Glantz erfüllt,
Und sich selbst-ständig in mich ein verhüllt?
Lufft, Himmel, Erde, Meer, Gluth, Felder, Wälder, Klippen wissen
Mit stummer Zunge nachzusprechen:
Daß sie gesehn die Sonne stehn,
Gewölckte Feuer-Säulen gehn,

Die Felsen bersten, Klippen brechen,
Den Regen Brodt, die Wellen Mauern werden.
Weh! weh! mir Asien! ach weh!
Stund jemand auf dem Schau=Saal dieser Erden
So hoch gepflantzt zur Ehren=Höh?
Mein Mund hat Kirch und Volck den Gottes=Dienst gelehrt.
Die Welt hat unsern Arm als Kronen=Herrn verehrt.
Das zwölff=bekrönte Haupt, des Halses Alabaster,
Pflügt unter Gog und Magogs Joch.
Der freye Nacken ist verkoppelt an die Laster,
Für denen ich kaum athme noch.
Der Zepter und die Hand, die vor nichts mördrisch's mißhandelt,
Hat sich mir in Metall und blut=durstig Ertzt verwandelt:
Das dürre Hertze schwimmt in Flamm und Gluth;
Der Glieder Ketten schwirrn, die stählernen Gelenck erschüttern,
Der steinern=schwere Fußtritt und zerknickt durch sein Erbittern,
Die treuge Zunge leckt geliefert Blut;
Die welcke Seuge=Brust,
An die des Schöpffers Sohn der Schöpffer angehangen,
Giebt Hunger, Krieg und Pest, als Egeln, Molch und Schlangen
Vergiffte Lebens=Kost.
Geitz, Mord=Lust, Geld=Durst, Haß und was der Abgrund zeiget,
Wird all's an mir gesäuget.
Fragt Sterbliche, nach Kind= und Elter=Mördern,
Und die durch Dolch und Gifft, und Strang und Schwerdt,
Der Freunde Rey, und Brüder=Schaar begehrt,
Ins Bein=Hauß für bestimmter Zeit zu fördern.
Fragt, Fürsten, fraget nach, nach denen die die Klauen,
Umb Lust zu herrschen durch des Herrschers Brust gehauen.
Ach, tausend Würme wohl, die sich also beflecket,
Hat meine Schooß gehecket.
Ha! Blut=Hund, ha unmenschlichs Mensch! verzweiffelter Tyrann!
Durch=teuffeltes Gemüth! Ertz=Mörder, Solymann!
Ertz=Mörder! Ach! hab ich
Dich Tieger=Thier, dich Wurm, mit meiner Milch gesogen?
Hab! ich dich, Drache, mich zu fressen auferzogen?
Dich, Kinder=Mörder, dich?
Was stifftest du? du Greuel dieser Zeit!
Auf Ibrahims gerechten Kopff für Leid?

Blitzet ach! blitzet ach! Wolcken, und machet von den umfesselnden Lastern mich loß!
Donner ach! Donner! zerschlag und zersplitter jedes in einen zerdrümmerten Kloß!

Die erste Abhandlung.

Der Schau-Platz bildet ab das Kayserliche geheime Zimmer des Solymanns.

Solymann. Achmath. Hali, Bassa über das Meer.

Sol.

Ist kein Verfolgungs-Schiff noch nicht zurücke kommen,

Hal.

Man hat das minste noch, mein Kayser nicht vernommen.

Sol.

War Rusthans Schiff-Armee zur See besegelt wohl?

Hal.

Voll Volck und Zeug, wie man in solchen Fällen soll.

Sol.

Setzt ihm kein Nachdruck nach?

Hal.

Es ist in See gelauffen,
Was nur in Anckern lag. Der gantzen Kriegs-Schiff-Hauffen
Fast siebzig Segel starck.

Sol.

Umb daß die Menge sie
Zu mehrer Trägheit reitz't und uns der Feind entflieh'!

Hal.

Entfliehe? wem? wohin? des Kaysers langen Händen?
Aus Solymanns Gebit'! der biß zur Erden Enden
Mit Sieg und Schrecken herrscht.

Sol.

Ja herrscht wenn Ibrahms Flucht
Den Blitz des Bosphors tretzt.

Hal.

Er findet, was er sucht,
Wenn Ibrahms blutig Kopff auf Oßmanns hoher Pforte

Zum Schimpf gespißt wird seyn.

Sol.

Was freveln deine Worte?
Aufwiegler! ist dir wohl darzu dein Kayser gut?
Daß er, was ihm ein Knecht vorschwatzt, gehorchen thut?
Das du? dem, dem wir Reich und Leben schier zu dancken,
Aufbürdest eignen Haß.

Hal.

Der Argwohn der Gedancken
Verlöscht durch diese Fluth, wenn es mit Sclaven nicht
Bey dir verfänglich ist: daß er den Feind versicht,
Und für des Bassens Heyl beym grossen Sultan bittet.

Sol.

Hat dir Verwegenheit gantz dein Gehirn zerrüttet?
Welch Wahnwitz bleh't dich auf! Ha! unverschämter Hund!
Verdrüßlicher Vasall! vermag dein frecher Mund
Dem grossen Solymann Gesetze fürzumahlen!
Du darfst mir! soll dein Kopff mir deinen Frevel zahlen?
Du darfst mir! Aber schweig. Was ist denn Achmats Rath:
Das Solymann hierbey zu thun und lassen hat?

Ach.

Mein Kayser heischt zu viel.

Sol.

Pflicht-Schuldigkeit ein mehres.

Ach.

Darf ich, als Sclav und Knecht mißbrauchen des Gehöres
Des weisen Solimanns?

Sol. Des Solymanns,
Der dir zureden Urlaub giebt.

Ach. Wohl denn! weil Oßmann mir
Zu urtheile frey gestellt (Wiewohl an ein Entschlüssen
Des Käfers wird sich nicht der Adler binden müssen.)
So giebt mir die Vernunfft Bewegungs-Gründ' in Mund,
Zwar nicht fürs Flücht'gen Recht zu sprechen kurtz und rund,
Doch für sein Heil zu flehn. Hat Ibrahm sich versündigt
An seiner Majestät? Ists Ibrahm den verkündigt
Des milden Fürsten Hold, des grossen Reiches Rath,
Des leichten Pöbels Gunst, der siegende Soldat,
Der grossen Thaten Ruhm, das Kriegs-erlegte Persen,
Der Straffe Minderung. Man folg' ihm auf der Fersen
Mit Heer und Schiff-Flott' nach; man stell' ihn ernstlich dar
Fürs strenge Hals-Gericht; wird der Soldaten Schaar,

Wird der aufrührsche Kopff der wütenden Gemeine,
Sehn unbestürtzt vergehn, den, welchen auf die Beine
Zuvor der Kayser halff? Soll er gefessellt stehn,
So wird der Länder Ruh, des Kaysers Sieg eingehn.

Sol.

Die Unhold ärgsten Zorns, der Eifer ernster Rache,
Des Grimmes Mörder = Galm, die Undancks reiffe Sache,
Der freche Trotz, der uns steiff in den Ohren liegt,
Die Blut = Sucht des Gemüths, die aller Gunst obsiegt,
Und allen Liebreitz tilgt, das frevelnde Verbrechen,
Muß billigen das Beil, und nur den Strang gut sprechen.
Undanckbar Mensch! den wir vom Staub ans Licht gebracht,
Vom Kercker in Pallast; hast du den Arm veracht,
Den Arm, der aus Metall zum Purpur dich gezogen?
Und mein gantz Hertz gekränckt: daß Ibrahm dir gewogen,
Mehr, als mir selber war. Nein, red' es mir nicht ein;
Es kostet Ibrahm Hals; Nein Achmat, nein, ach nein,
Man trete, was uns tritt. Komm Haly nicht zurücke,
Es sey: daß Rusthan denn den blut'gen Kopff uns schicke.
Wo Ibrahim entwischt, und nicht den Zorn kan küln;
Soll Sultans strenger Fuß mit euren Köpffen spieln,

Rusthan. Solymann, Ibrahim. Isabella. Hali. Achmat. Die Gefangenen. Die Janitscharen.

Rust.

Großmächtigster Monarch, der Donner herber Rache,
Des rechten Himmels Schluß, der für den Sultan wache
Und seine Hoheit hält; der für des Oßmanns Kron,
Selb = selbst zu Felde zeucht, hat den verwegnen Hohn
Des frechen Ibrahims, durch seinen Knecht gerochen,
Durch Rusthans strengen Arm. Ich war erst aufgebrochen
Vom Bizantiner Port, als unsers Kaysers Heiß,
Und ernstes Dreu = Geboth, der starcken Rud'rer Fleiß
Mehr, als verdoppelte. Die steiffen Winde pfiffen
Die Segel günstig an, und sprachen unsern Schiffen
So Sach' als Nachsatz gut; der flücht'gen Jagt = Schiff kam
Uns gehling ins Gesicht, als schon der Feind wahr nahm
Bey Sest und Abid uns entwischend zu entkommen;
Da unsre Losung man im Blockhaus erst vernommen,
Und ihre Flucht verschnitt. Als ihr der Paß verrannt,
Hielt uns're Gegenpart aus Zwang verzweiffelnd Stand.

Des Ibrahms festes Schiff ward bald von uns besprungen,
Den wir aufs Kaysers Wort die Waffen abgedrungen,
Die Fessel angelegt; in welchen Solymann
Der frechen Hunde Trotz mit Ernste straffen kan.

Sol.

Mit Ernst und nach Verdienst. Was hat dich so vermessen
Undanckbar Mensch! gemacht? hast du, wer du, vergessen?
Und Bosphors Sonne sey? was hat dich angestrengt
Zu fliehn den man umsonst zu fliehn sich unterfängt?
Hat Stambul diß um dich, der aus dem Mord-Getümmel
Der Hencker, dich zum Glantz, zu seiner Hoheit Himmel
Mit gröstem Ruhm erhob; hat Oßmann diß umb dich,
Hat Oßmann diß verdient? der von dem Throne sich
Zu deines Kerckers Schimpff, zur Fessel-Schand' erniedrigt,
Treuloser! hat sich je ein Sclav, ein Knecht gewiedrigt
Zu herrschen über den, dem man gehorchen muß?
Zu tretten dessen Haupt, dem er doch unterm Fuß
Verschmachtend dienen soll? Schien dir Stambuldens König?
Schien Oßmann dir zu schlecht? schien Oßmann dir zu wenig,
Zu lieben, der dich liebt; und der zwar Kayser hieß,
Doch der dich mehr als Herrn, mehr seyn als Kayser ließ?
Mehr seyn, als Kayser! Könnt' ich mich denn mehr geringern?
War dir die Hand zu schwer, die dich mit linden Fingern
So sanfft in Schlaff' einwiegt? Die Sonne zu Bizanz
Zu tunckel? die dir gab als seinem Monden Glantz?
Was floh'st du? hatte dich die Ehrsucht so vergifftet?
Was für ein Mordstück war auf unsern Hals gestifftet?
Was für ein Fall-Strick war auf Stambuls Reich und Hauß,
Und Kron und Thron gestellt? Ha! itzt iß selber aus,
Was du dem Solimann für Gifft hast eingebrocket!
Hat Carl zu seinem Dienst, hat Carl dich hingelocket?
Kirrt dich Venedig an, und der Geneser Rath?
Daß du, was Oßmanns Stuhl, trotz Christ! trotz Persen hat!
Für Kräfft' und Heimlichkeit, verräthrisch mögst entdecken.
Komm, Carl! komm, komm! dein Kopff soll bald die Zähne blecken,
Und kreischen an der Sonn'; Wo schon die Blut-Fahn steckt,
Die jeden Christen-Hund, den Krieg und Todt entdeckt;
Die Marter, Ach und Angst.

Ibr.

Ha! Ibrahm wirds nicht scheuen;
Ich will noch so behertzt den harten Knoten käuen,

Der mich bald würgen wird; Ich will mit Hertzens-Lust
Dem stumpffen Dolch bestehn, auf der zernarbten Brust.
Ich will das scharffe Beil; Ich wil die Schwerdter küssen;
Den Hencker der mich bald wird sebeln oder spitzen,
Auf des Tyrannen Wort, so standhafft, so behertzt;
Als ich dem Celebes, der deine Dreuung schertz't;
Und deine Worte schimpfft', und deinem Heer obsiegte,
Den kahlen Kopff abhieb, den ihre Hoheit kriegte
Gefühlt in Sand und Blut, geworffen für den Thron!
Ich will mit so viel Muth erdulden Schmach und Hohn,
Als ich Schach-Tachmas Volck, Schach-Tachmas Heer bezwungen;
Und den bestürtzten Pers' aus Grantz' und Land verdrungen.
Dis will ich! ohne Frag': ob unrecht oder recht
Dein Ibrahim vergeh'; dein Ibrahim, der schlecht
Für Stambuls Füssen liegt; Nur dis mein Kayser, schmertzet,
Dis jammert mich, mein Fürst: daß der, der nie gestertzet
Aus Oßmanns Lieb' und Dienst, muß Mammelucke seyn
Und Ertzt-Verräther heist, und Aufruhr führen ein.
Daß der, der Persens Kron' auf Oßmanns Haar gehäuffet,
Nach Solimans Verdacht, auf Oßmann Schwerdter schleiffet,
Und auf Bizanz erherbt, und auf den Stuhl erhitzt,
Den er (es weiß es Gott!) mit Rath und That geschützt.
Gott weiß, der alles weiß: daß Ibrahm nichts gesponnen
Auf Oßmanns grosses Reich; daß Ibrahm nichts gesonnen
Verfänglichs grosser Fürst; daß Ibrahm durch die Flucht
Gott soll mein Zeuge seyn, nur sein Gemahl gesucht
Zu flüchten aus Gefahr, und diesen zu entrinnen,
Die noch voll Haß voll Neid, auf Ibrahm Netze spinnen;
Und ihn beym Solimann durch süsses Heuchel-Gifft
Verschneiden je und je. Wer ist, der sicher schifft,
Wenn die ergrimmten Wind' erboster Mißgunst brausen?

Rust.

Ich hör aus Ibrahms Hals' erlogne Antwort sausen
Umb Solimanns Gehör. Beschönest du noch dis,
Was hell und Sonnen-klar? Chaus Bassa schreibt gewiß
An Oßmanns hohe Pfort: Es sey zu Wien ankommen
Ein Türckscher Botschaffter, den Carl so angenommen,
Als keines Sultans nicht; mit dem er Tag für Tag
Geheim zu Rathe geh. Von wem er kommen mag,
Wird unsrer Botschafft selbst vom Kayser nicht entdecket.
Wer weiß: ob Ibrahim verräthrisch nicht verstecket

Liegt unter dieser Deck: ob er nicht heimlich Ränck'
Auf unsers Kaysers Stul, auf Stambuls Reich erdenck',
Und nach der Krone steh? auch hat nach wenig Stunden
Nach unsrer Rückkunft sich viel Volcks zur See gefunden
Das nicht gar weit von Sest die Ancker eingesenckt,
Und wie in einer Schlacht der Schiffe Rey umbschrenckt.
Kan der Verräther sie nicht ihm bestellet haben?
Denn als die Unsrigen vom Schlosse Feuer gaben,
Gieng alles mit Geheul und heiserm Kriegs-Geschrey,
Mit vollen Segeln durch, als wenn ihr Anschlag sey
Ein Schelm-Stück zu begehn, entdecket durch die Wache.
Was meinet Soliman?

Ibrah.

Ha! ungereimte Sache!
O gantz unscheinbar Schein! O Anklag' ohne Grund!
Hat dein verschlagnes Hertz, hat dein zwey-züngicht Mund
Was glätter nicht gewust die Lügen zu besalben?
Doch was bekümmerst du dich, Vogel, meinethalben?
Arglist'ger Schadenfroh! was geht es Ibrahm an,
Was Wien und Sest vermeldt? Gesetzt auch: daß was dran:
Daß Carl wiewohl es falsch, mit mir Verständnüs habe,
Daß Ibrahim nach Kron und Oßmanns Königs-Stabe
Ein geitzigs Auge werff? Hatt' er zum Aufruhrs Brand
Ins Kaysers Haupt-Stadt nicht mehr Mittel an der Hand,
Als fern von Stambuls Sitz' in weit entlegnen Ländern,
Durch der Soldaten Gunst, die kein Gelücks-Sturm ändern
Aus Ibrahms Diensten wird? Die gantze Heers-Krafft sieht
Auf mich und diesen Arm. Was hätt' ich mich bemüht —

Rust.

Dort desto sicherer dein Schelmstück zu vollenden.

Ibr.

Auf was für Weis' und Weg?

Rust.

Durch Kriegs- und Waffen-Macht.

Ibr.

Hat je ein Thor, ein Kind, so alber Ding fürbracht?
Gesetzt: Carl führe was auf Oßmanns Pfort' im Schilde:
Bedürfft' er mich darzu? was nutzet es, Gefielde
Bereichern mit Gehöltz? Carl hat wohl andre Kärl!
Doch allzu sorglichs Thun! Carl wird um diese Perl
Sich stürtzen in die See? Carl wird sich so verbrennen?
Laß ein gerüstet Heer den Posphor rings umrennen,

Und für Bizantz sich stelln; laß das geharnschte Meer
Mit Schiffen schwanger stehn. Hat man zur Gegenwehr
Nicht Zeug nicht Volck zur Hand? Der schon den Pers geschlagen,
Würd er von Kayser Carln geringern Ruhm wegtragen?
Doch Carl danckt selber Gott: daß er zu friede bleibt,
Nun sein einheimscher Krieg sein eigne Kräfft aufreibt.
Hätt auch ein Christen-Schiff (das du doch längest) gestern
Den engen Pont erreicht; Sie würden sich den Sestern
Für Maul und Nase stelln. Mein' Unschuld bricht an Tag;
Mein Kläger spricht für mich; Weil Rusthan mir nichts mag
Gereimtes bürden auf.

Sol.

Was spricht für dein Entführen?
Wer spricht für deinen Raub? könnt' es dir Hund, gebühren?
Zu stehlen, was für uns? zu nehmen was uns lieb?
Zu rauben was nicht dein? Ha! ungestümmer Dieb!
Und du auch, loses Weib! Bezauberin der Sinnen!
Unkeuscher Huren-Balg! Hat Oßmann dich nicht können
Bestelln in seinen Dienst? brach Oßmanns Gunst und Hold
Nicht dein verstocktes Hertz? Entliefst du, als er wolt'
Aus Koth und Asche dich auf Stuhl und Eh'Bett heben?
Laß hören was der Balg uns wird für Antwort geben;
Last hören, was sie spricht.

Isab.

Die Tugend spricht für mich

Sol.

Last hörn auf was für Art sie wird verreden sich.

Isab.

Die Unschuld, Ehr und Recht.

Rust.

Hier geht Gewalt für Rechte.

Sol.

Trug für dem Kayser dich dein Hertze zu dem Knechte?

Isab.

Mein Kayser, es trug mich für dem, den seine Brunst
Mich nur zu lieben zwang, und der durch seine Gunst
Mir blossen Haß anboth, zu meinem Eh-Gemahle.
Ich zog die Tugend für in dieser Liebes-Wahle,
Und stieß den Ehr-Geitz aus. Zwar Oßmann wieß den

Des Purpurs; aber ich nam Ibrahms Tugend-Krantz.

Sol.

Nimm itzt den Henckers-Strang.

Isab.

Der mich doch nicht berauben
Des Unschuld-Krantzes kan. Hielt Oßmann Treu und Glauben
Was er dem Ibrahim, eh' er in Persen zog,
Mit Hand und Mund versprach?

Sol.

Was ists, das ich dir log?

Isab.

Mein Kayser! er verhieß getreulich mich zu schützen.

Sol.

Hieß dieses nicht geschützt, auf Throne heissen sitzen?

Isar.

Auf Throne? wohl! wenn sie nicht Folter-Bäncke seyn.

Sol.

Wenn sie erwünschte Lust.

Isab.

Ach, wenn sie Ach und Pein!
Läst uns um rechte Flucht den Grimm der Sultan blicken?

Sol.

Weil ihr die Hold ausschlugt.

Isab.

Versprach mir doch zu schicken.
Mich ihre Hoheit heim, wo ja in einer Schlacht,
Mein Ibrahim käm umb. Soll, nun er Frieden bracht,
Und mit sieghaffter Hand aus Persien gekehret,
Uns beyden, mir und ihm der Heimzug seyn verwehret.

Sol.

Verwehrt! nun er verschertzt. Als ihr so frech und kühn
Zoh't unbeurlaubt weg.

Isab.

Wir musten also ziehn,
Weil die Vergünstigung vom Sultan nicht zu hoffen.

Sol.

Steht Zung' und Lästermaul dir nur zum Schwätzen offen?
Wer schreibt dem Soliman zu thun und lassen für?
Dem Unrecht Recht muß seyn; Und der Gesetze dir
Nach seiner Willkühr schreibt. Ist eine Satzung stärcker
Als Oßman, der sie setzt? Schleuß in absond're Kercker
Den Ibrahm ein nebst ihr; die andern schmiede man
Zum Rudern auf Metall auf den Galeeren an;

Laß weder aus noch ein jemanden von den Pöbel:
Daß der Gemeine Grimm nicht etwan einen Frevel
Und Aufruhr unterfang' auf Oßmanns Thun und Hauß.
Steck eine Todten-Fahn' an Sieben-Thürmen aus.

Isabella. Ibrahim. Rusthan. Achmat. Hali. Die Janitscharen. Die Gefangenen.

Isab.

O Urtheil herbster Rach! O unaussprechliches Wüten!
O strenger Ausspruch! ach! kan wohl der Blut-Hund schütten
Mehr Elend über uns? kan uns der Solimann,
Kan uns der Abgrunds-Fürst was grimmigers thun an?
Als bey so trüben Glück uns von einander scheiden?
Als kurtz für unsern Tod' uns nicht beysammen leiden?
O daß der Blut-Hund doch uns nicht bald strangeln läst!
O daß das Unthier uns nicht bald den letzten Rest
Im ersten Sturme gab! O daß man selbst nicht rennet
In Rusthans Sebeln eh', als er uns zwey zertrennet,
Die nur ein Hertze sind! daß man zugleiche nicht
Vergehn und leben kann! Ist was, das schärffer sticht,
Kan wenn sich herberer die Glückes-Gall erherben,
Als wenn man gerne stirbt, und doch nicht kan ersterben?
Zu was für Marter hebt, zu was für Henckers Quaal
Er beyde länger auf? Sinnt über Strang und Pfahl
Er neue Marter aus? kommt hauet mich in Stücke!
Zerfleischt die Glieder uns? Ich schätz' es mich für Glücke;
Ihr thut mir einen Dienst; kommt stoßt mich in die Brüst',
Biß Blut und Seel aussprütz'; Ich sterbe wie ein Christ.

Ibr.

Ich gleichfalls sonder Schuld! bekomm ich diß zu Lohne,
Hat dieser dis um dich verdient, der Persens Krone
Dir willig überließ? der Oßmanns Erb' und Sitz
Freymüthig unterschob den Nacken zu der Stütz'
Als er schon wackelnd hing, und halb zersplittert knackte;
Als Phrat und Tigers Greif nach Stambuls Monden hackte,
Die Blut-gewaschne Klau?

Rust.

Offt nimmt sich unser an
Ein Mörder nur darum: daß er uns tödten kan.
Ein Stoltzer dient: daß er zur Zeit herrsch' auf dem Throne.
Doch dir fehlts! Lerne nun: daß oft der Blitz nicht schone
Der Wolcke die ihn zeugt; indem dein Schelmstück dich,
Das uns galt, selber stürtzt!

Ibr.

wohl! er erdrücke mich!
Mein Fall fäll't ihn und euch; mein Kercker wird ihn stürtzen.

Rust.

Du kanst durch Fluch und Dreu'n, dir fein die Marter würtzen.

Ibr.

Dein Anschlag ist die Würtz.

Rust.

Gebt seiner Läster-Zung
Und Schmach nicht mehr Gehör. Er ist gehört genung.

Ibr.

Gehört doch nicht erhört! beschuldigt, nichts erwiesen!
Verdammet!

Rust.

Führt sie hin! und jeden unter diesen
Schlüßt auf die Ruderbanck!

Isab.

O Wort das wie der Blitz
Durch Marck und Adern dringt! O Wort! das einen Ritz
Durch beyder Seelen reisst! O Donner-Keil der Hertzen!

Ibr.

Mein Hertz ich bin dein Brunn und Ursprung deiner Schmertzen.

Isab.

Ich deines Untergangs! O! daß man uns wie sie
Eh' ins Metall verdamm, und an die Ketten zieh',
Als von einander trenn'!

Ibr.

O unglückhaffte Liebe!
Liebt Ibrahm sie mein Hertz, daß Ibrahm sie betrübe?
Verflucht daß ich geliebt! verflucht! verflucht bin ich!
Doch was gedenck ich? ach! reu't ihrer Liebe mich?

Rust.

Fort! fort! hier ist nicht Zeit: daß man die Zeit verschertze.

Isab.

Ade! mein Leben!

Ibr.

Ach! Ade!

Isab.

Mein Licht.

Ibr.

Mein Hertze,

Isab.

Mein Auffenthalt! ade! wir scheiden! ach! mein Licht!
Wir scheiden! gute Nacht!

Ibr.

Allein mein Hertze nicht,
Mein Hertze nicht, mein Sinn!

Isab.

Ade! zu guter Letzte!

Ibr.

Ich lieb', und ob man mich auf lichten Schwefel setzte.

Isab.

Ich lieb', und ob ich stürb'; Ach Jammer! ich vergeh!

Ibr.

Noch einen Kuß, mein Schatz!

Isab.

Noch einen Kuß! ade!

Achmet. Hali-Bassa.

Ach.

Ist Hali so behertzt, diß Traur-Spiel ohne Schmertzen
Und Thränen anzuschaun?

Hal.

Es geht mir tieff zu Hertzen
Und macht mich höchst bestürtzt, wenn ich den Fürsten stehn
In Stein und Eisen seh' und ins Gefängniß gehn,
Den ehegestern noch Bizanz mit Furcht und Zittern
Und Ehrerbietung prieß.

Ach.

So werden von Gewittern
Die Gipffel stets erschellt; wenn dis zufrieden bleibt,
Was in den Thälern kreucht. Das Elend mahlt und schreibt
Sein Tag-Register voll mit eitel Fürsten-Nahmen.
Wie daß dir vor so tieff nicht in Gedancken kamen
Die Thaten Ibrahims? So sieht man auf das Licht
Des Sonnen-Rad's so sehr bey heiterm Wetter nicht,
Als wenn ein Finsterniß den hellen Blitz versehret,
Und ihr Gesicht umbhüllt. Dieß neue Beyspiel lehret,
Was mir und dir fürsteht. War dir nicht kurtz zuvor
Kaum ein scharff Wort entfahrn, wie schon des Kaysers Ohr
Sich höchst verletzt befand?

Hal.

Sich stets in Fürsten schicken.
Wird mir, und dir, und nicht dem hundersten gelücken.

Ach.

Wohl! dis entschuldigt ihn, und spricht den Ibrahm loß.
Wenn mans beym Lichten sieht, ist nicht die Schuld so groß,
Als sie die Mißgunst macht; die, (kan ich anderst rathen)
Uns auch noch stürtzen wird. Vermögen Ibrahms Thaten
Nicht bis zu löschen aus, was ihn zwar was Verdacht.
Doch keine Schuld aufhalsst, und ihn zwar schamroth macht,
Doch durch kein Recht verdammt.
Was werden unsre taugen?
Die nur ein Schatt' und Schimpff, und Schertz in Oßmanns Augen?
Der Fürst reumt gar zu viel Platz für die Mißgunst ein;
Du siehst beym Sultan den am Brete wieder seyn,
Der nichts als Unglück stifft, und nur zum Schaden wachet;
Der durch Schmarutzen nur der Mord-Lust Flamm auffachet,
Das vor schon ohne Wind und neuen Zunder glimmt,
Und dem der nicht mit ihm in seine Pfeiffe stimmt,
Verdächtig und verhasst; wenn er ihn hinterm Rücken
Verschneidet wie er weiß.

Hal.

Doch kan man solchen Stricken
Durch Unschuld wohl entgehn.

Ach.

Die reinste Unschuld löscht
Offt diesen Fleck nicht aus; und der Verdient'ste wäscht
Sich nicht vom Argwohn rein.

Hal.

Man glaubet offt nicht ehe,
Doch argwohnt man, biß daß der Fürst denn gar vergehe.
All Unschuld bricht wohl aus.

Ach.

Uns lehrt des Bassen Fall
Daß Unschuld offt verdirbt.

Hal.

Sprichst du dem Ibrahm all
Von dem Verbrechen loß?

Ach.
Von diesem, daß den Kercker,
Wo nicht den Strang verdient.
Hal.
Sein Frevel ist viel stärcker
Als ich und du vermeint.
Ach.
Nicht stärcker, als Verdienst'
Und Tugend.
Hal.
Undanck nimmt den vorigen Gewinnst
Der ersten Wolthat weg.
Ach.
Kanst du ihn Undanck zeihen?
Hal.
Zwar ich nicht, Oßmanns Gunst.
Ach.
Wird Zwang sich zu befreyen,
Für Laster ausgelegt?
Hal.
Was zwang ihn zu der Flucht?
Ach.
Sein Wohlstand, sein Gemahl.
Hal.
Hatt' ers durch Bitt' ersuch't.
Ach.
Umsonst! man hätt' es ihm unfehlbar abgeschlagen.
Hal.
Wer konnt' ihm dis gewiß von so viel Zweiffeln sagen?
Ach.
Die Brunst, die Solymann zu Isabellen trug.
Hal.
Stand nicht die Ehr ihm ob, die solche Brunst ausschlug?
Ach.
Der Ehre Feuer war in Liebes-Rauch erstickt.
Hal.
Sie glomm noch in der Asch', und ward hieher erblicket.
Ach.
Itzt ist noch Stumpff noch Stiel nicht übrig mehr von ihr.
Hal.
Wer weiß: ob nicht ein Funck erst wieder kommt herfür.
Ach.
Kein Funcke kan, wo er nicht Nahrung hat, verbleiben.

Hal.

Wer weiß es, biß der Wind die Asche wird zerstreuben.
Wie leicht kan Zelebes dem Kayser fallen ein,
Und Tauris, die allein durch ihn bezwungen seyn.

Ach.

Vergebens! nichts ist ja, das alsobald verrauchet,
Und aus dem Sinn uns fällt, als Wohlthat; man gebrauchet
Ihr als des Rosen-Zweigs, der länger nicht beliebt,
Als weil er blüht und reucht.

Hal.

Des Ibrahms Gutthat giebt
Noch Solymann Geruch.

Ach.

Du glaub' es; Ich besorge;
Daß man dem Ibrahim den Tod und Strang nur borge.
Umsonst sieht der, auf den so mancher Sturm-Wind geht
Sich nach dem Hafen um. Wer auf der Schippe steht
Stürtzt leichtlich Kopff und Hals. Auf den ein Fürst gewendet
Vielfache Wolthat an, in eben selbten endet
Und fürchtet er sich auch. Des Neides Augen sind
Auf das Geläck' ein Luchs, auf die Verdienste blind.
Der Menschen Eyffer ist geartet mehr zum Schelten,
Zur Rach', als die Verdienst und Wolthat zu vergelten.

Hal.

Getrost der Wellen Sturm hat offt in Port gesetzt;
Der Nordwind hat offt mehr als lauer West ergötzt.
Der Dorn wird offt zur Ros', und unser Schmertz zum Schertze;
Der Fall erhöht uns offt.

Ach.

Du machst mir schier ein Hertze!
Es sey: daß sein Gemahl ihm denn im Wege stünd',
Und Oßmann neuen Brand aus ihrer Kält empfind:
Ich fürcht auch Roxelan' und Rusthan wird die Länge
Wohl schwerlich feyern mehr, biß Ibrahm wird die Gänge
Des trauten Mustapha noch auch gegangen seyn.
Doch bricht des Ibrahms Hals, bricht Oßmanns Thron auch ein.

Chor der leibeignen Christen.

Satz.

Die in erhitzter Schlacht,
Beherzt für Gott und Land die Hand voll Jahr beschlossen,

Die mit versprütztem Blut auch Seel und Geist vergossen.
Und Türck und Tod verlacht,
Kan man so billich nicht betrauren,
Als uns, die wir allhier in dieses Kerckers Felsen
Das Urtheil unserm Kopff', und Mordspruch unsern Hälsen
Erwarten und fürm Tode schauern.
Wird man uns auf Galeen schmieden?
In höllen-heissem Oele sieden?
Wird man uns braten an dem Pfahl?
Wird man in Mörseln uns zerstossen?
Wird man um uns're Köpffe loossen?
Wird man uns spiessen an den Stahl?
Wird man uns köpffen oder wird man uns erwürgen?
Wird man uns unsern Leib zersegen?
Auf Holtzstoß' und auf Röste legen?
Mit glüend rothen Kohln, und warmer Asch' umschürgen?
Will man Därm' und Lung', und Eingeweid' ausreissen,
Und um das blut'ge Maul die fetten Hertzen schmeissen?
O Höchster, kanst du sehn,
So deine Christen schmähn.

Gegen-Satz.

O ja, er sieht es wohl!
Und hat ein wachsam Aug' auf diese, die uns treten,
Und ihn durch uns verschmähn. Doch weiß er, wenn er retten,
Und wenn er helffen soll!
Der Ackersmann haut Sträuch' und Dörner
Nicht eher ab, biß er davon die Frucht beysammen;
Der Mohre wirfft nicht eh' in das Gestrittig Flammen,
Als er des reiffen Weyrauchs Körner
Hat abgelesen von den Aesten.
Also hilfft Gott zwar den Gepreßten;
Doch stürtzt er nicht Tyrannen eh',
Ob sie zwar ihm ein Dorn in Augen,
Und uns aus-ädern und aussaugen,
Als biß von ihnen Nutz entsteh;
Als biß er, wenn wir uns an ihm sich offt versündigt,
Durch sie, als Diener seiner Rache,
Als Bothen seiner muntern Wache
Hat seines Eyffers Grimm, und heissen Zorn verkündigt.
So dienen Schlang' und Molch, und Nattern offt den Aertzten,
Und ist ihr ärgstes Gifft für Gifft nur am bewerthsten;

Doch kurtz nach dem Gebrauch,
Stürtzt er Tyrannen auch.

Satz und Gegen-Satz.

Beherrscher über uns, und über unsre Fessel,
Wie lange peitscht uns deine Ruth?
Wie lange brennst du uns mit dieser Jammer-Nessel?
Wie lange wäscht im warmen Blut
Der wilde Blut-Hund sich, der dir vertrauten Christen?
Kan deine Langmuth noch die Rache länger fristen?
Erbarm dich über die!
Die Hand voll Volcks O Gott! gerechter Richter, wache!
Die für dir auf dem Knie
In Türck'schen Banden schreyn und winseln: Rache! Rache!

Die andere Abhandlung.

Der Schau-Platz verändert sich in den Kayserlichen Spatzier-Saal.

Solymann.

Ist Oßmann bey Vernunfft? Ist Solymann bey Sinnen?
Und weiß nicht was er läst noch thut?
Kan unser zweiffelnd Hertz noch Grimm noch Gunst gewinnen?
Noch Rache beugen unsern Muth?
Läst Eyffer und Verstand nicht ihren Fürsten wissen,
Weß er sich soll entschliessen?
Wohl! Oßmann wohl! erweg's; es steht dir beydes frey:
Ob mehr mit Schärff, als Gunst, hier zu verfahren sey?
Wohl! Oßmann wohl! erwegs! doch was ist zu erwegen,
In dem, was Rach und Recht gut spricht?
Verruchter! pflegt darum die Natter man zu pflegen,
Daß sie uns in die Ferse sticht?
Es ist nicht sicher, nein: der giffti'gen Schlangen Heucheln,
Und mit den Fingern streicheln;
Nicht sicher; ob man sie mit süsser Milch gleich tränckt;
Daß man sie auf die Schoß hebt, und an Hals ihm hängt.

Wohlan! verruchter Hund! Wohlan! weil unsre Güthe
Nur einen Drach' an dir ernährt;
Nur einen Wurm gesaugt; Weil dein verstockt Gemüthe
All' unsre Lieb' in Eiß verkehrt;
All unsre Gunst in Schmach; weil unser gutes Hoffen,
Im Undanck ist ersoffen;
Weil du die Huld ausschlägst, und uns giebst Fluch zum Danck;
So fühle Mord und Tod, und Pein und Henckers Strang!
Schaun' wir, treuloser Hund! dich Hund an, als Verräther,
Als Räuber, als entlauffnen Knecht;
Als flüchtgen Unterthan, als frechen Uebelthäter;
Spricht Wohlstand, Majestät und Recht:
Man muß dich auf den Pfahl, auf Brand = und Holtz = Stoß binden;
Ja wohl lebendig schinden.
Man muß um Oßmanns Lieb', um unsers Reiches Heil,
Ergreiffen Stahl und Spieß, und Säbel Dolch und Beil.
Man muß dich! aber ach? wer kan das Haupt verdammen,
Den Arm dem Hencker sprechen zu?
Der so viel Aufruhrs Brand', und so viel Krieges = Flammen
Gedämpffet zu des Reiches Ruh?
Dem Oßmann Kron und Stuhl, des Reichs verlängte Schrancken,
Ja Leben schier zu dancken.
Wer kan den Ibrahim verdammen? der durch Flucht,
Ihm nur mit dem Gemahl vergnügte Ruh gesucht?
Doch was erwegen wir? Wird und kan der wohl leben?
Der diese, die nur uns gebührt,
Und ohne welche wir in Angst und Seuffzern schweben,
Verräthrisch uns'rer Lieb' entführt?
Wen? um den Solymann in hitz'ger Sucht verweset,
Der unsre Lieb' ausbläset?
Kan der wohl lebend seyn, um den man gantz verdirbt?
Um welchen Solymann, so lang er lebet, stirbt?
Ach aber! wird uns wohl die Fürstin können lieben?
Die Fürstin? uns? die wir durch Blut,
Durch Ibrahims Verlust sie biß in Tod betrüben:
Gesetzt: daß ihre Liebes = Gluth
Des Bassen Blut=Bad ab aus ihrem Hertzen wäschet,
Und Oßmanns Grimm auslöschet:
Kan sie uns holder seyn, als an dem strengen Phrat,
Ein Tiger, dem, der es der Frucht beraubet hat?

O Zwietracht unsrer Seel, und der entsinnten Sinnen!
Wie? wenn man ihn beym Leben ließ?
Ach! würde sie sonst wen, als ihn recht lieb gewinnen,
So lang er nicht den Geist ausbließ?
Nein! nein! man sondert nicht das Unkraut von den Bäumen,
Weil seine Wurtzeln käumen.
Weil Ibrahm lebt und liebt des herben Hasses Quell.
Find't Oßmanns Lieb' und Flehn nicht bey der Fürstin Stell'
Er grimme rechte Rach! er sterb! er sterb! er sterbe!
Er sterb'! und kühle Stambuls Grimm.
Zum minsten tröstets uns: daß sie kein Liebs-Gewerbe
Nach dem erblaßten Ibrahim
Mit andern treiben kan, wird Oßmann sie nicht lencken,
Und wo sie ihn wird kräncken!
Ergrimme! Solymann! laß sie den Eyffer fühln!
Sein Mord, und ihr Verlust darff unsern Eyffer kühln!

Solymann Rusthan.

Sol.

Wohl! gleich zu rechter Zeit hast du dich eingestellet,
Hast du den Hund verwahrt? den Hund der uns vergället
Zeit Leben, Lieb' und Lust!

Rust.

Mein Fürst, es ist verricht.

Sol.

Wie stellt er sich? Schaust du ihm unter Augen nicht
Absond're Regung an?

Rust.

Ein frech' und keck Gebehrden;
Wie die, so ohne Schuld geführt zur Schlacht-Banck werden.

Sol.

Offt ists der ärgste Schelm, der bey der Folter sich
Am unverzagsten stellt.

Rust.

Der tücksche Dieb fuhr mich,
Doch mehr den Kayser an, mit ungestühmen Worten;
Als wie ein Ketten-Hund, der hutsam an der Pforten
Auf ieden billt und schnaubt.

Sol.

Was warff auf uns für Schmach
Sein Läster-Maul heraus? Rust. Mein Käyser gebe nach.

Daß ich mit diesem nicht den Sultan darff verletzen,
Was unwerth des Gehörs und des Erzehlns zu schätzen.

Sol.

Entdeck' es, was wir wolln.

Rust.

jedweder Ausspruch klang
Nach Lästern, Fluch und Dreun; Ja, iedes Wort-Glied zwang
Mich zur Erbitterung. Doch konnt' ichs so verbeissen.
Daß nicht mein Eyffer aus in Rache dörffte reissen,
Wiewohl der Hund gar leicht aus Stirn und Augen schloß,
Und aus der Zähne Knirsch, wie sehr es mich verdroß

Sol.

Laß hören, was er log.

Rust.

Er ließ sich frey verlauten.
Daß ihre Hoheit bloß auf seinen Rücken bauten,
Des Reiches Sicherheit; daß, wenn nicht er geschützt,
Schach-Thamas längst das Reich des Solymanns zerrützt,
Und ihn vom Stuhl gestürtzt. Ja, ihm sey's zuzumessen.
Daß Oßmann Käyser sey.

Sol.

Ha! Hast du Hund vergessen.
Wer du bist und wer wir?

Rust.

Noch eines: er gab für
Daß Constantinus Erb' und Reichs-Stuhl ihm gebühr.

Sol.

Ihm, Schelmen?

Rust.

Endlich schloß er also: Zwar er stelle
Es Oßmann gerne frey: Ob er ihn lieber fälle,
Als zu Genaden nähm! Allein, er müsse dis
Zuvor ihm offenbaren: daß ihn sein Fall gewiß
Auch kürtzlich würde fälln. Sein Dreun sey Blitz und Krachen;
Ein Wincken könnte Stadt und Reich aufrührisch machen;
Ja selbst den Solymann in Asch' und Grauß verkehrn;
Der Pers' und Türcke stünd ihm, wollt' er sie begehrn,
Gehorsam zu Gebot.

Sol.

O schwaches Mensch-Geschöpffe!
Was bläsest du dich auf! Ja, hättst du tausend Köpffe
Von festem Stein und Ertzt, sie müsten alle dran!

Schnautz' aber, wie du wilt, den grossen Welt-Printz an:
Doch geht dirs um den Hals. Der Monde kehrt ans Bellen
Sich toller Hunde nicht. Man pflegt es heim zu stellen
Dem Spieler, der verspielt: Ob er ein Blat zerreisst.
Wie spreußt der Käfer sich, kein todter Hunds-Kopff beisst!
Du thust uns kleinen Hohn! Wie? wenn wir es nicht wüsten?
Der Löwe wird sich nicht ob dieser Mauß entrüsten:
Bell' immer in die Lufft! Doch! wes Gesichte nahm
Sich an die Isabell', als es zum Scheiden kam?

Rust.

Sie that, mein Fürst, als wenn sie gar verzweiffeln müste.
Sie fiel ihn um den Hals mit beyden Arm und küsste
Mit Thränen sein Gesicht, und hielt sich fäst an ihn:
Daß man ihn mit Gewalt von ihr kaum konnte ziehn.
Es müst', ich selbst gesteh's, ein stähl- und steinern Hertze
Zugegen seyn gewest, dem sie mit ihrem Schmertze
Nicht Wehmuth hätt erregt. Er auch war anders nicht
Gebährdet, als ein Mensch, dem man den Hals abspricht
Ein mehrers! sie vermaß sich ihm, und er ihr wieder
Daß ihre Liebes-Gluth, wenn sie gleich ihre Glieder
Den Flammen werden solln auffopffern an den Pfahl,
Doch nicht verglummen würd:

Sol.

O neue Seelen-Quaal,
O Blut'ger Hertzens-Stoß! Erweicht noch Printz, noch Büttel,
Noch Schmach, noch Ehre dich? Wird auch durch dieses Mittel
Der Anschlag uns zu nichts, der nechst durch Lindigkeit
Uns auch zu Wasser ward? O trauriger Bescheid!
Durch was hat sie der Hund bezaubert und bethöret?
Daß ihr verstopfftes Ohr nicht unser Drangsal höret!
Daß unsrer Hoheit Glantz sie nicht verblenden kan.
Daß sie den Kercker mehr, als Oßmanns Stuhl sicht an,
Den stoltzen Sclaven küsst, den grossen Printz verlachet,
Den Käyser höhnisch hält, und den zum Mörder machet,
Zum Mörder, der sie liebt: daß er gezwungen thut,
Was ihm die Rach' einbläst; daß er ihr kreischend Blut
Auf blauen Schwefel-Loh, und Flammen lässt verzischen.
Wohl! lasst die Bitt' uns noch einmahl mit Dreun vermischen!
Wohl! lasst uns noch einmahl versuchen unser Heil:
Ob mehr der Hencker hab' an ihr, als Oßmann Theil.

Rox.

Wohin? Wie so bestürtzt? Mein Käyser was entdecket
Das traurige Gesicht? Welch neuer Auflauf stecket
Das Hertz mit Unruh an? Wünscht Solymann was mehr,
Als daß er endlich ihn sein Oßmanns-Pochen lehr?
Der, der des Fürsten Brust mit Unlust noch behäuffet,
Schwimmt in der Welle schon, biß sie ihn gar ersäuffet,
Und in den Grund verschlingt, so bald als Oßmann läst
Den letzten Zorn-Sturm loß, und ihn aufs Tod's Meer bläst.

Sol.

Ja blast, wenn uns der Wind von nichts würd' aufgehalten.

Rox.

Welch Anhalt ist so starck: daß man ihn nicht kan spalten?

Sol.

Der, der uns Hertz und Sinn, und Händ' und Glieder hält.
Auf dem Rach', Haß und Grimm mit Krafft zurücke prällt;
Wie die erboste Schwulst des Meer-Schaums an die Felsen.

Rox.

Was ists, mein Fürst? was ists, das den verdammten Hälsen
Das Blut-Gericht verschäubt?

Sol.

Der Rache Wiederspiel.

Rox.

Sie sind in Oßmanns Hand.

Sol.

Sie sinds: doch der so viel
Nicht Macht hat über sie, als da sie weit von hinnen.

Rox.

Wer wird dem Solymann die Hände binden können?

Sol.

Wer können? längst geschehn.

Rox.

Geschehn? Was nimmt, was reißt
Aus Stambuls Thürmen sie?

Sol.

Dis, was selbst Oßmann preist.

Rox.

Hat wer, der ihm vielleicht mit Mitschuld angekettet,
Und mit im Spiel gewest, durch Vorbitt ihn errettet?

Sol.

Vergebens!

Rox.

Hat sie denn der Pöbel loß gemacht?

Sol.

Nein auch nicht.

Rox.

Hat Betrug sie aus den Fesseln bracht?

Sol.

Sie irrt!

Rox.

Steht Mahomed, der Pers' vielleicht im Wege.
Daß seine Botschafft sich nicht in das Mittel lege?
Weil Ibrahms schlauer Fried' ihm schier sein Reich verehrt,
Daß Ihrer Hoheit hätt' nach Kriegs-Gebrauch gehört?

Sol.

Umsonst! was hätt' uns Schach hier thulichs fürzuschreiben?

Rox.

Und nun noch bis noch das, welch andre Gründe treiben
Den Käyser auf den Wahn?

Sol.

Wo nicht auf rechten Schluß!

Rox.

Auf rechten Schluß? Wenn man den Frevel lassen muß
Gantz ungestrafft hingehn? Wenn man dem Ertz-Verräther,
Dem Treu-vergessnen Hund, und ärgsten Uebelthäter,
Der Galg-und Rad verdient, noch durch die Finger sieht?
Daß er verdrießlich uns als Dorn in Augen blüht?
Kan ihre Hoheit dem, kan Rach' und Recht vergeben,
Der nach des Käysers Stuhl, ja nach des Käysers Leben?
Meyneidisch hat gezielt?

Sol.

Man argwohnts: aber bis:
Daß er das Käyserthum erhalten ist gewiß.

Rox.

Durch bis erhalten hat's der Hund ihm vorbehalten.

Sol.

Es sey ihm, wie ihm sey! Man heist ihn schlechts erkalten;
Und giebt nicht auf Verdienst, auf Stärck und Tugend Acht.
Kaz Bectas Nachkomm hat in solch Gebrang' uns bracht;
Die Türck'sche Heers-Krafft war meist flüchtig durchgelauffen;
Wir kämpfften rings umringt vom Chietager Hauffen;

Es hat uns Wach und Volck verlassen ausser ihn,
Wiewohl er als ein Sclav' an Ketten muste ziehn,
Entwaffnet, ungeharnscht. Es ward nach uns geschmissen
Ein Spieß, durch welchen wir wohl in das Graß gebissen,
Wenn er von unsrer Brust ihn nicht vorbey geweist.
Er säbelt um uns her, auf die die uns umkreist,
Mit einem von der Erd ergriffenen Gewehre;
Biß er dem hin und her zerstreuten Türck'schen Heere
Ein Loß gab: daß zu stehn, sie könnten Sieger seyn.
Er drang auch in die Stadt sich mit dem Flücht'gen ein
Alleine sonder Hülff', und gab auf ihren Thürmen
Ein Zeichen unserm Volck, wo sie sey zu erstürmen.
Der Bassa-Sinan ward geschlagen biß aufs Haupt,
Als er mit uns zog heim; doch als wir ihm erlaubt,
Nur einen Zug zu thun, hat er mit seinen Fäusten
Des Zellibs Kopff zerkipt; Und die das Schwerdt uns weisten,
Stracks zum Gehorsam bracht. Was er in Persen thät
Erweist Karamide, Orphanzehf, Bagadet,
Wo er dem Solimann des Reiches Kron' aufsetzte,
Als uns der Calipha für Persens König schätzte.
Um nechsten Frieden-Schluß, als er durch Sieges-Hand
Den Bosphor und den Phrat, Sarg und Bizanz verbrannt,
Ist Stambul ihm wie Schah und Ulama verpflichtet.

Rox.

Durch neue Laster wird, mein Fürst, Verdienst vernichtet.
So viel, als er gemüntzt, verdient kaum also viel,
Als unsre Sultanin für die Erlösung willte;
Da ihn die Hencker schon zum Halsgerichte führten;
Ich schweige, mit was ihn für Ehren-Aembter zierten
Des Käysers Majestät.

Sol.

Selbst Oßmann spricht für ihn:
Selbst Oßmann, der ihn soll dem Hencker geben hin;
Der einen Augenblick verflucht, verdammt, verhönet,
Den andern lieber ihn verehrt, begnadigt krönet,
Bald Gunst, bald Strang spricht zu.

Rox.

Wo nicht mein Fürst, das Flehn
Der die er liebt verschmäht; so laß mein Käyser den,
Der nur auf Oßmanns Stuhl, auf unser Ungedeyen,
Und beyder Tod umgeht, die schwartze Seel ausspeyen,
Den schuldgen Kopff abhaun. Es wird, mein Solimann,

Wo Ibrahm lebend bleibt, bereun, was er gethan,
Verfluchen Stund und Tag, an dem er nicht gewüttet
Auf dieses Unthier hat; wenn Stambuls Reich beschüttet
Mit Flamm und Aschen seyn, mit Leichen überdeckt,
Der Stuhl in Grauß zermalmt, die Burg in Brand gesteckt,
Und uns sein heimlich des Meineids auf wird reiben;
Uns, die wir mit der Gluth nur Spiel und Kurtzweil treiben.

Sol.

Es sey denn, was sie wil stracks bald in Eil verricht!
Prinzeßin, der wir Macht was abzuschlagen nicht.
Geh! Rusthan, lad ihn uns zum schwartzen Todten Essen,
Und Mord=Tranck: weil hier nichts gebräuchlichs zu vergessen.
Du solst auch, wenn er sich gesetzt an Hali Seit
Zur Tafel haben wird, das lange Sterbe=Kleid
Selbst überreichen ihm, sammt den schwartz=seidnen Strängen.
Itzt laßt uns etwas nach des Hertzens=Schwermuth hängen.

Solymann.

Der Schluß ist nun gemacht! das Urtheil ist gefällt!
Wo nicht ein ander schon den ersten Schluß aufhält!
Der Schluß ist nun gemacht, auf Ibrahms Hals und Rücken!
Auf Ibrahms Kopff und Blut! den mag der Hencker drücken.
Den mag die Rach in Koth vertreten welchem wir
Mit unsrer sanfften Hand zu harte kommen für!
Er sterbe! Nein, nein, nein! umsonst! in Eyl verhetzet,
Aus Anreitz, Unbedacht, gesprochen! Freundschafft setzet
Uns andern Vorsatz für. Wir widerruffens gar;
Wir stossen alles umb, was vor geschlossen war.
Wir schieben alles auf, in Willens vor zu wissen,
Was sich noch gegen uns wird Isabell entschlüssen.

Reyen.

Der Begierde, der Vernunft, des Menschen.

Beg.

Diß ist der Pfeil, und diß die Kertze,
Die mit begiergen Flammen kan
Des Menschen Glieder, Sinn und Hertze
Verzaubern und sie zünden an.

Vern.

Diß ist der Zaum und diß die Spritze,
Der wider deine Pfeile kämpfft;

Die der Begierde Flamm' und Hitze
Verlöschet, bläset auf, und dämpfft.
Dis ist die Gluth, die alle Glieder,
Und alle Sinnen nimmet ein.
B.
Auch meinem Zaume folgt ein jeder,
So viel ihr in den Menschen seyn.
B.
Die Nieren zünd' ich an mit Lieben;
B.
Ich mit erfreuter Tugend=Brunst.
B.
Verstand führ' ich zum Wollust üben;
B.
Ich zu tieffsinn'ger Künste=Gunst.
B.
Das Hertze zu der Hochmuths=Throne;
B.
Ich zu der hohen Demuth Glantz.
B.
Das Haupt zur stoltzen Ehren=Krone
B.
Ich zu dem grünen Weißheits=Krantz.
B.
Die Augen zu verbuhlten Blicken;
B.
Ich Gottes Wunder zu beschaun.
B.
Die Hand zum geilen Wangen=Drücken
B.
Ich etwas nutzbars zu erbaun.
B.
Die Ohren zum Syrenen=Klange,
B.
Ich selbst des Höchsten Wort zu hörn.
B.
Die Zung zu Lust und Schertz=Gesange,
B.
Ich Gotts=Dienst, Artzney, Recht zu lehrn.
B.
Die Lippen zu unkeuschen Küssen;
B.
Ich sie zu Gottes Preiß zu rührn.

B.

Das Fleisch der Geilheit zu geniessen;

B.

Ich die Geschlechte fortzuführn

B.

Die Kräffte zu großmüth'gen Zwingen;

B.

Ich für Gefahr zu schützen sich.

B.

Den Fuß zum Tantzen und zum Springen,

B.

Ich hin und her zu tragen mich.

B.

Mein Pfeil trifft durch die Arten-Zeugung,
Auch Frücht' und unvernünfftig Vieh.

B.

Ich auch weil die Gebuhrts-Zuneigung
Mir von sich selbst erspart die Müh.

B.

Begierd ist von Natur gezeuget,
Den meisten Welt-Geschöpffen an.

B.

Wohl! Wenn dich die Vernunfft nur beuget,
Und aus dem Grund ausrotten kan.

B.

Begierd' ergötzt mit tausend Lüsten,
Und giebt Vergnügung, Starck und Krafft.

B.

O schlechte Lust! wenn aus dem Süss'sten
Bald Galle wird, und Wermuth-Safft.

B.

Ich schantze meinen Kindern Tittel,
Schätz', Ehre, Zepter, Infel zu.

B.

Und bist bald Henckers-Bub und Büttel,
In der Gemüther sanfften Ruh.
Du leit'st auf Wege die verborgen,
Du führst, und hast doch selbst den Staar

B.

Vernunfft sieht nichts als schwere Sorgen;
Sie hat Licht-heller Augen zwar;
Doch wo sie die Begierd anzündet,
Sieht sie wie durch ein Pflaster kaum.

B.

V.

Biß daß Vernunfft dich überwindet,
Und macht für Dunst der Sonne Raum.

B.

Begierd hat alles überflüßig,

V.

Doch ist sie nur an Mängeln reich.

B.

Begierd' ist reg', und keinmahl müßig.

V.

Sie ist dem Wetter-Hahne gleich.

B.

Mein Reich reicht über alle Reiche.

V.

Mein Reich ist Friede, deines Krieg.

B.

Mein Krieg find't nichts, daß ihm nicht weiche,

V.

Dein Krieg ist Flucht, mein Fried' ist Sieg.

B.

Ich krieche nicht wie du auf Erden,
Mein Ziel ist Sternen gleiche Höh

V.

Dein Himmel kan nicht höher werden,
Als wo ich mit den Füssen steh.
Mein tiefffster Ziel-Zweck ist der Himmel,
Dein höchster Gipfel Erd und Koth.
Dein Jauchzen ist ein Traur-Getümmel;
Geld, Ehre, Wollust ist dein Gott.
Mein Trauren Lust; Mein' Armuth Fülle,
Dein Wohlstand kräncket Trauer-Sucht;
Dein Will' ist leer und blosser Wille;
Dein Wunsch heckt Wünsch, und meiner Frucht.

Der Mensch.

Wenn der Erde Schatten-Kugel kömmt gerade zwischen ein,
Wird der Monde blaß, und machet schwartz der Sonnen-Gegenschein;
Wie viel finsterer erscheinet des vernünft'gen Menschen Hertze,
Wenn ihm die Begierd umnebelt der Vernunft Erleuchtungs-Kertze.
Wer der Begierde folgt, verbrennt in ihrer Gluth,
Verschmeltzt in ihrer Flamm, ersäufft in ihrer Fluth.
Wer sich mit der Vernunfft gedrangen Zügeln zäumet,

Der Fackel der Vernunfft sein danckel Hertz einräumet,
Und ihren Ancker senckt in der Gedancken Hauß,
Mit Ströhmen der Vernunfft, löscht die Begierden aus:
An dem wird die Begierd und auch ihr Pfeil nichts enden,
Den wird nicht die Begierd' mit ihrem Dunst verblenden;
Ihr Sturm-Wind wird ihn auch in Schiffbruch nicht gefährn,
Den wird nicht die Begierd in ihrer Gluth verzehrn.

Die dritte Abhandlung.

Der Schau-Platz verändert sich in der Isabelle Gefängniß.

Isabella.

Bestürtzte Sterblichen! die ihr die Hand voll Jahre,
In Lust und Jammer theilt, eh' ihr sie auf der Bahre
Nach Schuldigkeit legt ab; Elende! schaut uns an:
Ob der Geängstigste sich uns vergleichen kan?
Schaut! urtheilt: Ob ein Mensch im Schau-Platz dieser Erden,
Durch's Himmels Haß und Neid mehr kan geängstigt werden?
Schaut! Urtheilt: Ob ein Mensch, der sich durch herben Fall
In gleichem Elend weiß; Schaut! ob des Glückes Ball
Mit iemand trüber spielt! schaut! urtheilt meine Schmertzen,
Ob auch ein Donner-Keil des Trübsals mehr die Hertzen
Gerührt, zerschmettert hat! Die Thränen rühm ich nicht,
Die dis Gesicht benetzt, seit mich das Tage-Licht
Bestrahlet von Kind auf; was uns für Unglücks-Fälle
Zur Hand gestossen sind. Die erste Jammers-Quelle,
Die erste Schiffbruchs-Fluth, die uns durch ernste Noth
Fast gar zu Scheitern schmiß, und uns die Waffen both,
War der Grimbalder Haß zu den Justinianen,
Die biß zum Eltern sich zu den uhralten Ahnen
Schier unversöhnlich span. Als dieser Sturm vergieng,
Zog ein neu Wetter auf, das Lufft und Krafft empfing
Von dem Versöhnungs-Wind, der uns zwar einen Hafen,
Doch auch neu Unglück wieß; Als die mehr schlechte Sclaven,
Als edle Spinoler den Rudolph bey der Nacht

Mit stürmer Hand fieln an, und einer umbgebracht
Durch Ibrahms Spitze fiel; der sich aufs Vaters Seite
Stracks aus dem Zweykampff gab. Wie wohl nun von dem Streite
Der Väter Haß hört auf; so ward aus Stadt und Land
Doch mein Justinian durch unsern Rath verbannt.
Die tieffen Seuffzer sind von niemand zu ermessen
Die, als ich zu Monahc' hab' offt bethränt gesessen,
Mein jammernd Hertz' ausstieß; wenn ich die Brieffe schrieb
Dem Liebsten, ohne den ich Lieb' und Zeit vertrieb.
Doch, was erzehl ich dis! was war es, was beklaget,
Zu schätzen gegen dem, als mir an ihm versaget
War schrifftlicher Besuch, und uns die Julie
Dem Printz von Massaran zu geben zu der Eh
Durchaus entschlossen war; biß daß des Himmels=Güthe
Des Hertzogs Lieb' auffhob, aus Juliens Gebiethe
Und strenger Aufsicht nahm. Doch bald ward diese Lust
Mit neuer Pein vergällt. Es war uns nichts bewust,
Als daß Justinian Bestallung sollte haben
Ins Deutschen Kaysers Heer; doch erste Brieffe gaben
Uns Nachricht: daß er längst dem Kriegs=Ambt abgedanckt.
O Nachricht! wie hat uns die lange Zeit verlangt
Zu wissen: Ob mein Fürst schon todt sey, oder lebe.
Die Hand war stets geschickt: daß sie dem Jammer gäbe
Ein Ende durch den Tod. Doch nach so rauer Pein,
Schien einen Augenblick des Glücks geschminckter Schein;
Als meinen Ibrahim mit Freud' und Ehr=Gepränge
Gantz Genua nahm an, den Oßmann nach der Länge
Begnadigt heimzuziehn. O trauriger Verlust,
Als er nach kurtzer Zeit uns lassend, ziehen must'
Ins Türck'schen Blut=Hunds Dienst. Doch wie bey kühlem Mertzen,
Des Himmels Angesicht bald finst're Wolcken schwärtzen,
Bald auch die Sonne scheint; So handelt uns die Noth,
Als Rusthans nützlich Raub nach Solimanns Geboth
Uns nach Stambulden bracht', und uns nach Wunsch ergötzte
Mit Ibrahms Gegenwart. Doch, ach! was ich mir schätzte
Fürs günstige Gelück, das hat, ach! ach! ach weh,
Uns in den Jammer=Schlund, und in die Thränen See,
Uns in dis Schiffbruchs=Meer, uns in dis Trübsals=Feuer,
Ja diesen Tod gestürtzt! wo wir so schwer, so theuer
Bezahlen was erquickt; hat uns ein Tag ergetzt
Seit Ibrahim den Fuß in Persens Krieg gesetzt?

Mit was Erschreckniß hab' ich die erbosten Wellen,
Die mächtiger, als mich, mich schwaches Weib zu fällen,
Erduldet auf der Brust: Mit was Bestand hab' ich
Die Brust zurück gedrückt, durch welcher Flamm' an mich
Der tolle Sultan setzt'! Ach! Hencker unsers Lebens!
Ach Blut-Hund! ach Tyrann! hat Ibrahm dir vergebens,
Geleistet treue Dienst? hat Ibrahm dir so viel
Zu Lieb' und Nutz gethan: daß wir im Zweck und Ziel,
Itzt deinem Wüten seyn? Gott! mächtigster Erretter!
Fürst, aller Fürsten Fürst! Laß uns dis Unglücks-Wetter
Nicht gar in nichts verkehrn! wo nicht; hilff; daß der Nacht
Des Kerckers, uns der Tod geschwind' ein Ende macht.

Solymann. Isabella.

Sol.

Wir fragen noch einmahl: ob sie noch unverrücket
Harrt auf den alten Kopff; ob sie noch nicht geschicket
Zu dem, worzu wir ihr Bedenck-Zeit liessen zu?

Isab.

Bedenck-Zeit ändert uns nicht die Gewissens-Ruh.

Sol.

Was nicht Bedenck-Zeit kan, wird Schärff und Eyffer wenden.

Isab.

Wir wünschen aus der See in Tods-Port einzuländen.

Sol.

Dünckt Klipp' und Strudel sie ein froher Port zu seyn?

Isab.

Ja wohl! wir fahrn zur Ruh aus diesen Banden ein.

Sol.

Sie kan ein besser Wind zum Ehren-Hafen führen.

Isab.

Wenn wir durch diesen Port nur nicht den Port verliehren.

Sol.

Wie daß sie flüchtig ihn, ist er ein Port, umfahr'n?

Isab.

Weil die Gedancken uns auf einem bessern war'n.

Sol.

Wie daß euch der nicht taug, der besser ist als alle?

Isab.

Ich wil ihn, wo ich kan, umsegeln; Er gefalle
Wem er gefallen wil.

Sol.

Wie? wenn er euch denn muß?

Isab.

Er muß nicht, dem es nicht zu sterben ist Verdruß.

Sol.

Bedenckt wohl, was ihr thut! bedenckt, wo euch zu rathen!

Isab.

Es dünckt uns wohlgethan, was wir zuvor schon thaten.

Sol.

Bedünckts euch wohlgethan, wenn ihr den Kayser höhnt?

Isab.

Nein! wenn wir ihn verehrn.

Sol.

Wenn ihr den, der euch krönt,
Mehr, als zum Sclaven macht?

Isab.

Der uns in Kercker stecket?

Sol.

In der nur gifft'gen Haß des Kaysers Lieb' erwecket?

Isab.

Der Kayser feindet uns nur durch sein Lieben an.

Sol.

Der unser Demuth nur nährt ihren Hochmuths-Wahn?

Isab.

Des Kaysers Demuth schröckt uns mehr, als wenn er krachet.

Sol.

Die unser Bitt' und Flehn mir unverbittlich machet!

Isab.

Des Kaysers Bitt' und Flehn ist rauer, als ein Schwerdt.

Sol.

Der unser thränend Aug das Hertz' in Stein verkehrt!

Isab.

Des Kaysers Thränen dreun uns mehr, als Schwerdter schleiffen.

Sol.

Wohl! so lasst Strang und Pfahl, und Schwerdter uns ergreiffen!
Wohl! so lasst unsre Thrän' abwaschen euer Blut!
Weil, wie ihr sagt, der Tod euch so gelinde thut.

Isab.

Wir finden uns geschickt; Und wo wir den ja wissen;
So laß mein Fürst allein uns für den Ibrahm büssen,
Der nichts an dem hat Schuld, was Isabell' begeht

Sol.

Nichts Schuld hat? der, der uns allein im Wege steht?
Und einen Eintrag thut?

Isab.

Was hat er je begangen?

Sol.

Auf was für einer That ward er mit euch gefangen?

Isab.

Auf der, zu der ihn Noth und Recht gedrungen hat.

Sol.

Fand Wollust mehr bey ihm als der Gehorsam statt?

Isab.

Bey Schiffbruch und Gefahr, ergreifft man zu entkommen,
Bret, Holtz und was man kan.

Sol.

Es ist nun fürgenommen:
Daß sie mit einem Wort sich rund entschliessen soll.

Isab.

Wir thun, was Tugend heisst.

Sol.

Bedenckts bey Zeite wohl:
Daß Oßmann, der sie bitt', ihr Macht hat zu gebieten.

Isab.

Indem nicht, wo er wil recht handeln und nicht wüten.

Sol.

Daß Oßmann, der sie liebt, der Liebe würdig sey.

Isab.

Liebt uns der Kayser denn, so mach' er uns doch frey.

Sol.

Sie soll den Kayser selbst ihr zum Leibeignen haben.

Isab.

Dis heisst mit Ketten, nicht mit Freyheit uns begaben.

Sol.

Kan der ihr, der so bald sie zu Monac' verließ,
So viel am Wege stehn?

Isab.

Selbst ihre Hoheit prieß
Den, der auch Preisens werth: daß er die nachgesetzet,
Die er doch mehr als sich, mehr als die Welt geschätzet,
Der Zusag' und dem Eyd.

Sol.

Wir preisens zwar als gut
Für uns, doch nicht vor sie.

Isab.

Wenn er mir Unrecht thut,
Dem Kayser wohl; Warum strafft er ihn unsertwegen!

Sol.

Weil auch der Kayser will der Fürstin Wohlfahrt pflegen.

Isab.

Ach! dis ist nicht gepflegt, wenn den mein Fürst betrübt
Den Isabelle mehr, als selbst ihr Leben liebt!

Sol.

Liebt sie den Ibrahim mehr als ihr eigen Leben;
Wohl! so kan sie hierdurch ihm stracks die Freyheit geben.

Isab.

Die Freyheit? wie! durch was?

Sol.

Wenn sie den Kayser liebt.

Isab.

Was nützt es? wenn man dis für ihn zur Beute giebt?
Das wir so gerne nicht, als Seel' und Geist entbehren,
Und ohne daß ihm nicht wird Ibrahim begehren,
Zu leben frey zu seyn.

Sol.

Soll denn der Kayser eh
Sich selber bringen um, als daß sein Knecht vergeh?

Isab.

Der Kayser kan sich selbst mit sambt dem Knecht' erhalten.

Sol.

Nein Oßmann muß, wo sie nicht liebet, stracks erkalten.

Isab.

Und Isabelle wil, eh sie ihn liebt, vergehn.

Sol.

Itzt wird ihr Ibrahim den schwartzen Strang ausstehn.

Isab.

Es geh nun, wie es geh! Er wird's erfreuter leiden,
Als uns aus seiner Lieb' und Kaysers Dienst sehn scheiden
Doch ach! wo denck' ich hin? Ich führ ihn in die Noth,
Auf diese Schiffbruchs-Klipp', in Marter, Angst und Tod!
In diese Donner-Wolck, die über ihn ergrimmet!
Wo noch ins Kaysers Hertz' ein Freundschaffts-Funcken glimmet;
Wo Ibrahm ihm nur noch, mein Fürst, im Traum kommt ein;
Wo Ibrahms Thaten ihm nur nicht ein Eckel seyn;
Wo meine Thränen noch, mein Fürst, so viel verfangen;
So laß' er seine Magd die jüngste Bitt erlangen;

Die jüngste Bitt, mein Fürst; mein Kayser, er gesteht
Daß die, die es verschuldt, nicht Unschuld untergeh!
Was hat hie Ibrahm Schuld, wenn Isabelle sündigt?
Warum denn; daß man ihm, nicht ihr den Hals abkündigt?
Muß anders Rach' und Grimm auf seinem Kopff beruhn,
So last uns auch mit ihm —

Sol.

Wir wissen, was zu thun.

Der Schau-Platz verändert sich in den Kayserlichen Richt-Saal.

Ibrahim. Haly. Achmat. Rusthan. Etliche andere Bassen. Die Stummen. Der Aufzug zu der Todten-Mahlzeit.

Rust.

Nachdem die Majestät, die Rach' und Recht befestigt
Des grossen Solimanns, vom Ibrahim belästigt,
Gereizt durch deine Schuld, verletzt durch deine Flucht,
Durch deinen Untergang des Reiches bestes sucht;
Heisst seine Hoheit auch, den ich in Demuth ehre,
Dir reichen diesen Rock.

Ibrah.

Mein itzig Beyspiel lehre
Den Rusthan: daß sein Fall ihm sey so nah' als mir.

Rust.

Ich thu's vom Solimann, nicht von mir selber dir.

Ibr.

Wir wissens, was dein Maul uns fälschlich angedichtet.

Rust.

Weist du nicht: daß dich selbst dein Schelmstück hingerichtet?

Ibr.

Die Tugend wird durch Neid zum Laster offt gemacht.

Rust.

So spricht der, der sich selbst zu seinem Falle bracht.
Der Neid kan keinen nicht ohn Ursach' überschütten.

Ibr.

Wie kan ich, als ein Mensch, was menschlich ist verhütten?

Rust.

Steigt eine Flamm' empor, wenn sie nicht Nahrung find't?

Ibr.

Des schelen Neides Aug' ist des Gelückes Kind,

Rust.

Mißhandlung darff allein dem Neide Platz gestatten.

Ibr.

Wem Glück und Sonne scheint, den deckt auch Neid und Schatten,

Rust.

Der Geyer riecht ein Aaß, lebhaffte Leiber nicht.

Ibr.

Manch Hund billt, wenn ihm gleich offt gar kein Leid geschicht,
Der Neid blüht nirgends mehr, als wo die Tugend grünet.

Rust.

Der Neid kommt nicht so hoch der blosser Mißgunst dienet.

Ibr.

Manch starckes Last-Schiff geht zu Scheittern durch den Wind.

Rust.

Doch weiß man: daß ein Kahn noch seltener entrinnt.

Ibr.

Genung hiervon! genung! weg schlechtes Wort-Gezäncke
Wir nehmen diesen Rock, diß grimme Traur-Geschencke,
Zwar unerschrocken an, und scheun dis Mord-Gerücht'
Und schmähliche vergehn mit keiner Ader nicht.
Weil Unschuld und Verdienst, und unbefleckt Gewissen
Die Marter denen, die sie nicht verdient, versüssen.
Uns graust nicht vor dem Tod' und harten Hencker-Strang',
Weil unser Ehren-Ambt noch niemals bessern Danck,
Noch bessern Lohn verdient. Die roth-besprützten Wände
Von's Cassa Bassen Blut', in welchem seine Hände
Der durst'ge Sultan wusch, erinnern uns im Schlaff;
Daß bis uns heute trifft, was jenen gestern traff.
Doch schmertzt nichts minder nicht: daß Oßmann unserthalben
Mit diesem Schand-Fleck' ihm wird seinen Ruhm besalben:
Daß unser Blut ihm wird ein Brandmahl brennen ein;
Dem wir ob dieser Rach' dennoch nicht abhold seyn.
Noch schmertzlicher fällt uns, wenn wir die Neider sehen,
Die dieses Gifft auf uns mit steiffen Backen wehen,
Frolockend über uns, wenn unser Tod-Feind kan
Die Seel' uns sprechen ab, das Würgen künden an.

Die stille Mahlzeit.

Ibr.

Wohlan denn! lasst uns gehn die rauen Todten-Gänge;
Uns wird die saure Frist des Lebens nicht zu enge;
Weil Rusthans Ungedult uns zu verstehen giebt:
Daß Stund und Tod sey dar. Ist, daß uns Oßmann liebt,

Diß unser Bürg' und Pfand? dem wir mit Lieb und Treue,
Biß auf den Tag gedient? dem wir mit Stein und Bleye,
Und schwerem Stahl belegt, erhielten Leib und Geist,
Als ihn der Feind mit Tartsch, und Spieß und Schild umkreysst?
Uns? die wir gantz bedeckt bey der Niphaten Steinen
Das sändicht harte Land, mit Leichen, Hirn und Beinen?
Die wir mit Eisen, Helm und Harnisch, Stein und Schwerdt
Der Parthen Feld gepflügt, des Sophy Kron gewehrt,
Dem, der uns hier erwürgt mit den gedrangen Stricken:
Daß wir in eignem Schaum geronnen Bluts ersticken.
Wie wohl ist Mund und Zeit um dieses schwartze Band,
Um diesen Todten-Rock so treulich angewandt.
O hätte ja mein Blut des Sinans Durst gestillet!
O hätt' ich meine Seel' im Würgen ausgebillet!
O wär ein gifftig Pfeil durch Lung' und Hertz geschlippt!
O hätt' ein Persisch Beil mir Hals und Stirn zerkippt!
Doch lasst uns gehn! wohlan, du Schau-Platz meiner Siege!
Du Zuflucht, Schirm und Trotz der Kayserlichen Kriege!
Du aller Städte Stadt! und du, ihr Kayser auch,
Ade! dein Sieger stirbt! du, du durch mich in Rauch
Und in umschwermend Asch' und Grauß verkehrtes Persen;
Ade! dein Schrecken liegt! mein Siegs-Lob wird doch herrschen.
Und meiner Palmen Ruhm wird eingeetzet seyn
Den halben Marmeln, die von mir geäschert ein;
Dem Sande der noch naß von unser Feinde Blut,
Daß unsre Faust vergoß dem Solimann zu gut,
Ihr Freunde, gute Nacht! Ihr, die euch Mund und Hand
Und Hertze mir verknüpfft! Ade! mein Vaterland!
Vertraute Fürstin, Ach! zu guter Nacht! mein Leben!
Der wir dis letzt' Ade mit schweren Seuffzern geben!
Mit schweren Seuffzern, Ach: Man lasse diese Gluth
Des Sultans löschen aus allein durch unser Blut;
Und lasse sie nicht des, was Ibrahm büsst, entgelten;
Soll der erblasste Geist nicht eure Mord-Lust schelten.
Denn strenges Blut-Recht jagt aus seiner Grufft herfür.
Ihr alle, die ihr mich bestürtzt schaut, und was mir
In euer Gegenwart für Jammer itzt begegnet,
Seid von mir allesammt zu guter Nacht gesegnet!
Ihr! legt den Rock uns um; hier liegen wir gestreckt!
Schlingt uns den Strick nur an. Wenn wir den Kopff gesteckt

Zur Erden, denn zieht zu: daß wir in eignem Bade
Ersauffen unsers Bluts ....

Trompeten.

Solim. Ibrahim. Rusthan. Die Bassen. Die Stummen.

.... Sol. Halt! halt! verzieht! Genade!
Verzieht! halt inne halt! verzieht! Es ist geschehn!
Es ist geschehn: daß er noch nicht den Tod soll sehn.
Was starrt ihr? hebt ihn auf; bald macht ihm loß die Stricke;
Zieht ihm das Tod-Kleid aus!

Rust.

Zeucht Solimann zurücke
Was erst sein Ausspruch war?

Sol.

Thu was dein Kayser heist.

Ibr.

Wo bin ich? Himmel hilff! welch Blitz, welch Donner reißt
Den festen Strick entzwey?

Sol.

Packt euch aus dem Gesichte!
Geht Hencker!

Ibr.

Wie mein Fürst? hebt er das Blut-Gerichte
Von Ibrahms Nacken auf?

Sol.

Zieht ihm den Purpur an!

Ibr.

Den Purpur! wie? wem? mir? mir? Kayser.

Sol.

Oßmann kan.
Dich nicht verdammen

Ibr.

Er mein Kayser?

Sol.

Wir begnaden
Den Ibrahm: daß er frey.

Rust.

Was mag dem Kayser schaden?

Sol.

Schweig Hund! es ist geschworn, befestigt durch den Eyd:
Daß Ibrahm leben soll.

Ibr.

Ach glücklicher Bescheid!
O meines Kaysers Gunst! Ach meines Kaysers Güte;

Sol.

Die Tugend Ibrahims, dein redliches Gemüthe
Der hoch betheuert Eyd, der erst-gefasste Schluß,
Bezwingt den Soliman. Er Ibrahim, er muß
Noch leben! tritt herbey! Mein Ibrahm trägst du Scheue
Uns zu umarmen? komm! die uns sonst frembde Reue
Vertilgt den grimmen Haß; die Gunst verneuert sich
In der verhassten Seel; und Oßmann liebet dich,
Der dir vor Spinnen-feind. Des Ibrahms Freundschafft findet
Den alten Sitz in uns; der Liebes-Dunst verschwindet,
Der uns umnebelt hielt, durch den erneuten Glantz
Der würckenden Vernunfft. Wir schau'n den grünen Krantz
Des kräfftigen Bestand's; die tapffermüth'ge Tugend
Der Isabellen an; nicht ihre schöne Jugend;
Nicht ihres Kinnes Perl; nicht ihrer Augen-Schein;
Die Marmel-Brüste nicht; der Stirne Helffen-Bein;
Nicht den Corallen-Mund, und die Milchrothen Wangen;
Wir sind verwundernd zwar, doch itzt nicht mehr gefangen.
Wir wünschen sie zu ehrn, doch nicht ihr Eigenthum.
Wir wünschen den Geruch, nicht selbst die Ros' und Blum:

Ibr.

O itzt erkenn' ich erst des Kaysers eigne Stimme!
Itzt lern' ich: daß so sehr noch Oßmanns Tugend glimme!
Itzt hör' ich: daß er noch der alte Sultan sey,
Der den nicht tödten kan, der vom Verbrechen frey.
Es ist nicht Solimann, nicht meines Kaysers Wille
Gewesen, was verdammt. Die falsch-beschönte Hülle
Der Wahrheit, die den Sinn mit scheinbarn Dunst verblendt,
Der Neid-Sturm, der sein Hertz auf diesen Schlund gewend't,
Hat über uns geblitzt. Der Aufsatz hat die Sebel
Auf unsern Kopff geschärfft. Itzt werden Dünst und Nebel
Verstäubt, zertrennt, verklärt, wenn Oßmanns Sonn aufgeht,
Mit seiner Tugend-Glantz. Mein Kercker wird erhöht,
Wenn Oßmann freundlich sieht. Begierde kan zwar setzen
An Oßmanns groß Gemüth' allein es nicht verletzen:
Wie der erhitzte Schaum zwar an die Felsen schlägt,
Auf Klippen rauer Wind, doch beydes nicht bewegt.

Scheint zwar auch der Vernunfft Begierd' offt obzuliegen,
So scheints nur wie ein Pfeil vom Bogen hoch zu fliegen
Biß an den Himmel scheint, ob er das Mittel-Theil
Der Lufft gleich kaum erreicht. Nun trag ich wieder feil
Mein Leben für den Nutz, und Wohlstand meines Fürsten,
Das ich setzt' in die Schantz', als jede Waffen knirschten
Zu trotze Stambuls-Burg. Dein Ibrahm steht geschickt;
Daß er was dir ist feind, gewaffnet unterdrückt.
Ich schwer' es hoch und sehr: daß Ibrahim die Glieder,
Daß Ibrahim sein Haupt nicht sanffte legen nieder
In Stambuls Gräntzen wil! Es sey, das der Verlauff
Des Kriegs, durch den der Feind, sich wider dich lehnt auf,
Durch diesen Arm erlegt.

Sol.

Wir kennen dein Gemüthe,
Und dein aufrichtig Hertz.

Ibr.

Begnadigt seine Güte
Mit dieser Freyheit auch, mein Kayser, Isabell'n?

Sol.

Wir heissen, ja, mit dir auf freyen Fuß sie stelln.
Geht! lasst im Kercker bald die schönste Fürstin wissen:
Daß unsre Gnade sie der Freyheit lässt geniessen;
Daß Osmanns Ehr', und ihr Bestand, und Ibrahms Preiß,
Den Kercker ihr eröffn', und aus den Fesseln reiss'.

Ibr.

Was wünsch ich mehr mit ihr: als daß ich Osmanns Füsse
Mit diesem Demuths Dienst und Ehrerbietung küsse!
Als daß ich — —

Sol.

Hebt ihn auf!

Ibr.

Mein danckbar Hertz erweist:

Sol.

Wir: daß ihr heute noch mit uns zur Tafel speist.

Reyen.

Der Saracenischen Priester.

I. Satz.

Heinte, wenn die kühle Nacht wird ihr Haupt mit Maah bekrönen,
Und Bizanz mit Schatten decken, fällt der heilge Neu-Mond' ein,

Und in Jetti=Gula Burg wird bey den Muſulmanns=Söhnen,
Des berühmten Buzuk Weyram groſſe Feſt=Begehung ſeyn.
Nun dem Mahumet zu Ehren,
Auf Befehl der Kadi=Orden,
Die uns Recht und Gotts=Dienſt lehren,
Heilig ſchon gefaſſet worden.

I. Gegen=Satz.

Unſer Ramadam fällt ein, aber wird den Ertz=Propheten
Unſer Feyer auch verſöhnen? weil ſich Solimann befleckt,
Und den groſſen Ibrahim läſſet durch die Hencker tödten,
Der mit Kiſul=Baſſens Kronen unſers Sultans Haupt bedeckt;
Der des Roth=Kopffs Trotz verſehrt,
Die Kalenders überwunden;
Stambuls Türckſches Reich vermehrt,
Und den edlen Frieden funden.

II. Satz.

Freylich müſſen fürchten wir: daß uns Mahumet nicht haſſe,
Weil der Sultan der Muſelmann nicht der Chriſten Blut vergeuſſt;
Weil von Padi=Schach erwürgt wird bald der, bald jener Baſſe:
Daß der Boſphor auch beſchäumt roth von Türckſchen Blute fleuſt;
Seit der Caimekam ſtarb,
Muſtapha vergieng durch Stränge,
Kaſſans Rath den Strick erwarb;
Iſts wohl eines Menſchen Länge?

II. Gegen=Satz.

Heil'ger Sohn des Abdala, Ertzverkünd'ger unſrer Zeiten,
Wende dieſes Ungewitter von des Ibrahms Nacken ab:
Daß er deine Lehre künn' in den gantzen Aufgang breiten;
Biß der Ketzer Hali ſelber Walfahrt geh' in Mechens Grab:
Biß der Chriſt und Indian,
Sey bekehrt zu unſer Lehre;
Biß der Adler Oßmanns Fahn,
Und Stambuldens Monden ehre.

Abgeſang.

Dem Mahumed ſey Danck,
Er hat's dem Padi=Schach vom Himmel eingegeben:
Daß er den Ibrahim ihm läſſt zum Beſten leben;

Wiewohl ihm schon der Strang
Ihn zu erwürgen lag geschlingt um seinen Hals.
Er leb! er leb! er lebe!
Des Schöpffers Hülffe gebe:
Daß Oßmanns Gnade nicht sey Ursach seines Falls!

Die vierdte Abhandlung.

Der Schau-Platz verändert sich in der Kayserin Zimmer.

Rusthan. Roxelane.

Rusthan.

Diß ists, was mich und sie bißher so sehr bekümmert!

Rox.

Ist Ibrahm todt?

Rust.

Ja todt! dem wir das Grab gezimmert,
Dem baut der Kayser Kron und Reich.

Rox.

Was redest du?

Rust.

Was mir solch Unlust macht.

Rox.

Sag uns gerade zu.

Rust.

Der Ibrahm lebt und herrscht!

Rox.

Träumt dir?

Rust.

Wie ich erzehle,
So ists.

Rox.

Du irrst dich.

Rust.

O daß meine Rede fehle!

Rox.

Ich selbst ja sah' ihn erst zum Hals-Gerichte führn.

Rust.

Dis glaub' ich: halff ich ihn doch gar zum Tode ziern.
Wir waren neben ihn zur Mahlzeit schon gesessen;
Man sah' einander an, es wollte niemand essen:
Die Tafel war voll=auf mit frembder Kost bedeckt;
Kein ein'ger redt' ein Wort; Er bloß saß unerschreckt;
Vier Stumme dienten ihm auf mit schwartz=seidnen Stricken,
Er freute gleichsam sich: daß er bald sollt' ersticken;
Er stand zuerst auch auf, und gieng den sauren Gang
Des Todes, als ihn rieff der Mord=Trompeten Klang.
Er lag die Länge schon zur Erden ausgestrecket;
Er hatte schon den Hals ein in den Strick gestecket,
Die Hencker durfften nur die Schlinge ziehen zu,
Als unser Sultan gleich —

Rox.

O der verdammten Ruh,
Wenn Diener langsam sind!

Rust.

Geplatzt kam in das Zimmer,
Und uns mit Wincken rieff:

Rox.

O könnt' uns etwas krümmer Begegnen?

Rust.

Halt! verzieht! Er fuhr mich tro=
tzig an;
Ich sagte nur ein Wort.

Rox.

O närrscher Güt= Wahn!

Rust.

Ich starrt' und hätte gern ein Wort gehabet wieder.

Rox.

Sah' der Verdammte zu?

Rust.

Der Hund fiel für ihm nieder;
Doch Achmat hob ihn auf. Die Waffen legten ihm
Den Purpur wieder an. Als wenn er ihm geziem,
Der Kayser nahm ihn selbst mitleidend in die Armen,
Und reicht' ihm Kuß auf Kuß.

Rox.

Ha! weibisches Erbarmen!

Rust.

Dem Haly gab er auch ausdrücklichen Befehl:
Daß er die Fürstin stracks frey von Gefängniß zehl:

Rox.

Rox.

Die Fürstin? Nein, die Magd! die Magd, die wir verlachen.
Wie? oder wil er sie zur Kayserin ihm machen?
Nein allzuweit gefehlt! Wo diese Sclavin nicht
Noch diesen Abend wird seyn schmählich hingericht,
Wo wir für Mitternacht nicht noch den Ibrahm stürtzen
So muß der Himmel uns der Jahre Rest verkürtzen;
So müssen wir verhöhnt, entsetzet uns'rer Würd',
Verstossen aus der Burg, beleget mit der Bürd',
Der harten Dienstbarkeit, und von der Ehren-Staffel.
In Grund gedrümmert seyn

Rust.

Er hieß ihn auch zur Taffel
Erscheinen.

Rox.

Daß ihr Bund ja bald bekräfftigt werd'!

Rust.

Man feyre länger nicht! wenn uns ein Ast entfährt,
Den man vom Wipffel hat gebeugt zur Erden nieder,
So schnellt er aus der Hand empor viel höher wieder,
Als er zu erste wuchs. Entwischt der tolle Hund
Uns anders diesesmahl, so drückt er uns zu Grund',
Und wächst uns mehr zu Hals', als da er an der Spitze
Der Ehren Würden stand.

Rox.

Der Kummer ist nichts nütze.
Wird der, die durch Vernunfft, und Arglist und Verstand
Den Vater Bajazet, wie weit er weggebannt
Aus Stadt und Hofe war, vollkömmlich eingeliebet;
Die dem, was Oßmann schleufft, Krafft, Würckung, Ausschlag giebet,
Die aus Leibeigenschafft sich künstlich eingespielt,
Ins Kaysers Bett' und Thron, und ihren Muth gekühlt
An seinem Mustapha, dis schwer' zu seyn verrichten?

Rust.

Ich zweiffel an der Macht der Sultanin mit nichten;
Ich weiß auch: Frauen List sey stärcker als der Blitz,
Der durch das trächt'ge Tuch der Wolcken einen Ritz
Mit hellen Flammen macht. Doch wenn sie gegenwärtig
Besehen den Verlauff, wie freudig, fix und fertig
Der Kayser ihn umarmt, begnadigt, angered't,

Und, wie er vorgab, ihm sein Heil beendet hatt',
Die Fürstin werd's ihr selbst so leichte schwerlich machen.

Rox.

Noch leichter!

Ruſt.

Iſt ein Feind doch nicht wohl zu verlachen,
Der schon halb unten liegt.

Rox.

Es iſt uns um ein Nein,
Und um ein Wort zu thun

Ruſt.

Was gieng er vor erſt ein
Auf unser Bitt und Wunsch, und ſtöſſts doch über Hauffen.

Rox.

Wir wiſſens, mit was wir ſolln ſeine Langmuth kauffen.
Es gieng noch langſamer mit ſeiner Zuſag' her,
Es machtens ihm ſein Sohn und Reichs-Verordnung ſchwer,
Eh' er an Beyſchlaffs-ſtatt uns ihm zur Eh' empfinge.
Du weiſts wie ſcharff allzeit, wie ſchlecht und wie geringe
Gleich das Geſetze war, er über ſelbem hielt;
Doch gleichwohl brach er uns.

Ruſt.

Sie weiß was Ibrahm gilt
Beym Kayſer.

Rox.

Auch was wir. Er wirds uns nicht verſagen;
Geſetzt: Er ſollt's uns auch ab wieder Hoffen ſchlagen;
Du weiſt: was Mufti kan; Und iſt uns dieſer nicht
Nach unſerem Begehr zu willfahrn hoch verpflicht?
Den unſ're Vorbitt' hieß zum Prieſter-Ambt erheben.

Ruſt.

O hat der Mahomet den Rath ihr eingegeben!

Rox.

Die Sache wie wir ſehn, erduldet nicht Verzug.
Wir haben gleich itzund den Kayſer guten Fug
Zu ſprechen.

Ruſt.

Sie kan ſich, als wenn ihr ſein Gnade
Unwiſſend, nehmen an.

Rox.

Wohlan! wir gehn gerade
Aufs Kaysers Zimmer zu. Bestell' uns du hieher
Den Mufti, sprich, daß sein die Kayserin begehr.

Der Schau-Platz verändert sich in des Solimanns Zimmer.

Roxalane. Solimann. Achmat. Hali.

Rox.

Ist nicht der Kayser hier?

Achm.

Er gieng unlängst in Garten,
Uns hieß er seiner hier in diesem Zimmer warten.

Rox.

Gieng er alleine?

Achm.

Nein; Er trat den blauen Steig
Mit dem Vezier hinab zur Sommerlaube.

Hal.

Schweig'!
Der Kayser.

Rox.

Wo gewest mein Fürst, mein Schatz,
mein Hertze?

Sol.

Wir giengen unsrer Sorg' und kummerreichen Schmertze
Zu helffen ab, als schon die Sonne nicht mehr stach,
Und gleich zu Golde gieng in Lustgang, vom Gemach,
In welchem sich uns hat was seltsams zugetragen.

Rox.

Wil seine Hoheit uns nicht ihren Zufall sagen?

Sol.

Wir giengen, wie erwehnt, im Garten ohngefehr,
Nachhängend unserm Weh und Schwermuth, hin und her,
Wo sich der Erden-Schoß mit tausend Blumen schwängert,
Besonders einer war ihr blättricht Haupt verlängert,
Die lacht' uns bevoraus gleich einem Liebreitz an,
Biß unser Aug' ihr sich zu nähern kurtz besan.
Je näher wir auch ihr mit unsern Augen kamen,
Und die vollkommne Pracht in das Gesichte nahmen,
Je schöner daucht' sie uns; Sie war breit ausgesprießt,
Doch hatte sie bereit zwey Blätter eingebüßt!
Zum Ueberflusse hielt sie noch ein' and're wieder,
Die nicht viel minder schön; daß sie nicht sanck darnieder.

Doch augenblicklich ward die stützende zerdrückt,
Von dieser die sie hielt; auch kurtz darnach zerknickt,
Entblättert, dürr und welck der hohen Blume Krone
Und stoltze Kayserin.

Rox.

Mein Hertz es ist nicht ohne:
Daß offt des Himmels-Schluß durch Zeichen gleicher Art
Verborgne Zufäll' hat auch künfftig offenbart;
Doch, daß man diß und das, was ohngefehr geschiehet,
Nach seinem Sinn und Kopff zu deuten sich bemühet,
Ist Arbeit sonder Frucht. Der Kayser steht in Ruh,
Und sieht dem Zischen nur der Todten Flamme zu.
Er lebe wohl mit uns, mit Reich und Stadt vergnüget
Nun nur der Ibrahim, der Hund erwürget lieget,
Der nach gepochter Gunst den ihm erholten Lohn
Und Rest bekommen hat.

Sol.

Er hat die Tugend-Kron
Und unsre Gnad erlangt.

Rox.

Was sagt mein Fürst?

Sol.

Wir lassen
Ihm Gnade wiederfahrn.

Rox.

Dem, den der Fürst verblassen
Erst noch für Abends hieß? Den Ibrahym unsern Feind?
Den Ibrahym der uns haßt?

Sol.

Nein unsern treusten Freund.

Rox.

Ist dis ein Freund, der uns nach Stuhl und Reiche trachtet?

Sol.

Nein, der, der unser Heil mehr, als sich selbst geachtet.

Rox.

Der unsern Untergang und gantz Verderben sucht?

Sol.

Nein, der uns noch beschützt.

Rox.

Der uns in Abgrund flucht?
Wie ists? wo denckt er hin? wie? läst mein Fürst zerplatzen
Den Endspruch? oder wie? wil er uns überschwatzen,
Zu glauben, was er spricht? Es red' uns niemand ein.

Wir müssen, denn nicht klug nicht wohl gescheuet seyn.
Daß Solymann so bald den ersten Vorsatz änder';
Nein! er hat um ein Wort Leib, Leben, Glück und Länder
Offt in den Stich gesetzt. Wie vielmahl haben wir
Den tapffern Spruch gehört großmüthig bringen für
Selbst ihrer Hoheit Mund: das Wiederruf und Reue
Nur blosse Schwachheit sey der Hertzen welche scheue
Begleitet für Gefahr.

Sol.

Nein! nein! es reut uns nicht!
Es reut uns nicht, nein! nein! denn dis, was itzt geschicht
Soll uns der Abweg seyn aus den verzagten Schrancken
Der Reu und Wiederruffs.

Rox.

Von was will er nicht wancken?

Sol.

Von dem, was Gott, noch ich, noch Tugend brechen läst.

Rox.

Mein Hertz, entdeck' uns doch, was diese Gluth ausbläst?

Sol.

Der Eidschwur, welcher ihm mit uns versprach das Leben.

Rox.

Der Käyser ist des Schwurs gar leicht zu überheben.

Sol.

Wer billicht ausser ihr den uns ertheilten Rath?

Rox.

Dis, daß der Hund den Eyd zuerst gebrochen hat.

Sol.

Er hat nicht weniger als wir den Eyd gehalten.

Rox.

So pflegt man dieses Loch zu richten in die Falten.

Sol.

Heisst uns die Käyserin so mit dem Eyde spieln?

Rox.

Nein! den der sie verdient, die Rache lassen fühln.

Sol.

Kurtz: Oßmann hats geschworn, der nie den Eyd gebrochen

Rox.

Der Oßmann welcher stets den Eyffer scharff gerochen.

Sol.

Ein Narr schleust heute dis, und hebt es morgen auf.

Rox.

Ein Fürst lässt ja der Zeit und Rechte seinen Lauff.

Sol.

Wir wollten ihm das Reich, wenn wirs versprochen, geben.

Rox.

Der Fürst schwur ihm den Tod, itzt wil er ihn aufheben.

Sol.

Der erste Schwur zerreisst, was erst der ander' spricht.

Rox.

Der ander Eydschwur macht das erste Wort zu nicht'.

Sol.

Das ander war kein Schwur; dis hängt an dünner Seyde.

Rox.

Der Fürsten jedes Wort gilt eben viel als Eyde.

Sol.

Die Reue würd' in uns ein Hencker ewig seyn.

Rox.

Denn erst, wenn er uns wird die Langmuth bringen ein.

Sol.

Mit seinem Helden-Muth?

Rox.

Und unserm Untergange.

Sol.

Der Blumen Fall entdeckt uns, was wir mit dem Strange
Für Unheil abgethan.

Rox.

Wie legts der Fürst ihm aus?

Sol.

Uns dünckt, als wenn wir wärn bedeutet durch den Strauß
Der hohen Sonnen-Blum; und Ibrahm durch dieselbe,
Die zwar was niedriger, doch mit roth-danckler Gelbe
Nicht minder schön als wir. Wir hätten auch vielleicht
Doch künfftig, wo nicht schon, den harten Strang erreicht.
Und wärn aus unserm Pracht verwelckt, verdorrt, zerknicket,
Ins schlechtes Graß gefalln, so bald wir den erdrücket,
Der unser Schwerdt aufhielt. Mit Ibrahm blüht und fällt
Das Glücke Solymanns. Was uns der Fall fürstellt,
Des zwiefach Wolcken-Blats, ist unschwer auszulegen.
Dis nemlich: was uns muß das Vater-Hertze regen.
Des trauten Mustaphen, und des Giangirs Tod,
Der beyden Kinder, ach!

Rox.

Der Fürst zeucht sonder Noth
Zu Hertzen ihm dis Ding, und spielt mit diese Welle,
Biß sie uns gar ersäufft.

Sol.

Die Reu' hat keine Stelle
Gefunden noch in uns. Wir wolln, wir wolln, ja wohl!
Daß er den ärgsten Tod auch heute leiden soll.
Wir wolln! alleine nein, wir dürffens nicht gedencken;
Wir würden uns sonst an den höchsten Meineyd hencken.
Wir wolln! Ja wenn uns nicht die Hand gebunden wär,
Die ihn erwürgen soll?

Rox.

Mein Fürst machts ihm zu schwer,
Doch kan mein Kayser sich beym Mufti Raths erholen,
Denn die Gesetze sind vom Mahumet befohlen.

Sol.

Wir wolln zwar, was sie wil in diesem Falle thun;
Doch schwerlich werden wir auf andern Schluß beruhn.

Der Schau-Platz verändert sich in der Käyserin Zimmer.

Rusthan. Mufti. Roxelane.

Rust.

Ja sie hieß unterdeß im Zimmer uns verziehen;
Sie wolte nur zuvor beym Käyser sich bemühen,
Um dis, was ich erzehlt.

Mufti.

Die grosse Sultanin
Vermag hierbey sehr viel. Sie hat des Käysers Sinn,
Des Käysers Hertz, ja selbst den Käyser in den Händen.

Rust.

Doch gleichwohl kan sie schwer ihn auf die Seite wenden.

Muft.

Hierinn ist viel versehn; daß man mit dieser That
Als ers schon einmahl sprach so sehr gekünstelt hat.

Rust.

Wer hätt' es ihm gedacht, was er so deutlich wollte:
Daß er im Augenblick' es widerruffen sollte.

Muft.

Ein Mensch, der nach Vernunfft, bald nach Begierden thut,
Ist wie auf stürmer See die auffgeschwellte Fluth,
Die bald der West hieher, bald dort der Nord hinschläget.

Rust.

Am klügsten wird ein Ding nach Ausgang ausgeleget.

Muft.

Ein vorbedachtes Werck schlägt selten übel aus.

Rust.

Wir sind hier im Pallast; Weiß man: ob dieses Hauß
Noch heut einbrechen wird?

Rox.

Ist Mufti denn erschienen?

Muft.

Ja, Ihrer Majestät nach Wünschen aufzudienen,

Rox.

Nein, nicht zu dienen, uns zu helffen. Den Bescheid
Des Wercks, warum, hieher und deine Heiligkeit
Erschienen auf der Burg, wird unser Rusthan haben
Dir hoffentlich entdeckt. Der Anschlag, den wir gaben
Dem Käyser, schlägt uns fehl. Das Werck beruht auf dir,
Kömmt deine Heiligkeit nicht diesem Unheil für,
So wird der freche Hund, der mit den Christen-Hunden,
Den'n er beym Käyser stets geliebkost hat verbunden
Auf Oßmanns Erb' und Reich; der ein vermummter Christ,
In einer Türckschen Larv' und kein Musulmann ist
So wird der, der den Arm des Käysers hat gehönet,
Der Kopff und Hals verwürgt, noch endlich gar gekrönet.
Wir flehn bey unsern Gott beym Mahumed dich an,
Wo deine Heiligkeit dem Unheil steuern kan,
Wie sie denn, wie man weiß, gar wohl kan; hilff der Sachen;
Es ist dem Reich' und uns, der Kirche, daß wir wachen
Ihr Heil gelegen dran. Stünd es in unser Macht,
Kein Kummer wer: daß er nicht schon wer' umgebracht.

Muft.

Wenn ich der Sultanin, durch welcher Gunst ich funden,
Dis hohe Priester-Ambt, zu willfahrn hoch verbunden,
Und nicht schon schuldig wer, so würde mich der Eyd,
Der Wohlfahrt dieses Reichs, der Infel Heiligkeit,
Des Mahumets Gesetz' und Wort dahin vermögen,
Was ihre Hoheit heischt. Er mag uns gleich entgegen
Sich setzen, wie er wil. Wir haben Rath und Krafft,
Die, was der Käyser nicht wil eingehn, kühnlich schafft.
Des Mahumets Gesetz' und Ausspruch spricht ausdrücklich
Die iemahls einen Christ verschont, solln augenblicklich
Verflucht seyn und erwürgt. Er werff' uns etwas ein;
Ich weiß schon wie auch dem wird zu begegnen seyn.

Rox.

Wohl! du machst dir hierdurch uns ewig hoch verpflichtet,
Itzt, daß es werd' ie eh' je besser ausgerichtet,

Eh auch in Stadt und Hof ein Aufruhr mög entstehn,
Lasst uns in Solymanns geheimes Zimmer gehn.

Der Schau-Platz verändert sich in des Solymanns geheimes Zimmer.

Solimann. Mufti. Roxelane. Rusthan.

Sol.

Du kennst, den Bosphors Sonn gemacht zum Monden hatte,
Am Himmel unsers Reichs, den Oßmanns Ungunst-Schatte
Itzt gantz verfinstert hat, weil unser Gegenschein
Ihm viel zu dunckel daucht' und nur geborgt zu seyn,
Dem waren wir, und sinds auch noch durchaus entschlossen
Zu brechen Kopff und Halß der unser Hold genossen
Mit blossem Eckel hat. Doch als die Seel ihm gleich
Schon auf der Zunge saß, alsbald zu werden bleich,
Erinnerten wir uns, was wir so hoch beschworen,
Ihm bey dem Mahumet in Beyseyn seiner Ohren,
Dis nehmen, was wir ihm zu nehmen gleich gesinnt.
Ob Oßmann nun den Eyd so schlechts hin brechen könnt',
Und strenges Hals-Gericht auf den Verdammten hegen,
Wird deine Heiligkeit gerathfragt auszulegen?
Doch zweiffeln wir sehr viel: daß solche theure Schwür'
Ohn unsers Gottes Zorn zu brechen uns gebühr'.

Muft.

Des Käysers Frömmigkeit lässt sich aus Red- und Wercken,
Wie sehr er überall gewissenhaftig, mercken.
Wahr ists, und ewig fest, wie Ihre Hoheit spricht:
Daß schlechter Dings ein Eyd wohl sey zu brechen nicht;
Auch daß ohnfehlbar Gott der Meineyd lasse büssen.
Doch bitt' ich, lasse mich nur etwas klarer wissen,
Der Käyser seinen Eyd, zu sehn, ob nicht hierbey
Nach Machmets Satzungen was anzunehmen sey.

Sol.

Ja, ja! du kanst den Schwur von uns gar leicht erfahren;
Wir wissen eigendlich noch was die Worte waren;
Der Ort war eben der, wo dieser Fuß steht hier.
Ich schwer' es theur und hoch bey unserm Gotte dir:
Daß Ibrahim den Geist, weil Solymann wird leben,
Nicht soll gewaltsam auf dem bittern Tode geben,

Muft.

Der Eyd ist groß und schwer! Er kan nicht klärer seyn!
Doch Himmel! was giebt uns für einen Rathschlag ein
Der grosse Mahumet, der unser Gotts-Befleissung

Viel dunckel Ding entdeckt? Ists wahr: daß die Verheissung
Die er dem Ibrahm thät, nicht weiter sich erstreckt,
Als weil der Sultan lebt?

Sol.

So ists, wie wir entdecket.

Muft.

Nun wol! so soll mirs ihn nicht schwer falln zu vergnügen.
Er, Ibrahm, wird gar wohl die Achseln können schmiegen
Ins strengen Henckers Joch, wenn Solymann den Eyd
Gleich kräfftig halten wird. Weil täglich eine Zeit
Und wenig Stunden sind, in den der Mensch nicht lebe.

Sol.

Wir fassens nicht, was uns für Antwort Mufti gebe.

Muft.

Weiß ihre Hoheit nicht: daß man der Sorgen End
Das Kind der Nacht, den Schlaff, des Todes Bruder nennt?
Und warlich hat der Mensch, in dessen müde Glieder
Die Ruh des lauen Schlaffs sich hat gelassen nieder,
Kein rechtes Leben nicht; weil sein sonst weises Haupt
Die Würckung des Verstands, auch alles Sinn's beraubt,
Und was den Menschen macht. Ich wils nicht widerstreben:
Daß er der Stauden Seel' und grüner Pflantzen Leben,
Und frisches Wachsen hab', alleine dessen nicht,
Was ein vollkommen Mensch durch die Vernunft verricht.
Die Fürsten sind so wohl als die geringen Schäffer,
So wohl die Haar und Stroh, als Purpur tragen, Schläffer.
Der Schlaff fällt Kron und Stab so wohl als Infel an,
Die, die so wohl dem Glück' als Unglück unterthan
Wohlan denn, weil der Schlaff ein kurtzer Tod zu achten,
Der Tod ein langer Schlaf, weil weißlich zu betrachten,
Ein Schlaffender noch eh' todt, als lebendig heist
So schliess' ich kurtz so viel: So bald den matten Geist
Des grossen Solymanns, und die entsinnten Sinnen
Die Schlaffsucht wird umhülln; Wird er am Ibrahm können
Gar wohl den Muth abkühln, und seinen Spruch vollziehn,
Durch den verdienten Strang, wiewohl der Meineyd ihn
Mit nichts besudeln wird.

Sol.

Man kan sich zwar bemühen,
Der Worte Klang und Sinn bald hin bald her zu ziehen;
Doch giebt nur Gott aufs Hertz und die Gedancken acht.

Muft.

Hertz ist nur verpflicht dem, was der Mund fürbracht.

Sol.

Der Mund verhieß so viel, als wir ihm konnten geben,

Muft.

Nur bey der Lebens-Zeit des Solymanns zu leben.

Sol.

Wir leben auch, wenn uns der süsse Schlaff verläst.

Muft.

Denn aber lebt er nicht, wenn er die Seel' ausbläst.

Sol.

Er darff nicht gantz, weil wir nicht gantz gestorben, sterben.

Muft.

Sein Name, Lob und Schmach darff nimmermehr verderben.

Sol.

Des Namens Leben ist kein rechtes Leben nicht.

Muft.

Auch bis nicht, wenn ein Mensch nicht denckt, nicht sinnt, nicht nicht spricht.

Sol.

Ein Schlaffender denckt, sinnt und spricht auch, wenn ihm träumet.

Muft.

Der schläfft nicht recht, der Platz der Träume Dunst einräumet.

Sol.

Wie? wenn uns denn im Schlaff' ein leichter Traum einhüll?

Muft.

Ob schon, wenn man es nur in Meinung des erfüll'.

Sol.

So würden wir uns doch an Gott und ihm verbrechen.

Muft.

Nicht höher, als wenn sie ihn ungestrafft loßsprechen.

Rox.

Die Vorsorg über uns des Ertz-Propheten hat
Des Mufti Heiligkeit entdecket diesen Rath.
Des Käysers Hertze macht ihm allzuviel Gewissen.
Weiß ihre Hoheit nicht, wem sie hie folgen müssen?
Es redet Mahomet mit uns durchs Mufti Mund,
Und thut uns sein Gesetz', und seinen Willen kund.

Sol.

Wir gehn es endlich ein; doch schreiben wir die Sache,

Wofern sie uns befleckt, auf den, der uns zur Rache
Giebt Ursach' an die Hand.

Must.

Der Käyser leg's auf mich,
Schlägt etwas übel aus.

Sol.

Geh Rusthan hin, und sprich:
Daß er auf unser Wort sich wieder lasse binden;
Daß sie auch wieder sich mög' ins Gefängniß finden,
Auf weiteren Bescheid. Wenn uns die kühle Nacht
Wird haben sanffte Ruh in Sinn und Augen bracht,
So mag der harte Stand des grimmen Eyffers springen,
Den weder wir noch er, zum beugen können bringen.

Reyen.

Der Sinnen und des Schlaffes.

Das Gehöre.

Der grosse Mensch, der Auszug dieser Welt,
Hat nichts, daß ihn mehr nützet und gefällt;
Als das Gehör und die geschwinden Ohren.
Sie sind die Pfort' im Himmel der Vernunft,
Sie sind der Weg, wenn Wonn' und Lust verlohren
Durch süssen Klang zur Freude Wiederkunfft.

Das Gesicht.

Der Augenblitz das strahlende Gesicht!
Hat in der kleinen Welt seins Gleichen nicht.
Sie sind die schnellen Bothen der Gemüther,
Durch die die eingeschloßnen Hertzen schaun,
Als durch ein weit geöffnetes Gegütter,
Was der Natur geschickte Hände bau'n;
Sie sind das helle Licht des süssen Leben-Lichtes,
Der Farben Schau-Glaß, das Gesichte des Gesichtes.

Der Geruch.

Ist etwas süsser, wenn das Hertz erschrickt,
Als der Geruch, der jedes Glied erquickt?
Er ist der Balsam der Luft-vollen Nasen,
Des Athems Würtz und Krafft, der Säffte Safft.

Der Geschmack.

Ist etwas daß den Mensch ergetzen mag,
Und das mehr nöthig ist, als der Geschmack?
Er ist das süsse Mittel, daß man lebet,
Der Zucker-Thau, die scharffe Lieblichkeit,

Die in den Gaumen, Mund und Zunge schwebet;
Durch die des warm und kalten Unterscheid
Die Kost des Sauer-bitterns, und des Zuckersüssen,
Die Speiß und Tranck des Naß und Trocknen zu geniessen

Das Fühlen.

Das Fühlen hat mehr Nutz, auch Kräffte mehr,
Als der Geschmack, Geruch, Gesicht, Gehör,
Es ist der Grund und Pfeiler aller Sinnen,
Und hat (da sonst die andern nur ein Glied)
Die Sinnen all' und alle Glieder innen.
Es fühlt, was schmeckt, was riecht, was hört, was sieht.

Der Schlaff.

Am stärckten ist der Schlaff, der dis was lebt,
Und fühlt, und sinnt, in sein Gemach vergräbt.
Er ist des Todes Bruder, Bild und Schatten,
Der Glieder Band, und aller Sinnen Grufft,
Das Kind der Nacht, mit dem sich Träume gatten,
Doch auch durch den die Sorgen schöpffen Lufft.

Sinnen und der Schlaff.

Je mehr wer, weil er lebt, dem Schlaffe ist ergeben,
Je weniger ist er lebendig in dem Leben.

Die fünffte Abhandlung.

Der Schau-Platz verändert sich in der Isabellen Zimmer.

Ibrahim. Isabelle.

Je finsterer die Nacht, je heller ist das Licht;
Je öffter man die Hand an spitz'ge Dörner sticht,
Je mehr bekräntzt man sich mit blutbemilchten Rosen:
Je mehr die Mittags-Hitz uns sticht, je süsser kosen
Die feuchten Abends-Lüfft; Ist Wetter, Sturm und Well'
Und Wolcke trüb und schwartz, so bünckt uns noch so hell'
Und lustig Sonn' und Port. Die steinern-harten Ketten,
Die Felsen-Last, die uns zu Boden schier getreten,
Des Lebens steter Tod, der jeden Blick uns schreckt,

Das dunckel-grause Loch, in das wir eingesteckt,
Der Trauer-Rauch hat sich verkehrt in sanffte Wonne;
Die Nacht hat sich verstellt in eine lichte Sonne.

Isab.

Wo diese Sonn' uns nur ist anders wieder nicht
Zu einer dunckeln Nacht, ein Wegweis' und ein Licht!
Wie manchmahl ist die Lust uns worden schon verbittert!
Wenn es nach langem Blitz so plötzlich helle wittert,
Ist meist ein neuer Sturm auf frischer Fahrt bereit,
Der ärger, als zuvor.

Ibr.

Es hat ja lange Zeit
Geblitzt, gewölckt genug, genug, gewetter-leuchtet.
Der tapff're Tugend-Sinn des grossen Sultans deuchtet
Uns noch nicht gantz verzehrt. Ein reger Helden Muth,
Dem die Gebuhrts-Art selbst, die frohe Tugend-Gluth.
Hat würcklich eingepflantzt, den nur frembd Mißbegönnen,
Und hefft'ge Leidenschaft und Antrieb ärgern können,
Kehrt auf den guten Weg in einem Augenblick,
Wenn nur ein Tugend-Funck' ihn leitet stracks zurück.

Is.

Wie offt, wie offt mein Hertz, wie offt hat schon geleitet!
Wir wissens, was dis Licht uns für Gefahr bedeutet
Aus viel Erfahrung schon. Die hefftige Begier,
Mit der er unser Hertz, als ein erhitztes Thier,
Blutdürstig angefalln, wird nicht so bald verglommen.
Zu todter Asche seyn.

Ibr.

Ein Pfeil fällt wenn er kommen
Zum höchsten Gipffel ist. Sein heisser Liebes-Brand
Zur Ariamire, wie heiß er war, verschwandt
Als er am sehrsten glamm. Wie nimmt sie ihr zu Hertzen,
Mein Hertze was sie kränckt, die itzt verschwundnen Schmertzen,
Sie schlage, was sie so bekümmert, aus der Acht!

Isab.

Das Hertze wallet noch mit ängstigem Bedacht,
Weil die erschrecklich' Angst uns übel lässt vergessen,
Was so gewurtzelt ein; Seit wir allhier gesessen,
Voll Schwermuth und voll Furcht; Seit uns der Solimann
Als eine Hinde, die schon vor begarnt, fiel an;
Seit wir den stoltzen Trotz und das bedräute Bitten
Zwar sonder Schwachheit noch, doch mit Bestand beglitten;
Seit man von ihm mein Hertz, uns zu verstehen gab:

Daß ihn die Henckers Rott' geholt zur Folter hab',
Und auf den Saal geführt, der um und um bekleidet
Mit schwartzen Sammet ist, wenn ein Verdammter leidet,
Und Strang und Tod aussteht. Doch fürcht ich daß der Geist
Für etwas sich entsetzt, was sich ihm künfftig weist,
Und ärgern Zufall draut.

Ibr.

Ein Schrecken-volles Hertze
Steht offt, wenn es umsonst, in Furcht für neuem Schmertze.

Isab.

Gleich so begegnets uns, als die Gefängniß-Thür'
Zu knarrn fieng plötzlich an, und Achmats Auge mir,
Eh er ein Wort noch sprach, die frohe Bothschafft brachte.

Ibr.

Ich weiß: daß sie von mir ihr schweren Kummer machte.

Isab.

Nachdem ich kurtz vorher das Mord-Getümmel hört',
Und mich ein Wächter hier den Trauer-Auffzug lehrt',
Meint ich: daß er mein Licht, schon würde seyn erblichen;
Und daß man würd' ich nicht in Oßmanns Schand-Bet-kriechen,
Nachdem man seine Leich' und schrecklichen Verlust
Gezeigt würd' haben uns, mir auch durch diese Brust
Das von Blut-fette Schwerdt und scharffe Sebel winden.

Ibr.

So kann man oft den Port bey trüben Wetter finden!

Isab.

So ists mein Lebens-Licht! der Ausgang übertraff
Die Hoffnung und den Wunsch. Der matten Seelen Schlaff,
Das stets gehäuffte Weh, und der Verdruß zu leben,
Verboth mir, zu begehrn, mich des zu überheben,
Was wegen des Verlusts, des liebsten Ibrahms mir
Mehr Vortheil schien als Last. Ich wünschte für und für
Den Hafen meiner Noth und Jammer nur zu sterben:
Daß ich aufs minste nicht sein klägliches Verderben,
Mein Hertze, dörffte sehn.

Ibr.

Wir —

Isab.

Still, wer kommt herbey?
Welch ein Gepolter! E't.

Ibr.

Man wird zur Gasterey
Zu der der Fürst uns lud, vielleicht uns holen sollen.
Es ist schon ziemlich spät. Wer weiß, was sie erst wollen?
Wer weiß welch neuer Schmertz sich regt vons Sultans Grimm,
Hilff Himmel! Rusthan ists! ich kenn ihn an der Stimm.

Rusthan. Ibr. Isab. Die Trabanten.

Rust.

Du sollt aufs Käysers Wort in dein Gemach dich stellen;
Und du gefangen seyn.

Isab.

O Furcht der schwartzen Höllen!

Ibr.

Wer heiss't es, wer befiehl'ts?

Rust.

Der Käyser.

Isab.

Du f für dich.

Ibr.

Sein Wort versprach uns erst was bessers.

Rust.

Er hat sich
Auf einen andern Schluß vernünfftiger besonnen.

Ibr.

Nun du und Roxellan' auf uns dis Garn gesponnen.

Rust.

Fort, fort!

Ibr.

Ach Schand-Fleck! ach der Zeit!

Rust.

Komm folg' uns nach.

Isab.

Ach Hencker!

Rust.

Ihr führt sie in ersten Kercker

Isab.

Ach

Ibr.

Steht, Schelmen, steht! und lasst sie mir unangegriffen:
Sonst soll des ersten Blut an diesen Sebel trieffen.

Rust.

Was trotz'st du? Greifft ihn an, den wiederspenst'gen Hund

Ab

Ibr.

Ich wil euch Folge thun; wofern dis Handeln Grund
Auf Oßmanns Worten hat. Sie aber lasst zufrieden.

Isab.

Ach hat uns der Tyrann auf diesen Danck beschieden!
Ist dis das schöne Mahl, auf dem man unser Blut
Vermischt mit Speis' und Wein in die Cryställen thut!
Wohl! reisst uns auch mit ihm, erwürgt, kocht Hertz und Lunge;
Verbrennt und löscht mit mir den Blutdurst eurer Zunge!
Ich wil viel lieber todt, als im Gefängniß seyn.

Ibr.

Nicht also; nein mein Hertz!

Isab.

Es ist ja Trost nicht Pein,
Wenn zwey, die nur ein Hertz, zwar in zwey Leibern leben,
Zusammen Seel' und Geist und treue Lieb' auffgeben.

Der Schau-Platz verändert sich in des Kaysers Schlaff-Gemach.

Solimann. Rusthan. Ibrahim. Die Trabanten. Die Stummen. Die Sänger.

Sol.

Denn thu was dir befehln, wenn uns der Schlaf gebracht
Wird haben zu der Ruh. Gib anders fleißig acht;
Daß uns die Hencker nicht, wenn wir noch schlummernd wachen,
Verbrechen halsen auf, und ihm sein Letztes machen.

Reyen der Sänger.

Der grosse Fürst, auf Oßmanns Stuhl und Reich.
Des Auffgangs Sonn und Blitz, die Furcht der Welt,
Der Süd und Ost, und was der Tiger gleich
Und Phrat und Nil umschweifft, im Zaumel hält,
Schreckt, und erschreckt, fällt ihn der Schlaff gleich an,
Mit seines Eyffers harten Donner-Strahl,
Den Tartar, Mohr und Christ und Indian,
Den Scyth' und Reuß, die Persen allzumahl
Der Oßmanns Reichs-Stuhl an den Himmel hat
Mit Demant-Ketten selbst gebunden an,
Der Mahomet, des Kaysers Hülff und Rath,

Kämpfft siegt und wacht für unsern Solymann.
Wer sich auf den, den Gott und Himmel schützt,
So frech erbost, und Grub' und Netze stellt,
Macht: daß er in der Brunst selbst schmeltzt und schwitzt,
Im Strohm ersäufft, und in die Klinge fällt.
Der grosse Fürst der unterm Sultan zwar,
Doch über die, die nechst des Kaysers Macht
Beym Pöbel sind, in höchsten Ansehn war
Fühlt wie sein Grimm auf die Verbrecher kracht.
Lernt! die ein Fürst durch Wohlthat ihm verknüpfft,
Wenn ihr ihm Schimpff und manchen Fuchs verkaufft,
Wie bald auf die des Löwen Rach' unschlipfft,
Und sie verschlingt, die ihn gezöst, geraufft.
So spiegelt euch! wie einer der durch Pusch'
Und Oeden reis't, der, wenn der Donner weh'n,
Ihm an der Seite schlägt, bleibt er gleich frisch,
Für Schrecken zitternd nicht kan hörn noch sehn.

Mustaphens Gespenste. Solimann auf dem Bette.
Das Gespenste.

Welch schröcklich Jammer-Galm,
Welch heulend Todten-Ruff, welch Geist-ausblasend Mord-Gekreusche,
Welch kochend Hertzen-Schaum! welch zischend Blut jäscht in dem Fleische,
Jagt aus den tieffen Qualm
Aus der mit Finster und Schrecken bedeckten Höle,
Die in den blutigen Stricken erstickete Seele?
Welch seuffzend schweres Ach!
Stört die mit eignem Leben theur' erkauffte Ruhe-Stelle?
Welch donnerndes Gekrach
Bricht und zerrüttelt der verdammten Geister Sterbe-Schwelle?
Ach! Greuel ach! wer irret neben mir?
Welch zitterndes Gespenst schleicht ein in Schloß und Kammer?
Bist du es nicht, vertrautster Bruder? ach! ach Jammer!
Ist der durchs Hertz gedrungne Säbel dir
Noch nicht aus deinen Blut-besprützten Händen
Zum Zeichen verbittertes Eyffers gefall'n?
Wie? Oder bist du auch verkracht in Bränden?
In welchen nach uns auch noch andre wall'n,
Die das unmenschlich verderbende Rasen,

Ihm über Kinder und Kinds-Kind geblasen.
Schaut! wie der Geist erbebt! Schaut! wie er schüttert sich
In Gliedern blasse Furcht! Schaut, kalten Angst-Schweiß schwitzen!
Schaut! wie die Wunden noch gefärbte Ström' ausspritzen!
Du bists, Giangir? ja mich dünckt, ich sehe dich
Noch über meinen todten Leib bethränend deine Glieder strecken,
Und in dein mir eröffnet Hertz die ungeheure Klinge stecken.
Ach! ärgster Greuel! ach! ach! jammriches Gesicht,
Wer ist das blasse Weib?
Ist es Saraide mit unserm Sohne nicht?
Schaut! Schaut! wie sie den Leib,
Wie sie die Brüste schlägt! Schaut doch, wie sie zum Himmel
Mit kläglichen Geschrey, und winselndem Getümmel,
Die nackten Armen streckt! die Hände schrenckend wind't!
Schau, Vater Mustapha! Schau, Mustaphen dein Kind,
Erbärm-erbärmlich zugericht!
Den krumm verdrehten Halß an den verdammten Hencker-Strängen
Erblasst! Und im Gesicht'
Von dem ersteckten Blute braun und blau darnieder hängen.
Weh! weh! weh!
Hast du! du Drachen-gearteter Barter, du von den Tigern gesäugeter Wurm,
Von Schlang- und Nattern genährter Blut-Hund, über mich einen so hefftigen Sturm,
Solche See,
Solche trübe Well' ergossen?
Daß mit meines Blutes Fluth,
Meines Stammes Stärck' und Blut
Auf einmahl in Sand geflossen?
Mir selber graust vor dieser Einsamkeit allhier;
Das Haar steht mir zu Berg; ich werd erschrecket, und erschreck',
Weil dieser Mord-Pallast nur eine denckel-grause Hecke;
Ein strenger Henckers-Platz, ein Mord-Loch wilder Thier;
Erhitzter Löwen Auffenthalt;
Ein Irrsaal blasser Trauer-Geister;
Wo Rach' und Rachgier, und Gewalt
Für rechtem Rechte spielt den Meister.

Erde! brich Erde, brich schütternd entzwey!
Blitz' und erkrache du wolckichte Feste der Lüffte!
Oeffne dich finsterer Abgrund verschrenckter Klüffte:
Lasse den stürmenden Zwirbel-Wind frey!
Bosphorus Meer-Schlund, schwelle die Wellen
Ueber die Ufer, über die Gräntzen, über die Stadt!
Daß sie dis Mord-Hauß gründlich umfällen,
Zwischen dem dieses Unthier der Wohnung Auffenthalt.
Verruchter Blut-Hund! wohnt ein Tiger,
Der von so grimmer Unart ist,
In öder Wildniß an dem Niger
Der seine Leibes-Frucht auf frisst?
Blut-dürst'ger Blut-Hund! dessen Rache
Auch noch in tieffstem Schlaff' ist Wache.
Blut-dürst'ger Blut-Hund! ach! das Unschuld-reiche Blut,
Des tapffern Ibrahims, daß du als Ebb' und Fluth
Als Schwämm hältst, und als Schilf, daß seine Zunge muß auflecken.
Schreibt an die Wänd, und mahlt auf die befleckten Todten-Decken,
Heult, winselt, bittet, schreyt um Rach'!
Wehmuth, Angst, Schrecken, Betrübniß und Reue böses Gewissen, Furcht, Zittern und Zagen,
Müssen den Mörder, den Teuffels-Tyrannen, peinigen, züchtigen martern und nagen.
Ach! zetter! zetter! zetter! ach!

Solymann. Rusthan. Achmat. Hali.

Sol.

Mein Sohn! mein Mustaphe! mein Mustaphe! verzieh;
Verzieh! verzieh! Hilff Gott! was ists? Hilff Himmel! wie?
Schreckt euch hier kein Gespenst? Er ist ja noch bey Leben,
Der Ibrahm? wo ist er?

Rust.

Da, wo er nicht mehr streben
Nach Oßmanns Zepter kan.

Sol.

Was sagst du?

Rust.

Er ist todt.
Es hat Gott lob! nunmehr mit Stambul keine Noth.

Sol.

Ha! ärgster Galgen-Dieb verruch-verruchter Hencker!
Vermaledeyter Hund! verfluchter Hertzens-Kräncker!
Muß Oßmann denn durch dich, betrübster Schelm, vergehn?
Muß Oßmann denn durch dich so harte Pein ausstehn?
Verfluchter Hund! kein Mensch!

Rust.

Ich bin dem, was er schaffte,
Mein Käyser, kommen nach.

Sol.

Wie! daß auch hier nicht schlaffte
Dein Fleiß, wie anderwerts? O daß ich nicht alsbald
Dir soll den Hals verdrehn!

Rust.

Wer braucht sich der Gewalt:
Daß er des Kaysers heisch nicht in dem Nu verrichte?

Sol.

Geh pack dich uns, du Hund! pack dich aus dem Gesichte!
Und komm uns nimmer nicht für unsre Augen mehr;
Eh' ich, du Ertz-Dieb! dich des Kaysers Donnern lehr.
Geh! schaff uns bey Verlust des Kopffs, des Ibrahms Leiche
Hier augenblicklich her! Laufft! wenn mit Oßmanns Reiche
Ihm noch gedient ja wer'! laufft! rettet laufft! laufft! fühlt!
Laufft! ob ihr ja bey ihm noch einen Athem fühlt!
Ob sich ein Glied noch regt: Wer hats den Dieb geheissen
Von hier ihn weg zu thun? wo ließ er ihn hin schmeissen?

Achm.

Den Leichnam warff er hin in der Erwürgten Ort,
Den abgehackten Kopff steckt' er auf, auf die Pfort.

Sol.

Ach! hat der Teufels-Hund so scheußlich dich zerfleischet!
Vertraut'ster Ibrahim, hat Oßmann je geheischet
Dis Hencker-Stück von dir, habt ihr der That gekönnt
Geduldig schauen zu? hat uns noch Ruh gegönnt
Der Himmel, wo auch Ruh solch Schrecknis recht zu nennen?
Könnt uns des Abgrunds-Rach' auch arg're Wunden brennen?
Laufft! Hali, lauff! lauff stracks! und bring' uns bey Verlust
Des deinen, Rusthans Kopff, und aus der schwartzen Brust
Sein ausgeschnittnes Hertz in sein noch warmen Blute.
Und du entschuldige, was in erbostem Muthe
Uns Grimm und Feind eingab, bey seiner Isabelln.

Auch sprich daß wir nunmehr auf freyen Fuß sie stelln,
Mit allen, die mit ihr in Band und Kercker stecken.
Bey nebenst, möcht' es ihr nur nicht mehr Leid erwecken,
Verehr ihr Ibrahms Haupt zum trüben Traur-Geschenck',
Und daß sie noch an ihn zu guter Letzte denck'.

Der Schau-Platz verändert sich in der Isabellen Gefängniß.

Achmat. Isabelle.

O daß, durchlauchtigst' ich auch diß mahl überhoben
Der Bothschafft, die Befehl mir auf den Hals geschoben,
Doch hätte mögen seyn; wenn ja nichts bessers mir
Der grosse Solimann zu vergewissern Ihr
Entbiethen hätte wolln.

Isab.

Was hat er zu befehlen?
Wir wissens schon; Er woll uns nur nicht länger quälen,
Mit Auffzug unsers Tod's.

Ach.

Die Fürstin, bitt' ich, leg'
Auf diesen nicht die Schuld, der solche Donnerschläg
Ihr kurtz entdecken soll.

Isab.

Wir wissens, wer uns tödtet,
Wir wissens, wer die Faust in unserm Blute röthet,
Wer Narb' und Wunden schlägt! Er, ja, wir wissens wohl
Ist ausser aller Schuld; nur sag' er, wie man soll
Durch was für Pein vergehn? Wir sind der Noth gewohnet,
Die uns nicht seltsam ist, und selten unser schonet,

Ach.

Der Fürstin Wahn ist falsch. Nein, Oßmann spricht: daß sie
Noch heinte wo sie wil, sammt den Gefangnen zieh'
Heim in ihr Vaterland. Er spricht sie für gefänglich
Itzt loß, quit, franck und frey

Isab.

Er macht uns arggedencklich
Und furchtsamer als vor.

Ach.

Wahr ists zwar; aber ach!
Ach! daß ich schweigen möcht!

Is.

Sein Schmertz lehrt: daß die Rach
Auf uns noch wilder haufft, als Furcht und Argwohn meinte.

Ach.

Ich schweige! dieses Haupt ist Ursach: daß ich weinte.

Isab.

Ach Gott! ach weh! ach weh! wo bin ich? wie ist mir?
Ach! wie geschicht mir? ach! O daß der Blut-Hund dir
Den ersten Spruch ertheilt uns nicht ihn aufzureiben!
O daß der Blut-Hund dir die Kling' ins Hertz zu treiben
Durch unsre Brust befohln! du solt'st ein werther Both'
Als mit der Freyheit seyn! O Freyheit! der der Tod
Noch gar verzuckert ist! Auf! heisst mich auch erbleichen!
Auf lasst mich auch den Strang, sein blutig Beil erreichen!
Uns dient die Freyheit nicht! O höchst beschimpftes Haupt,
Von dieses Panthers Klau! daß dich des Schmucks beraubt
Des Anseh'ns freyer Stirn; des freundlichen Gesichtes
Mit untermengtem Ernst! des langsamen Gewichtes
Des stoltzen Augen-Throns! O werthes Haupt, dem vor
An Zierrath wenig gleich, eh' es den Leib verlohr;
Itzt nichts an Scheußlichkeit! Läst er zum Liebes-Zeichen
Für die Verdienste dich also der Liebsten reichen?
Heisst diß mit dem gekrönt, was Wohlthat und was Ruhm
Und Helden-Muth verdient, solch eine Tugend-Blum?
Ist diß der Abschieds-Danck, die schöne Morgen-Gabe,
Du Hund! du Blut-Hund du! schick uns nur bald zu Grabe,
Du grausamer Tyrann! plag' uns nur länger nicht!
Du Blut-begierger Löw! wir wissens was dich sticht;
Du Schlangen-Zucht! du Wurm! wir kennen deine Tücke;
Du Drach' und Tieger-Thier! Du holst uns doch zurücke
Auf deine Folter-Banck!

Ach.

Sie gebe sich zur Ruh!
Und minder' ihr groß Leid; Sonst trau sie mir es zu:
Der Kayser hat den Mord erbärmlich selbst bereuet,
Und dem der ihn vollbracht, den Untergang gebräuet,
Bey seines Kopffs-Verlust. Ja! wo sie sich wil kühln
Am Mörder, soll sie bald mit Rusthans Kopffe spieln?
Auch wil ich Bürge seyn: daß sie vors Käysers Blitzen
Nicht mehr sich fürchten darff.

Is.

Was können uns doch schützen
Die Bürgen? Dein und ihr, und unser aller Blut,
Ist den Tyrannen nicht so viel, als Schaum und Fluth.
Armseel'gste Isabell! wünscht du dir auch zu leben?
Wünschst du dir auch den Fuß aus der Türckey zu heben?

Wünschst du, nach dem mein Hertz, mein halbes Leben hin,
Armseel'gste Isabell! Armseel'ge! wegzuziehn?
Nein, nein! Laß es nur auch, laß es den Blut-Hund wissen:
Daß wir auch dar, wo er, wolln unser Blut vergiessen?
Daß wirs verkauffen wolln, dafern ihm auch vielleicht
Mit unserm Blut gedient, und's ihm zu Nutzen reicht.
Doch! ach: was sinnen wir? ja! lasst uns immer scheiden;
Ja! lasst uns immer ja, dis Hencker-Mord-Haus meiden;
Weil hier nur Nattern-Zucht und Drachen wohnhafft sind.
Diß Mord-Haus ist nicht werth: daß man sein Grab hier findt.
Auf! lasst uns weit von hier! laß Schiff und Segel fliegen!
Zieht Port und Ancker auf! lasst alles stehn und liegen!
Daß in Sud, West und Nord dis Haupt aussprechen kan,
Was der verdammte Türck für greulich Ding gethan.
Sonst wünsch' ich: daß sein Asch' in lichte Flamm entglimme,
In der Stambuldens Burg, und ihr Tyranne schwimme!
Daß aus des Ibrahms Blut' ein Rächer wachs' herfür,
Durch den des Bosphors Fürst so Kron' als Grimm verliehr.

FSC
www.fsc.org
MIX
Papier | Fördert
gute Waldnutzung
FSC® C083411

Kolibri 360 GmbH
Ferdinand-Jühlke-Straße 7
99095 Erfurt, Deutschland
produktsicherheit@kolibri360.de